JN112308

新学習指導要領対応

自信がついた!

清風堂書店

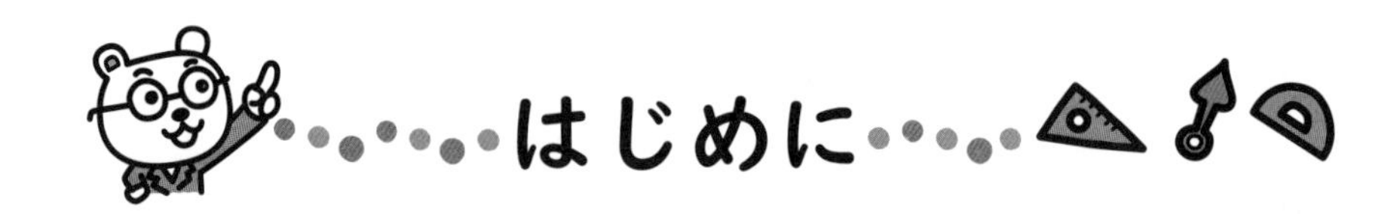

「算数習熟プリント」は発売以来長きにわたり、学校現場や家庭で支持されてまいりました。
その中で、変わらず貫き通してきた特長は

○ 通常のステップよりも、さらに細かくスモールステップにする
○ 大事なところは、くり返し練習して習熟できるようにする
○ 教科書のレベルがどの子にも身につくようにする

でした。この内容を堅持し、新たなくふうを加え、2020年4月に「算数習熟プリント」を出版しました。学校現場やご家庭で活用され、好評を博しております。

さらに、子どもたちの習熟度を高め、応用力を伸ばすため、「上級算数習熟プリント」を発刊することとなりました。基礎から応用まで豊富な問題量で編集してあります。
今回の改訂から、前著「算数習熟プリント」もそうですが、次のような特長が追加されました。

○ 観点別に到達度や理解度がわかるようにした「まとめテスト」
○ 算数の理解が進み、応用力を伸ばす「考える力をつける問題」
○ 親しみやすさ、わかりやすさを考えた「太字の手書き風文字」、「図解」
○ 解答のページは、本文を縮めたものに「赤で答えを記入」
○ 使いやすさを考えた「消えるページ番号」

「まとめテスト」は、新学習指導要領の観点とは少し違い、算数の主要な観点「知識(理解)」(わかる)、「技能」(できる)、「数学的な考え方」(考えられる)問題にそれぞれ分類しています。
これは、「計算はまちがえたが、計算のしくみや意味は理解している」「計算はできているが、文章題ができない」など、どこでつまずいているのかをつかみ、くり返し練習して学力の向上へと導くものです。十分にご活用ください。
「考える力をつける問題」は、他の分野との融合、発想の転換を必要とする問題などで、多くの子どもたちが不得意としている活用問題にも対応しています。また、算数のおもしろさや、子どもたちがやってみようと思うような問題も入れました。
本文には、小社独自の手書き風のやさしい文字を使っています。子どもたちに見やすく、きれいな字のお手本にもなるようにしました。
また、学校で「コピーして配れる」プリントです。コピーすると、プリント下部の「ページ番号が消える」ようにしました。余計な時間を省き、忙しい中でも「そのまま使える」ようにしました。

本書「上級算数習熟プリント」を活用いただき、応用力をしっかり伸ばしていただければ幸いです。

学力の基礎をきたえどの子も伸ばす研究会

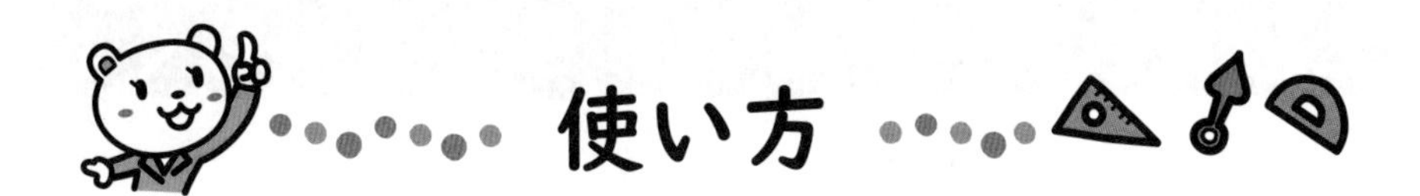

使い方

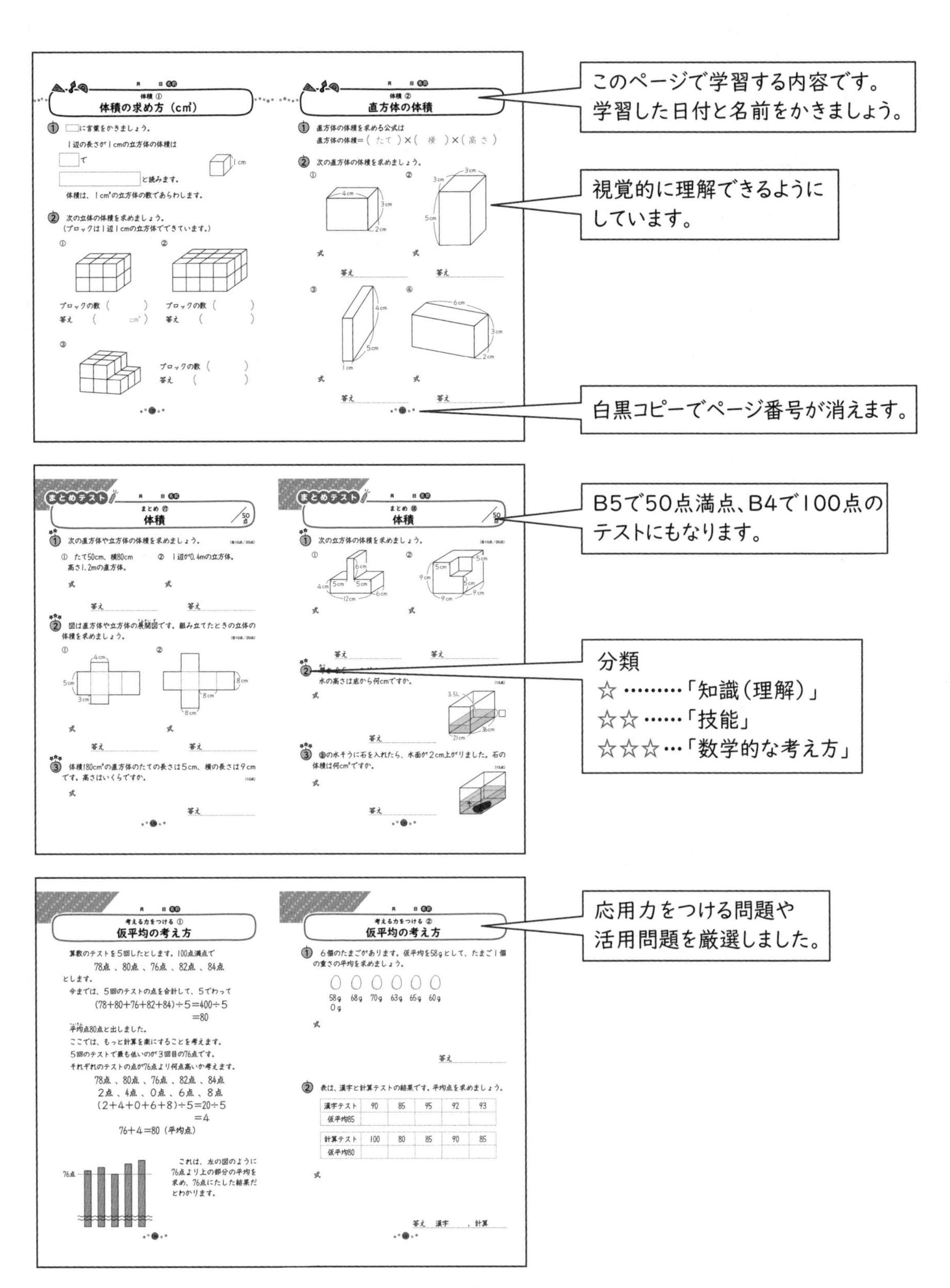

このページで学習する内容です。
学習した日付と名前をかきましょう。
視覚的に理解できるように
しています。
白黒コピーでページ番号が消えます。
B5で50点満点、B4で100点の
テストにもなります。
分類
☆ ………「知識(理解)」
☆☆ ……「技能」
☆☆☆…「数学的な考え方」
応用力をつける問題や
活用問題を厳選しました。
体積の求め方(cm³)
直方体の体積
まとめテスト
体積
考える力をつける
仮平均の考え方

上級算数習熟プリント5年生　もくじ

整数と小数 ①

小数のしくみ

マラソンで走るきょりは 42.195km です。

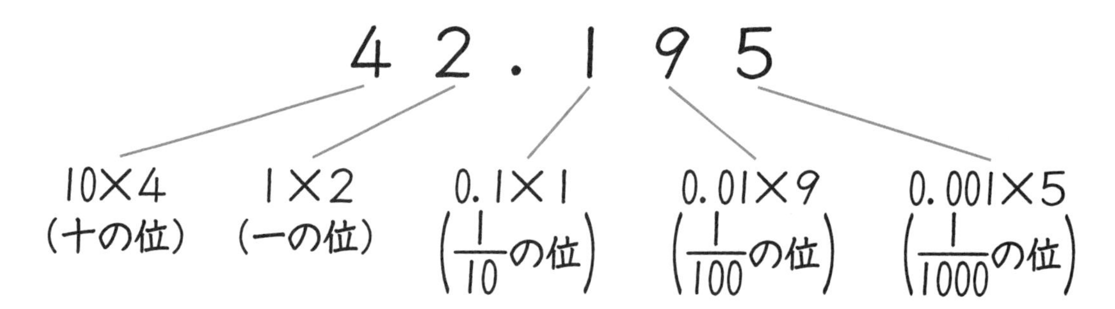

□にあてはまる数をかきましょう。

① 6.78＝□×6＋□×7＋□×8

② 3.14＝1×□＋0.1×□＋0.01×□

③ 4.532＝□×4＋□×5＋□×3＋□×2

④ 2.654＝1×□＋0.1×□＋0.01×□＋0.001×□

⑤ □＝10×3＋1×5＋0.1×2＋0.01×8

⑥ □＝1×2＋0.1×7＋0.01×3＋0.001×4

月　日 名前

整数と小数 ②

小数のしくみ

2.34を10倍、100倍、1000倍します。

千の位	百の位	十の位	一の位	$\frac{1}{10}$の位	$\frac{1}{100}$の位	
						1000倍
						100倍
						10倍
			2 .	3	4	

① 10倍、100倍、1000倍した数を表にかきましょう。

② 2.34を10倍、100倍、1000倍した式に数や小数点をかいて完成させましょう。

2.34 × 1000 ＝ 234□

2.34 × 100 ＝ 23□

2.34 × 10 ＝ 23.4

2.34

（10倍、10倍、10倍）

月　　日 名前

整数と小数 ③

小数のしくみ

357 を $\frac{1}{10}$、$\frac{1}{100}$、$\frac{1}{1000}$ にします。

百の位	十の位	一の位	$\frac{1}{10}$の位	$\frac{1}{100}$の位	$\frac{1}{1000}$の位	
3	5	7				
						$\frac{1}{10}$
						$\frac{1}{100}$
						$\frac{1}{1000}$

① $\frac{1}{10}$、$\frac{1}{100}$、$\frac{1}{1000}$ にした数を表にかきましょう。

② 357 を $\frac{1}{10}$、$\frac{1}{100}$、$\frac{1}{1000}$ にした式に数や小数点をかいて完成させましょう。

357

$357 \div 10 = 35.7$　　$\frac{1}{10}$

$357 \div 100 = \square 57$　　$\frac{1}{10}$

$357 \div 1000 = \square 357$　　$\frac{1}{10}$

整数と小数 ④

小数のしくみ

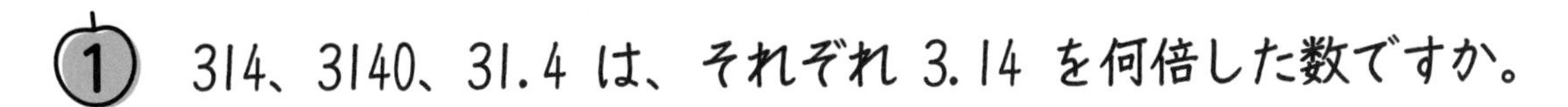

1 314、3140、31.4 は、それぞれ 3.14 を何倍した数ですか。

314は　　　　　、3140は　　　　　、31.4は

2 4.23、0.423、0.0423 は、それぞれ 42.3 を何分の一にした数ですか。

4.23は　　　　　、0.423は　　　　　、0.0423は

3 次の数を求めましょう。

① $2.13 \times 10 = \square$

② $0.49 \times 100 = \square$

③ $0.62 \times 1000 = \square$

④ $2.46 \times 10 = \square$

⑤ $2.47 \times 100 = \square$

⑥ $0.07 \times 1000 = \square$

⑦ $21.5 \times \frac{1}{10} = \square$

⑧ $18.9 \times \frac{1}{100} = \square$

⑨ $40 \times \frac{1}{1000} = \square$

⑩ $30.4 \times \frac{1}{10} = \square$

⑪ $401 \times \frac{1}{100} = \square$

⑫ $314 \times \frac{1}{1000} = \square$

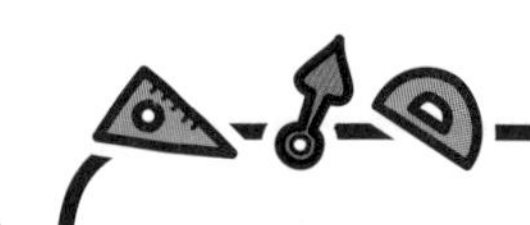

小数のかけ算 ①

整数×小数

35×7.3 の計算は
35×73 を計算して
小数点を打ちます。

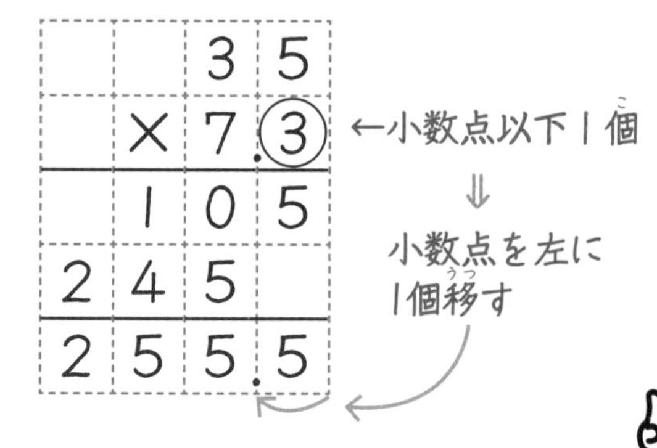

次の計算をしましょう。

① 34 × 3.2

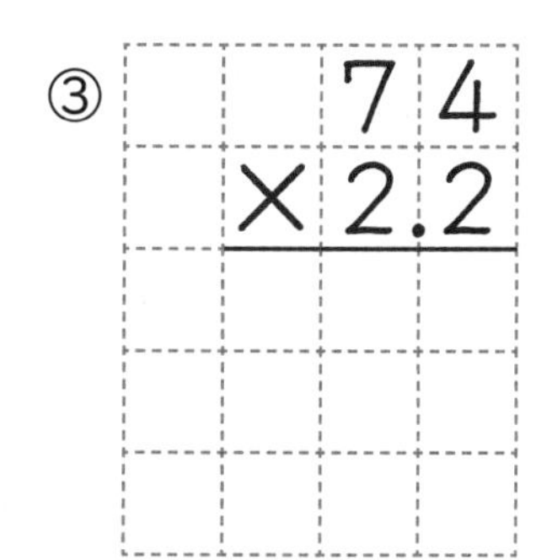

④ 24 × 4.2

⑤ 63 × 2.4

⑥ 42 × 2.8

⑦ 78 × 9.4

⑧ 71 × 2.7

⑨ 23 × 8.2

月　　日 名前

小数のかけ算 ②

整数×小数

次の計算をしましょう。

① 44×3.2

② 23×9.2

③ 82×6.4

④ 53×6.8

⑤ 89×4.6

⑥ 28×7.2

⑦ 26×6.3

⑧ 54×7.4

⑨ 39×3.2

⑩ 46×9.6

⑪ 53×3.5

⑫ 77×2.8

月　　日 名前

小数のかけ算 ③

小数×小数

2.5×3.9 の計算は
25×39 を計算して
小数点を打ちます。

	2.	⑤
×	3.	⑨
2	2	5
7	5	
9.	7	5

← 小数点以下2個(こ)
⇓
小数点を左に
2個移(うつ)す

次の計算をしましょう。

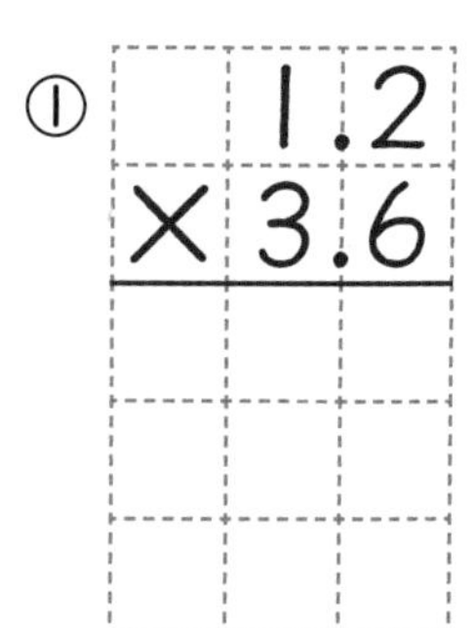

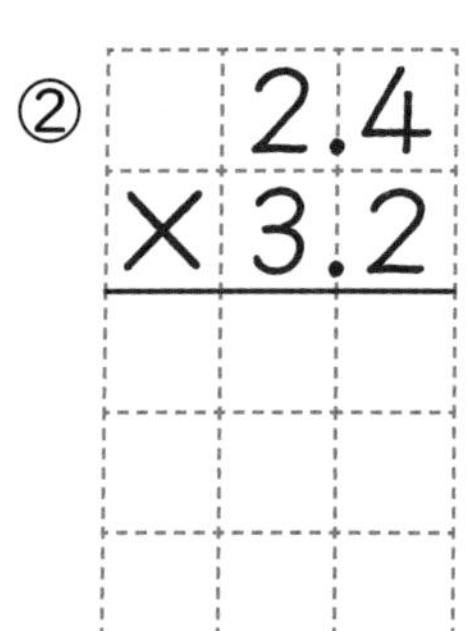

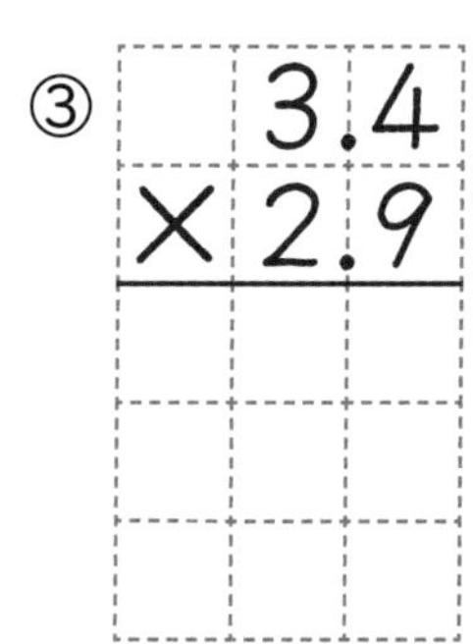

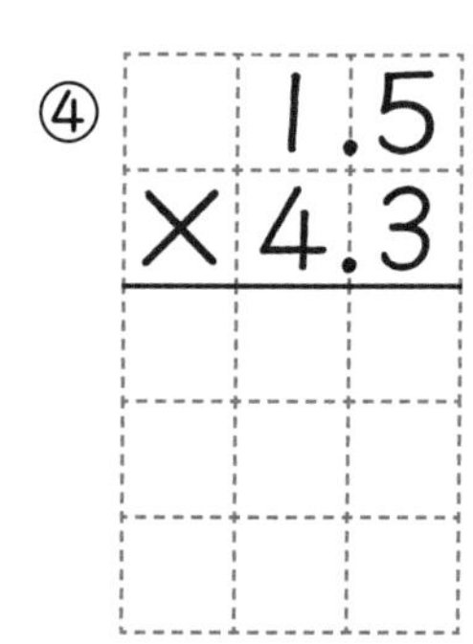

⑤ 1.3 × 4.6

⑥ 1.6 × 5.3

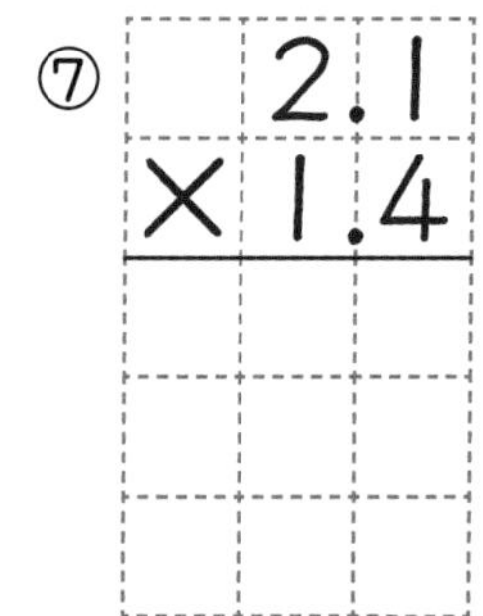

⑧ 2.5 × 3.1

⑨ 1.8 × 5.3

⑩ 1.4 × 3.4

⑪ 3.2 × 2.7

⑫ 2.3 × 1.9

月　　日 名前

小数のかけ算 ④

小数×小数

次の計算をしましょう。

① 2.7×6.3

② 5.7×7.3

③ 3.9×4.2

④ 2.6×6.2

⑤ 7.6×4.3

⑥ 5.7×4.5

⑦ 4.7×4.3

⑧ 5.5×4.7

⑨ 4.6×3.4

⑩ 4.9×2.3

⑪ 5.6×6.7

⑫ 9.3×7.3

月　　日 名前

小数のかけ算 ⑤

真小数×真小数

1 次の計算をしましょう。

① $\begin{array}{r} 0.4 \\ \times\ 0.3 \\ \hline \end{array}$

② $\begin{array}{r} 0.6 \\ \times\ 0.9 \\ \hline \end{array}$

③ $\begin{array}{r} 0.3 \\ \times\ 0.7 \\ \hline \end{array}$

④ $\begin{array}{r} 0.7 \\ \times\ 0.9 \\ \hline \end{array}$

⑤ $\begin{array}{r} 0.4 \\ \times\ 0.8 \\ \hline \end{array}$

⑥ $\begin{array}{r} 0.5 \\ \times\ 0.7 \\ \hline \end{array}$

⑦ $\begin{array}{r} 0.3 \\ \times\ 0.6 \\ \hline \end{array}$

⑧ $\begin{array}{r} 0.2 \\ \times\ 0.7 \\ \hline \end{array}$

⑨ $\begin{array}{r} 0.9 \\ \times\ 0.3 \\ \hline \end{array}$

2 次の計算をしましょう。（積の小数点以下の右はしの0は線で消します。）

① $\begin{array}{r} 0.4 \\ \times\ 0.5 \\ \hline \end{array}$

② $\begin{array}{r} 0.5 \\ \times\ 0.6 \\ \hline \end{array}$

③ $\begin{array}{r} 0.5 \\ \times\ 0.8 \\ \hline \end{array}$

④ $\begin{array}{r} 0.5 \\ \times\ 0.2 \\ \hline \end{array}$

⑤ $\begin{array}{r} 0.8 \\ \times\ 0.5 \\ \hline \end{array}$

⑥ $\begin{array}{r} 0.5 \\ \times\ 0.4 \\ \hline \end{array}$

月　　日 名前

小数のかけ算 ⑥

真小数×真小数

1 次の計算をしましょう。

① 0.25 × 0.3

② 0.23 × 0.9

③ 0.62 × 0.7

④ 0.29 × 0.6

⑤ 0.43 × 0.7

⑥ 0.68 × 0.2

⑦ 0.15 × 0.3

⑧ 0.32 × 0.8

⑨ 0.55 × 0.7

2 次の計算をしましょう。（積の小数点以下の右はしの0は線で消します。）

① 0.56 × 0.5

② 0.84 × 0.5

③ 0.35 × 0.4

④ 0.35 × 0.6

⑤ 0.38 × 0.5

⑥ 0.82 × 0.5

月　　日 名前

小数のかけ算 ⑦

小数第２位×小数第１位

次の計算をしましょう。

①
$$\begin{array}{r} 3.14 \\ \times\ 2.7 \\ \hline \end{array}$$

②
$$\begin{array}{r} 1.47 \\ \times\ 5.2 \\ \hline \end{array}$$

③
$$\begin{array}{r} 4.23 \\ \times\ 2.3 \\ \hline \end{array}$$

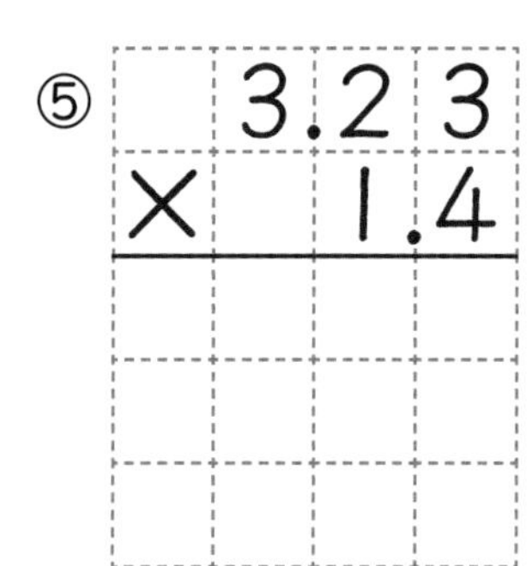

④
$$\begin{array}{r} 2.48 \\ \times\ 1.6 \\ \hline \end{array}$$

⑤
$$\begin{array}{r} 3.23 \\ \times\ 1.4 \\ \hline \end{array}$$

⑥
$$\begin{array}{r} 2.12 \\ \times\ 3.1 \\ \hline \end{array}$$

⑦
$$\begin{array}{r} 4.47 \\ \times\ 5.2 \\ \hline \end{array}$$

⑧
$$\begin{array}{r} 3.46 \\ \times\ 4.3 \\ \hline \end{array}$$

⑨
$$\begin{array}{r} 6.12 \\ \times\ 2.9 \\ \hline \end{array}$$

⑩
$$\begin{array}{r} 5.34 \\ \times\ 2.5 \\ \hline \end{array}$$

⑪
$$\begin{array}{r} 6.85 \\ \times\ 7.6 \\ \hline \end{array}$$

⑫
$$\begin{array}{r} 1.65 \\ \times\ 9.8 \\ \hline \end{array}$$

小数のかけ算 ⑧

文章題

① 1mの重さが3kgの鉄のぼうがあります。この鉄のぼう、2.8m分の重さは何kgですか。

式

答え

② 1mのねだんが85円のリボンがあります。このリボンを0.8m買うといくらですか。

式

答え

③ 1m の重さが 9.5g のはり金があります。このはり金 6.3m 分の重さは何gですか。

式

答え

まとめテスト

月　日　名前

まとめ ①

整数と小数

/50点

1 □にあてはまる数字をかきましょう。（①、②各５点／10点）

① 37.46＝10×□＋1×□＋0.1×□＋0.01×□

② 5.902＝1×□＋0.1×□＋0.01×□＋0.001×□

2 2.504 は 0.001 を何個集めた数ですか。（10点）

（　　　　）

3 次の数は、それぞれ 72.3 を何倍、または何分の一にした数ですか。（１つ５点／20点）

① 7.23（　　　　）　② 7230（　　　　）

③ 0.723（　　　　）　④ 723（　　　　）

4 右の□に 2、4、7、8、9、のカードをあてはめて、次の大きさの数をつくりましょう。（１つ５点／10点）

□□.□□□

① いちばん大きい数（　　　　）

② 80にいちばん近い数（　　　　）

まとめテスト

月　　日　名前

まとめ ②

小数のかけ算

／50点

1 次の計算をしましょう。

(各5点／30点)

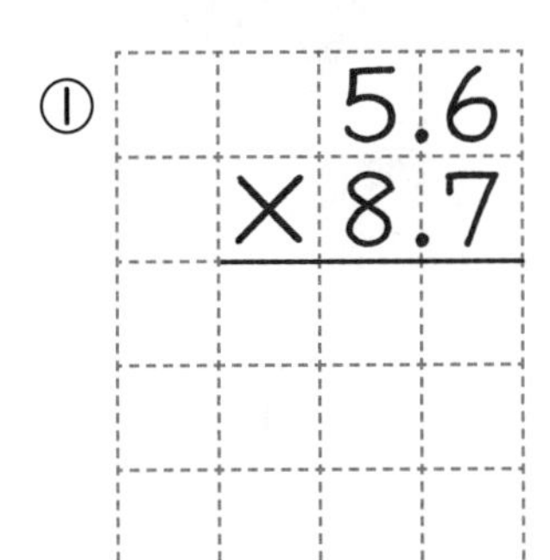

① 5.6×8.7

② 9.2×5.2

③ 0.73×2.5

④ 0.67×6.3

⑤ 0.81×5.3

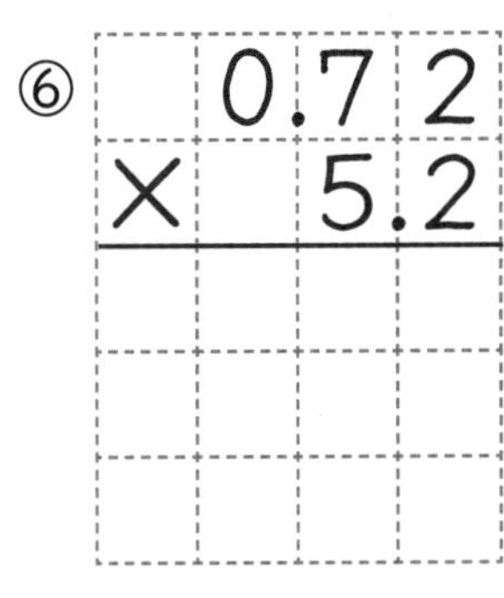

⑥ 0.72×5.2

2 たて1.32m、横 0.8m の長方形の面積を求めましょう。

(式5点、答え5点／10点)

式

答え

3 ある数に 8.6 をかけるつもりが、たしてしまって答えが 10.5 になりました。このかけ算の正しい答を求めましょう。

(式5点、答え5点／10点)

式

答え

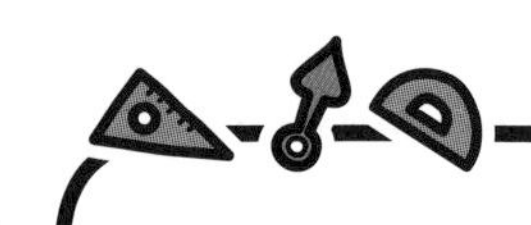

月　　日 名前

小数のわり算 ①

わり算の性質

10÷２ と 100÷20 を考えます。

10÷２ は 10円 を ２人 で分けるので １ 人 ５ 円です。

100÷20 は 100円 を 20人 で分けるので、やはり １ 人 ５ 円です。

わり算には、「わられる数」と「わる数」を10倍しても商は変わらないという性質(せいしつ)があります。

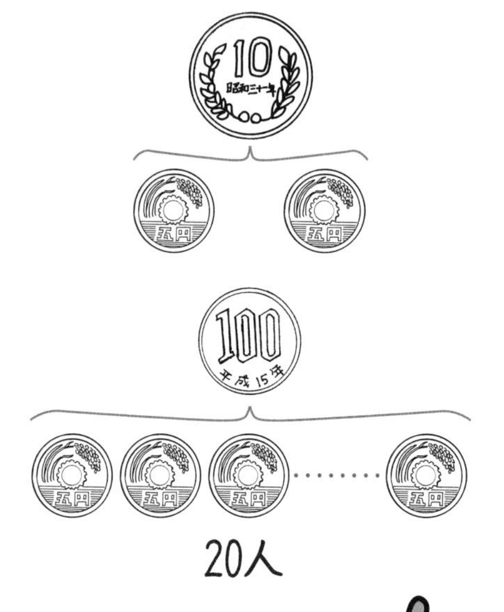

□にあてはまる数をかきましょう。

① $4 \div 0.6 = \square \div 6$

② $32 \div 0.8 = \square \div 8$

③ $4.25 \div 2.1 = \square \div 21$

6÷1.2 を考えます。「わる数」を整数にするために、それぞれ 10 倍して 60÷12 にします。筆算では小数点を移(うつ)して（わられる数を60にして）商の小数点を打ちます。

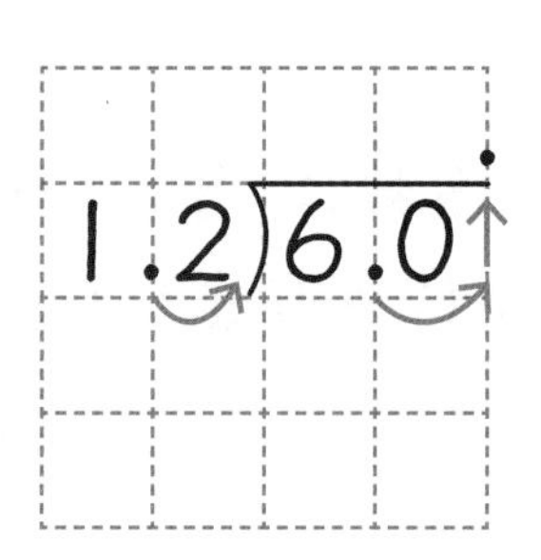

月　日　名前

小数のわり算 ②

整数÷小数

次の計算をしましょう。

①

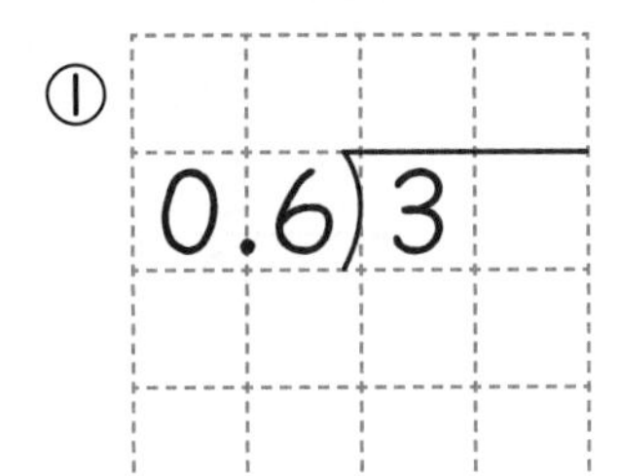

②

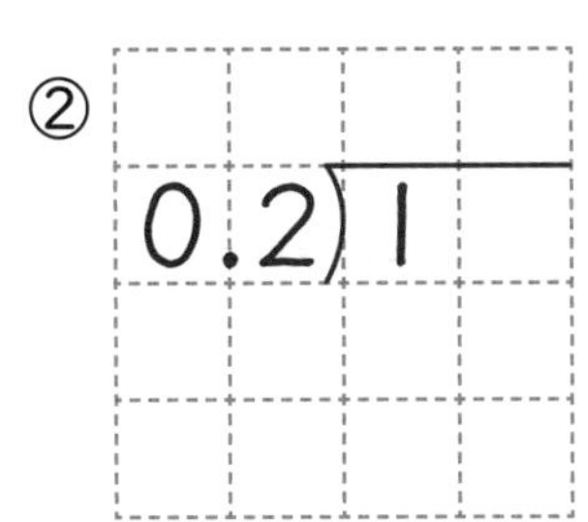

③ 0.8)4

④ 1.5)9

⑤

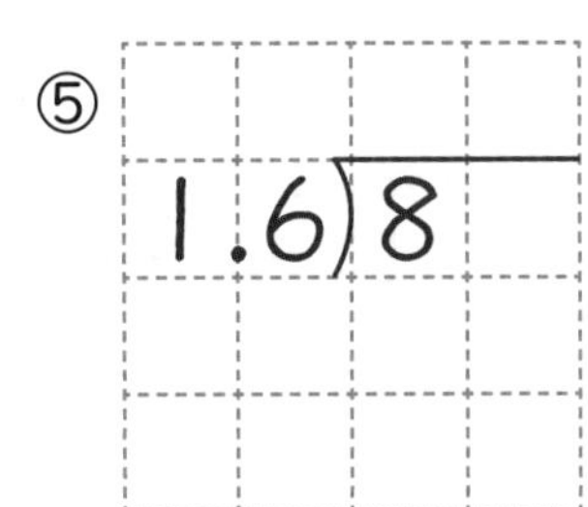

⑥

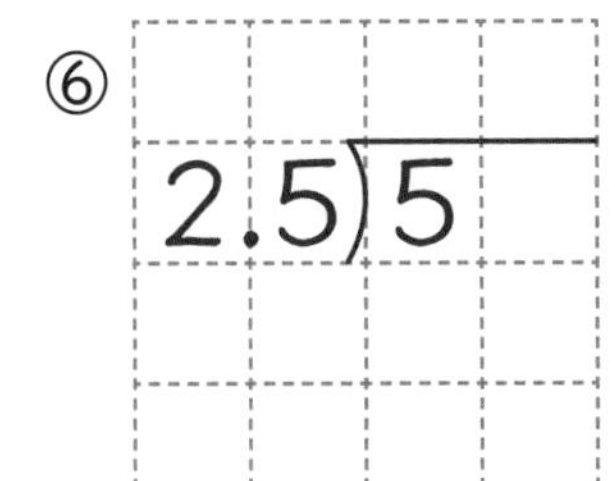

⑦ 3.5)7

⑧ 5.2)26

⑨ 9.6)48

⑩ 4.5)27

⑪

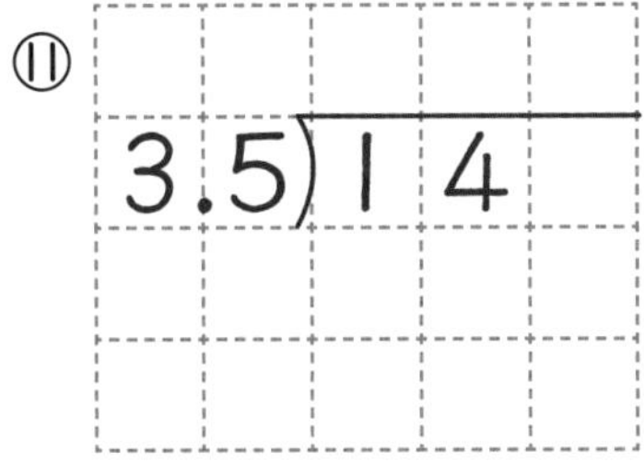

⑫ 5.4)27

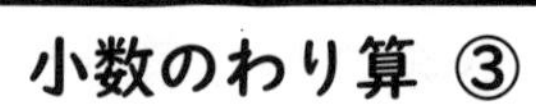

小数のわり算 ③

小数÷小数（商が整数）

9.6÷3.2 を考えます。

わる数とわられる数をそれぞれ10倍して、商の小数点を打ちます。

あとは、たてる→かける→ひくをします。

$$\begin{array}{r} 3. \\ 3.2\overline{)9.6} \\ 96 \\ \hline 0 \end{array}$$

次の計算をしましょう。

① 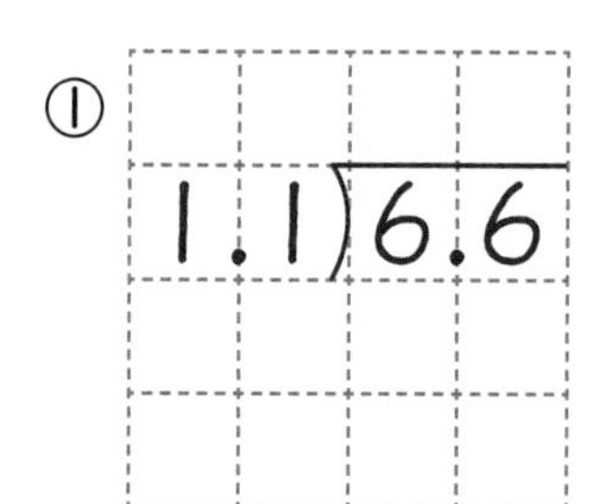

② 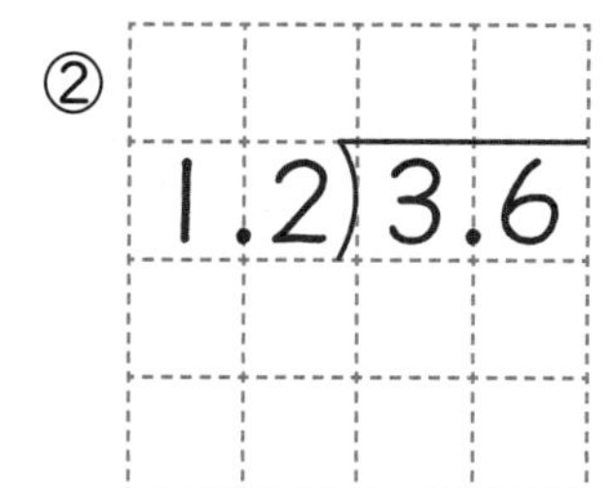

③ 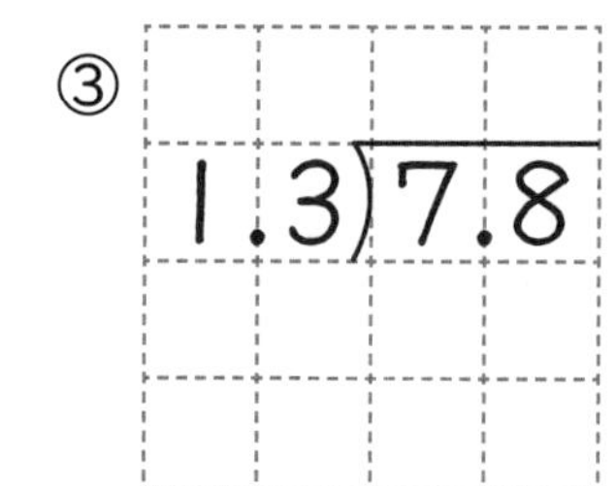

④ 1.4)5.6

⑤ 2.1)4.2

⑥ 2.3)9.2

⑦ 2.6)7.8

⑧ 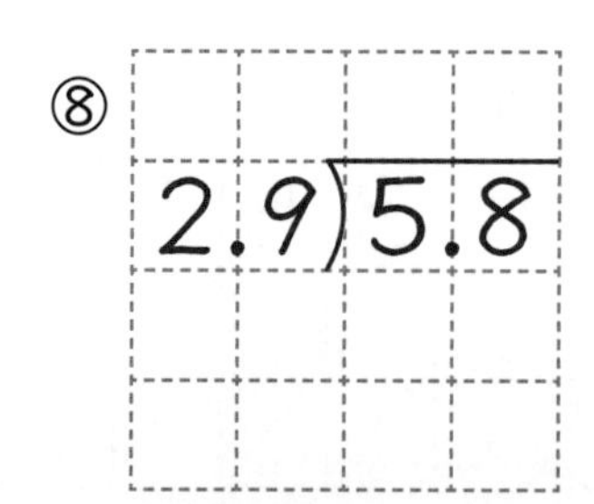

⑨ 4.7)9.4

月　日 名前

小数のわり算 ④

小数÷小数（商が整数）

次の計算をしましょう。

① 3.1)89.9

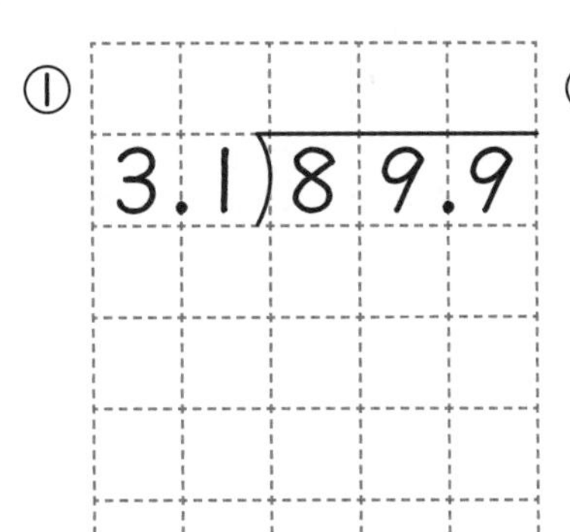

② 2.9)46.4

③ 3.8)91.2

④ 2.4)43.2

⑤ 6.9)89.7

⑥ 3.4)91.8

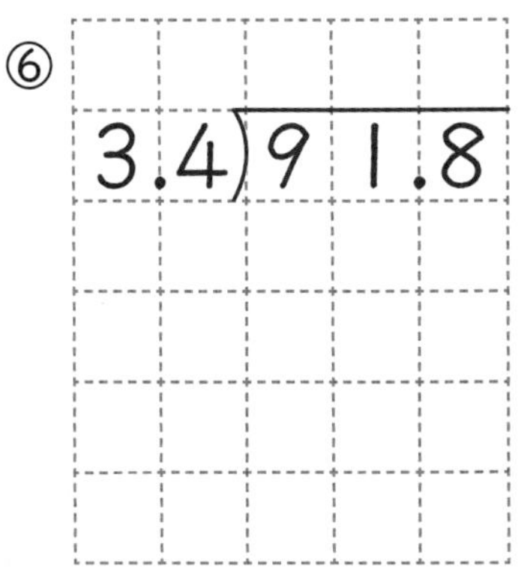

⑦ 1.8)32.4

⑧ 1.8)21.6

⑨ 2.7)51.3

月　日 名前

小数のわり算 ⑤

小数÷小数（商が整数）

次の計算をしましょう。

①
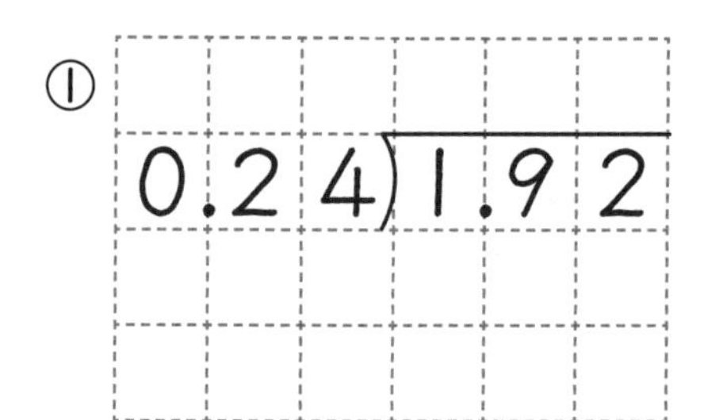

②
0.68)5.44

③
0.59)3.54

④
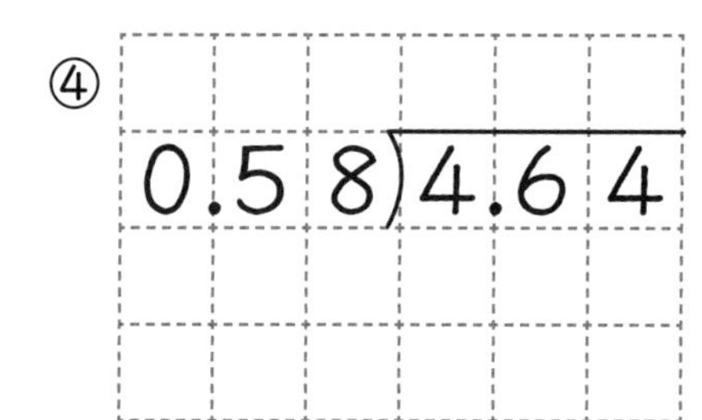

⑤
0.47)3.29

⑥
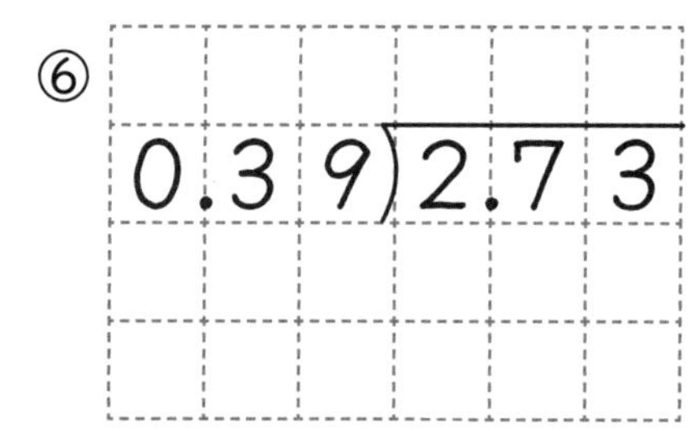

⑦
0.29)1.74

⑧
0.47)3.76

月　　日 名前

小数のわり算 ⑥

小数÷小数（商が整数）

次の計算をしましょう。

① $0.13 \overline{)\,11.57}$

② $0.39 \overline{)\,32.37}$

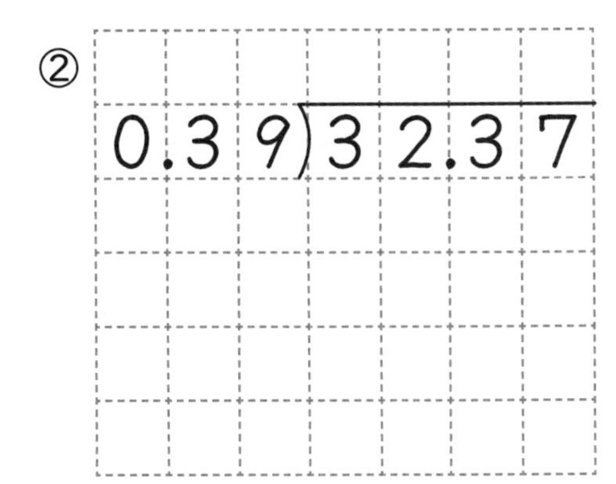

③ $0.79 \overline{)\,37.92}$

④ $0.98 \overline{)\,92.12}$

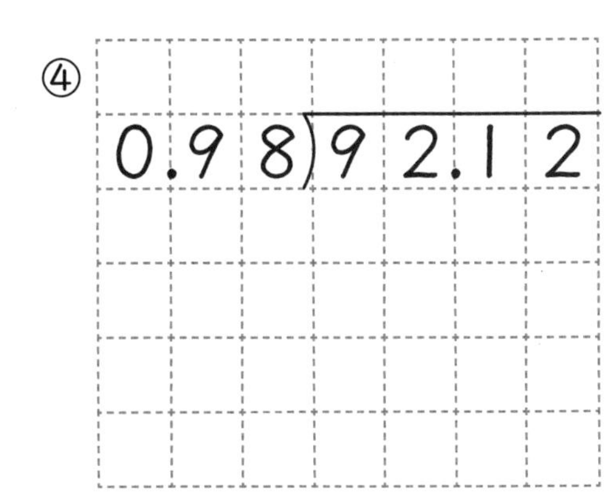

⑤ $0.24 \overline{)\,11.52}$

⑥ $0.47 \overline{)\,17.86}$

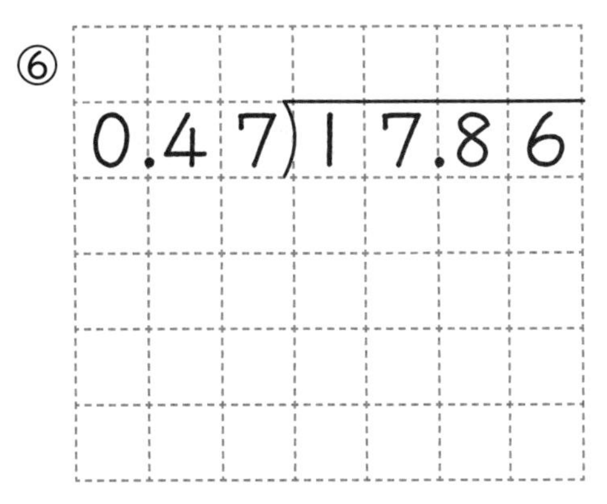

月　　日　名前

小数のわり算 ⑦

小数÷小数（商が小数）

次の計算をしましょう。

① $5.8\overline{)9.28}$

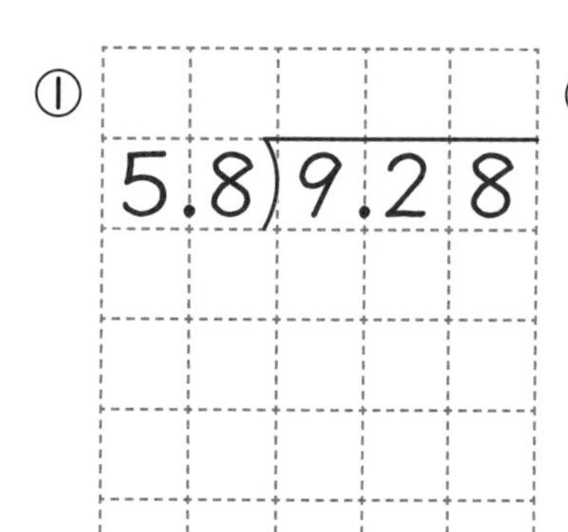

② $1.6\overline{)9.44}$

③ $2.5\overline{)9.75}$

④ $2.3\overline{)5.75}$

⑤ $3.5\overline{)8.05}$

⑥ $1.9\overline{)8.55}$

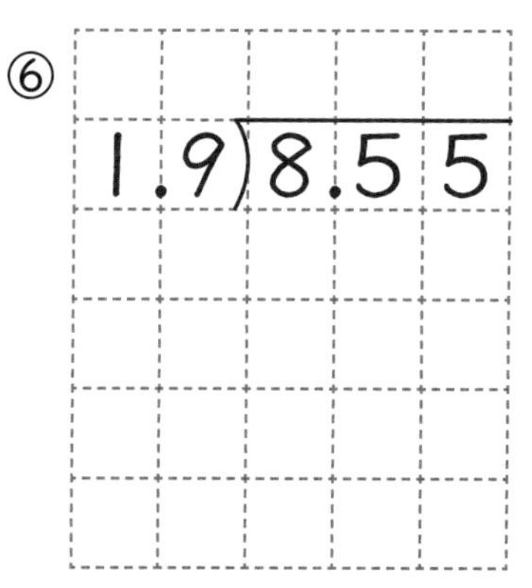

⑦ $3.9\overline{)9.36}$

⑧ $2.6\overline{)9.88}$

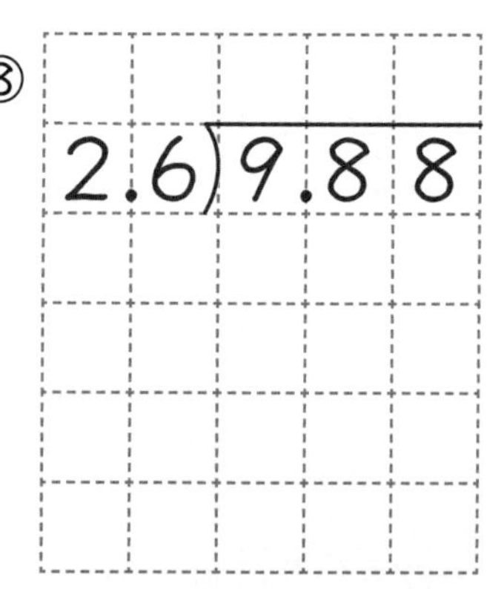

⑨ $2.8\overline{)9.52}$

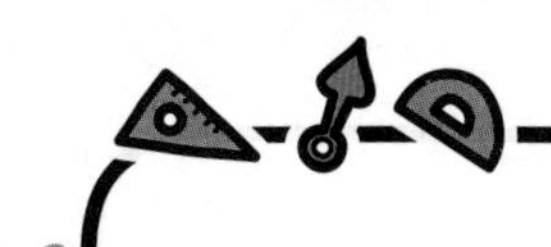

月　　日 名前

小数のわり算 ⑧

小数÷小数（商が小数）

次の計算をしましょう。

①
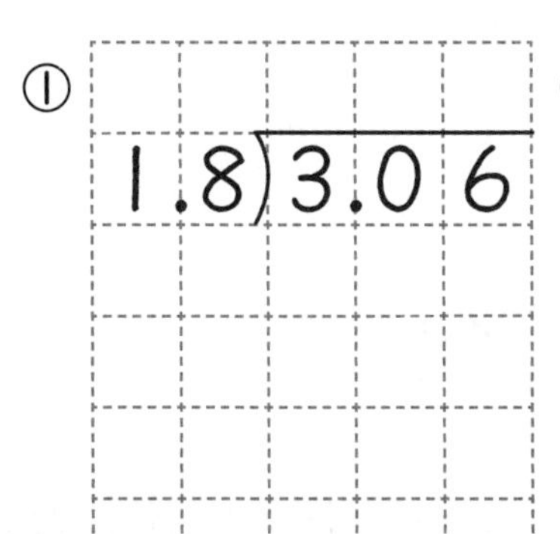

②
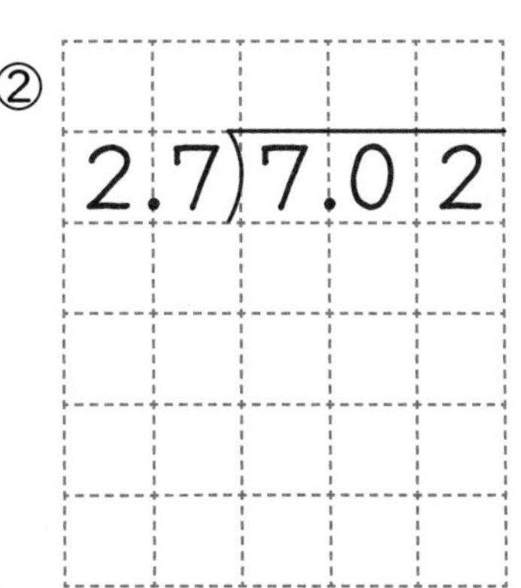

③ 3.9)8.19

④ 2.7)3.78

⑤ 3.2)8.96

⑥ 6.8)8.16

⑦ 5.9)7.08

⑧ 2.8)5.04

⑨ 3.7)7.03

月　　日 名前

小数のわり算 ⑨

商の大小

1　9Lの油を、0.6Lずつビンにつめると何本できますか。

式

答え

2　ある自動車は15km走るのに、0.8Lのガソリンを使いました。1Lあたり何km走ることになりますか。

式

答え

3　次の計算をしましょう。

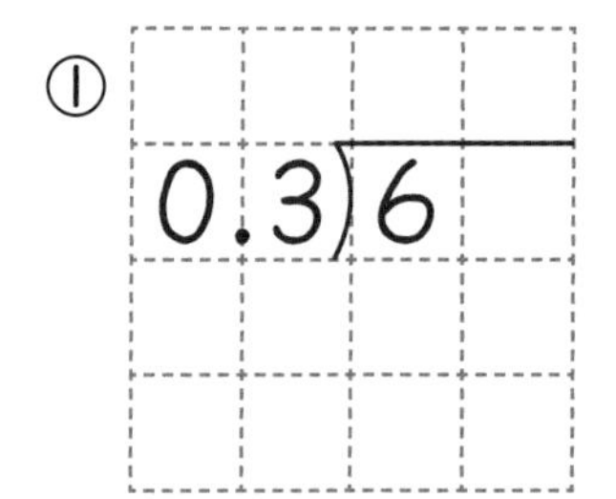

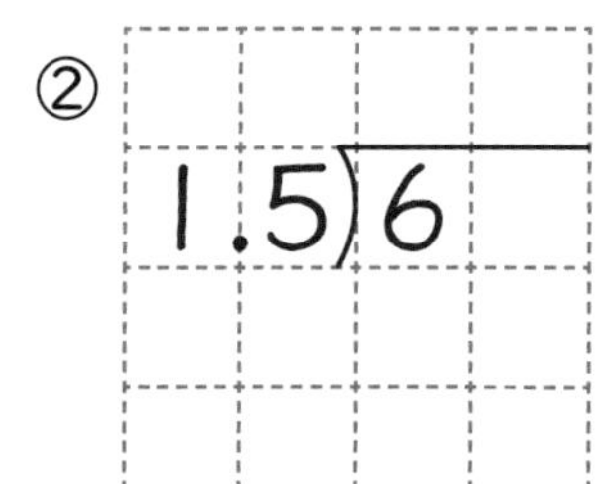

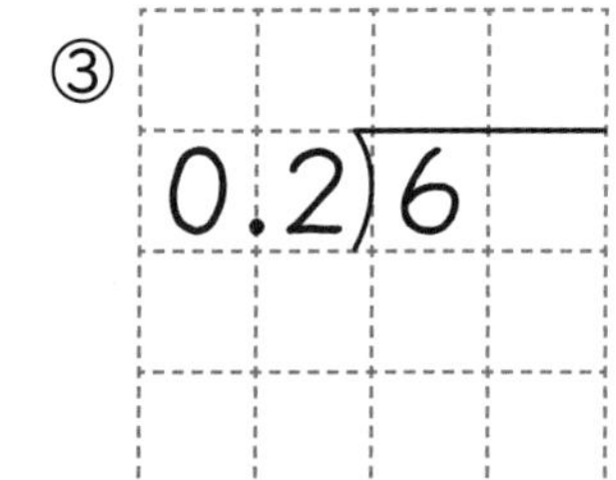

小数のわり算では、1より小さい数でわるとその商は、わられる数より大きくなります。

月　　日 名前

小数のわり算 ⑩

商の大小

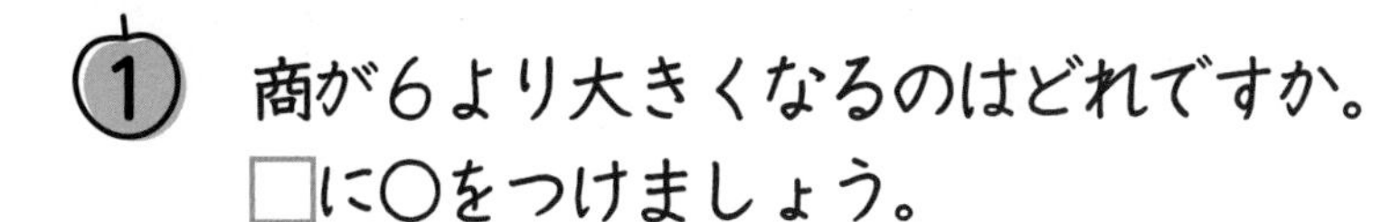

1 商が6より大きくなるのはどれですか。
□に○をつけましょう。

① □ $6 \div 0.2$　　② □ $6 \div 1.2$

③ □ $6 \div 1.5$　　④ □ $6 \div 0.5$

⑤ □ $6 \div 0.3$　　⑥ □ $6 \div 1.1$

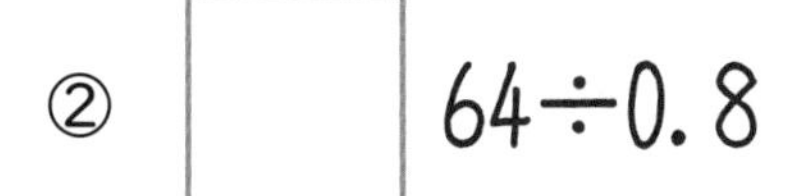

2 商がわられる数より大きくなるものはどれですか。
□に○をつけましょう。

① □ $68 \div 2.5$　　② □ $64 \div 0.8$

③ □ $3.5 \div 0.7$　　④ □ $7.7 \div 1.1$

⑤ □ $56 \div 1.8$　　⑥ □ $36 \div 0.6$

1
わる数が1より小さい数のときだよ

月　　日 名前

小数のわり算 ⑪

わり進み

わり切れるまで計算しましょう。

① $2.4\overline{)1.8}$

② $7.5\overline{)4.8}$

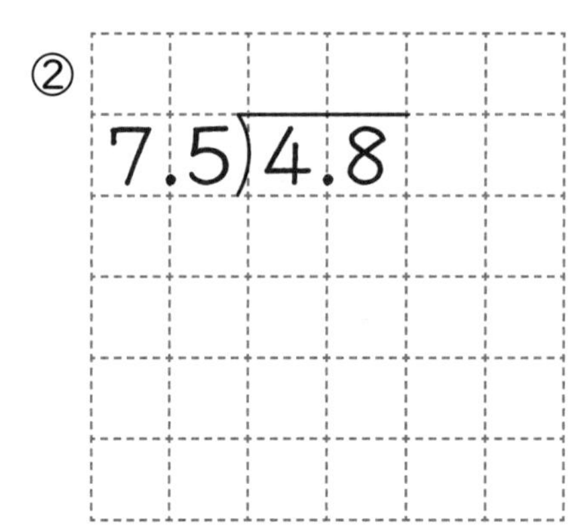

③ $4.8\overline{)1.2}$

④ $7.2\overline{)1.8}$

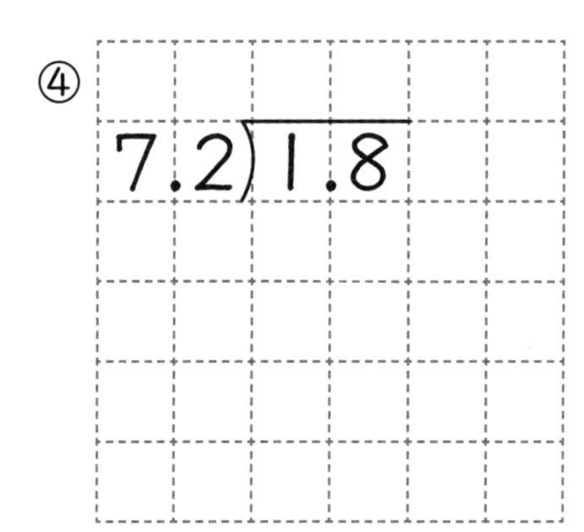

⑤ $6.4\overline{)4.8}$

⑥ $7.2\overline{)5.4}$

小数のわり算 ⑫
わり進み

わり切れるまで計算しましょう。

①
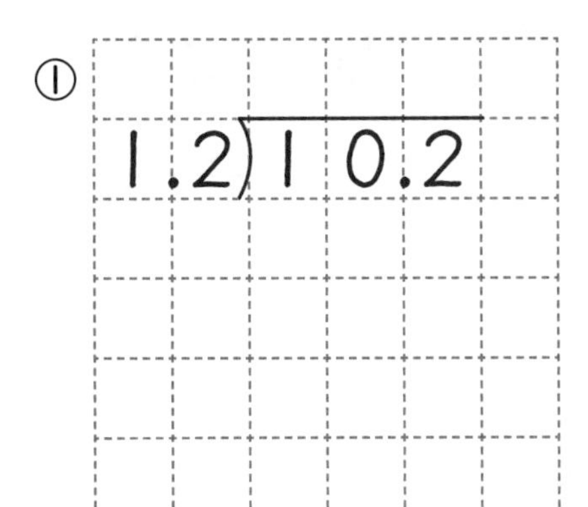

②

③ 2.2)12.1

④
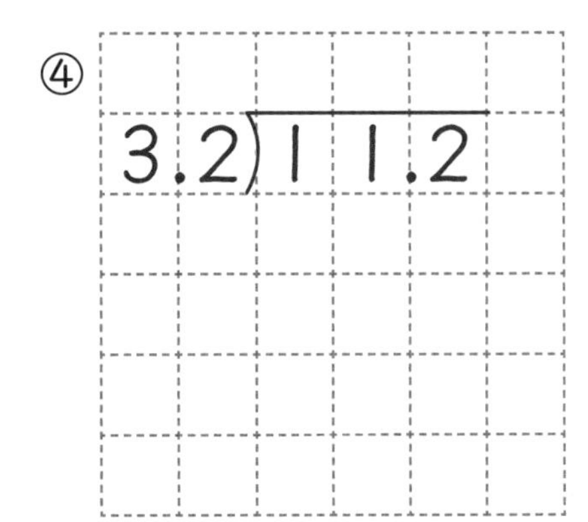

⑤ 4.2)35.7

⑥
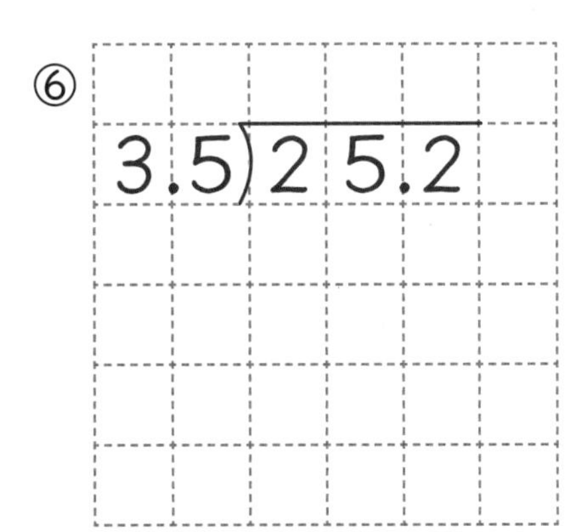

月　　日 名前

小数のわり算 ⑬

あまりを出す

32÷5.2 の計算で、商は整数であまりを求めます。わられる数の元の小数点を下ろします。

商6、あまり 0.8 となります。

$$\begin{array}{r} 6. \\ 5.2\overline{)\,32.0} \\ 31\,2 \\ \hline 0.8 \end{array}$$

商は整数だけ計算し、あまりを求めましょう。

① $1.6\overline{)\,12}$

② $2.4\overline{)\,18}$

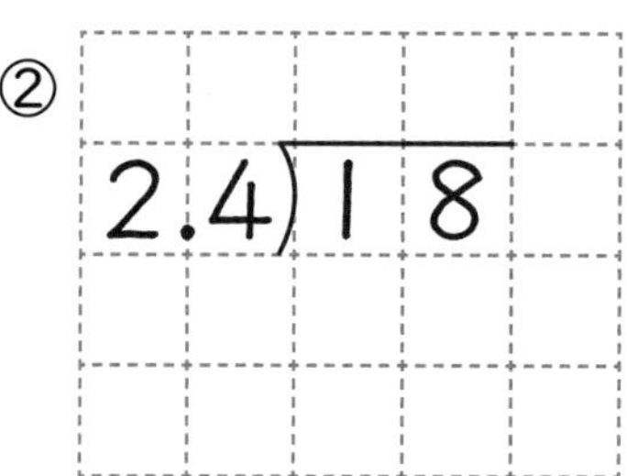

③ $4.4\overline{)\,11}$

④ $5.2\overline{)\,17}$

⑤ $6.3\overline{)\,27}$

⑥ $7.5\overline{)\,38}$

⑦ $8.7\overline{)\,53}$

⑧ $4.7\overline{)\,22}$

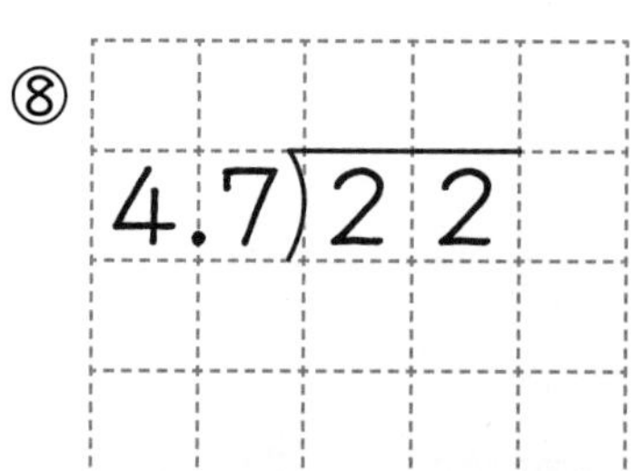

⑨ $3.6\overline{)\,24}$

月　　日 名前

小数のわり算 ⑭
あまりを出す

商は整数だけ計算し、あまりを求めましょう。

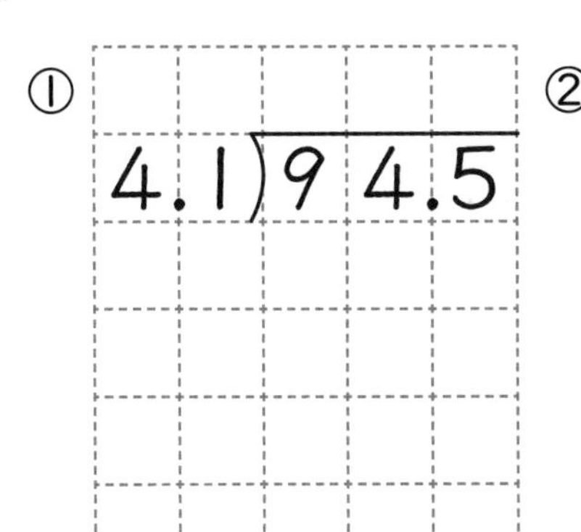

① $4.1 \overline{) 94.5}$

② $2.7 \overline{) 62.5}$

③ $2.9 \overline{) 35.6}$

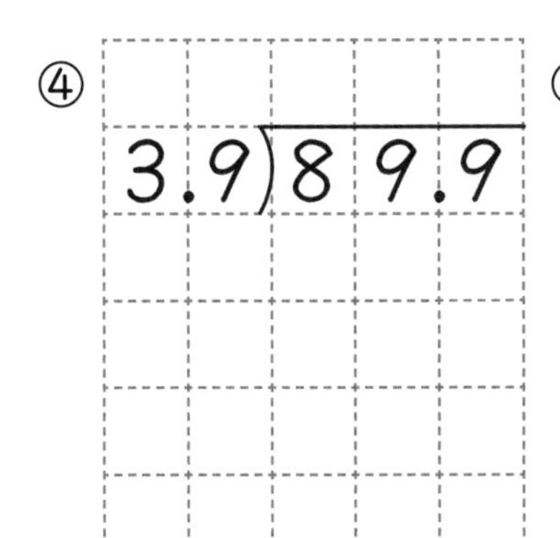

④ $3.9 \overline{) 89.9}$

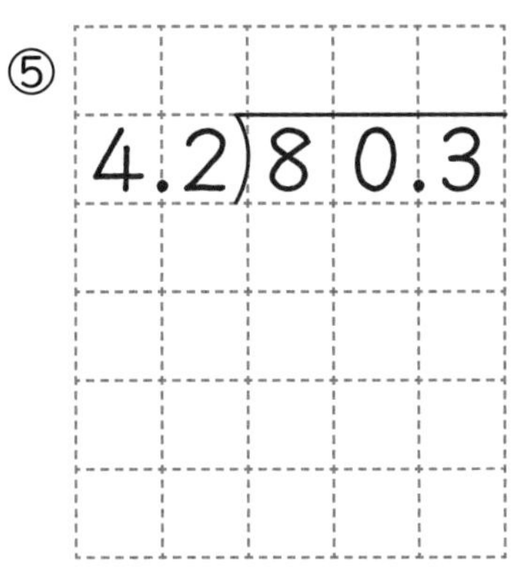

⑤ $4.2 \overline{) 80.3}$

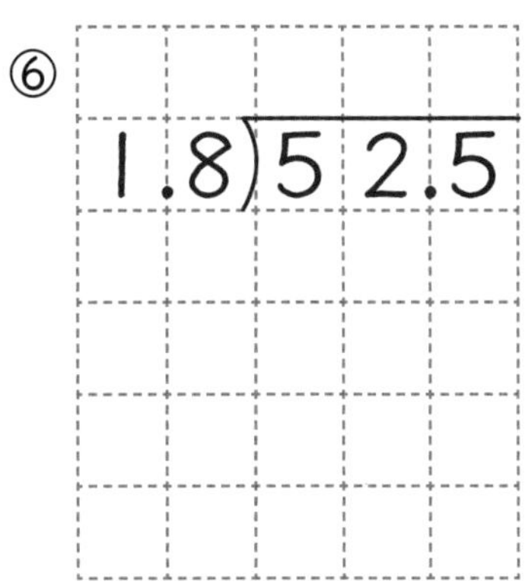

⑥ $1.8 \overline{) 52.5}$

⑦ $2.3 \overline{) 48.8}$

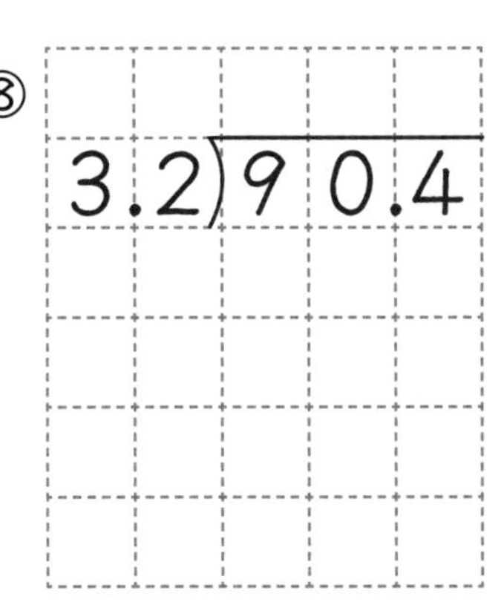

⑧ $3.2 \overline{) 90.4}$

⑨ $3.9 \overline{) 97.8}$

月　日 名前

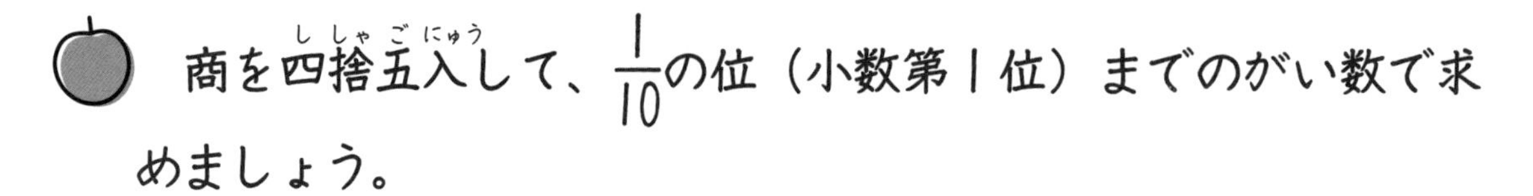

小数のわり算 ⑮

四捨五入する

商を四捨五入(ししゃごにゅう)して、$\frac{1}{10}$の位（小数第1位）までのがい数で求めましょう。

① 0.9)7.5

商は（　　　）

② 0.7)3.9

商は（　　　）

③ 4.7)7.5

商は（　　　）

④ 3.3)4.7

商は（　　　）

月　　日 名前

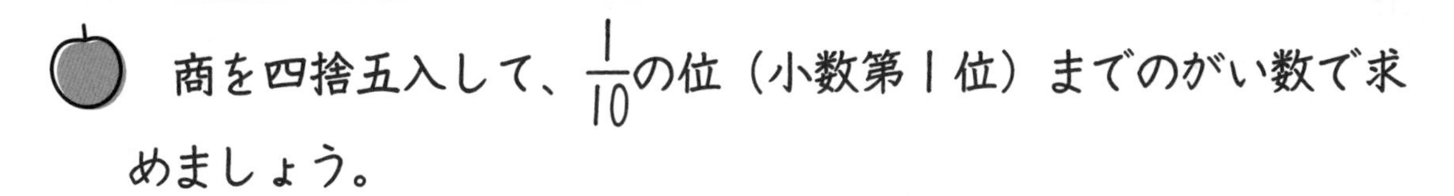

小数のわり算 ⑯

四捨五入する

商を四捨五入して、$\frac{1}{10}$の位（小数第１位）までのがい数で求めましょう。

① $1.4\overline{)4.5}$

商は（　　　　）

② $6.4\overline{)9.4}$

商は（　　　　）

③ $5.2\overline{)7.7}$

商は（　　　　）

④ $7.4\overline{)9.8}$

商は（　　　　）

まとめテスト

月　日 名前

まとめ ③

小数のわり算

／50点

1 次の計算をしましょう。

（各5点／30点）

① $4.6 \overline{)8.74}$

② $3.5 \overline{)8.05}$

③ $2.7 \overline{)7.02}$

④ $7.5 \overline{)4.5}$

⑤ $3.2 \overline{)1.6}$

⑥ $1.5 \overline{)1.2}$

2 商は四捨五入(ししゃごにゅう)して、上から2けたのがい数で求めましょう。

（各10点／20点）

① $7.8 \overline{)4.3}$

商は（　　　　）

② $5.1 \overline{)2.7}$

商は（　　　　）

まとめテスト

月　　日 名前

まとめ ④

小数のわり算

1 商が4.2より大きくなるときは○を、小さくなるときは△を(　　)にかきましょう。

(各5点／20点)

① 4.2÷3.4　(　　)　② 4.2÷0.3　(　　)

③ 4.2÷0.28　(　　)　④ 4.2÷30　(　　)

2 5年生のなおとさんの体重は 33.6kgで、4年生のときの体重の 1.2 倍です。4年生のときの体重はいくらだったでしょうか。

(式5点、答え5点／10点)

式

答え

3 4.5Lのジュースを0.55Lずつコップに入れます。何はい分できて、何Lあまりますか。

(式5点、答え5点／10点)

式

答え

4 公園の面積は 76.4m^2 で、すな場の面積は 2.8m^2 です。公園は、すな場の面積のおよそ何倍ですか。整数で表しましょう。

(式5点、答え5点／10点)

式

答え

整数の性質 ①

偶数と奇数

1 1から20までの整数について答えましょう。

① 2でわり切れる数をすべてかきましょう。

(　　　　　　　　　　)

これらのように、2でわり切れる数を、偶数（ぐうすう）といいます。
0は偶数とします。

② 2でわり切れない数をすべてかきましょう。

(　　　　　　　　　　)

これらのように、2でわり切れない数を、奇数（きすう）といいます。

2 次の数が偶数か奇数かを(　　)にかきましょう。

① 216 (　　　　)　② 395 (　　　　)

③ 8271 (　　　　)　④ 6480 (　　　　)

3 □に偶数か奇数のどちらかを入れましょう。

① 偶数＋偶数＝□

② 奇数＋奇数＝□

③ 偶数＋奇数＝□

月　　日 名前

整数の性質 ②

倍数

ある数に整数をかけてできる数を、その数の 倍数 といいます。

3のとき

3×1	3×2	3×3	3×4	3×5	
↓	↓	↓	↓	↓	
3	6	9	12	15	…

3の倍数

次の数の倍数を、小さい順に3つかきましょう。

① 4 （ 4, 8, 12 ）　② 5 （　　　　）

③ 6 （　　　　）　④ 11 （　　　　）

⑤ 12 （　　　　）　⑥ 13 （　　　　）

⑦ 14 （　　　　）　⑧ 15 （　　　　）

⑨ 16 （　　　　）　⑩ 20 （　　　　）

⑪ 25 （　　　　）　⑫ 31 （　　　　）

月　　日 名前

整数の性質 ③

公倍数

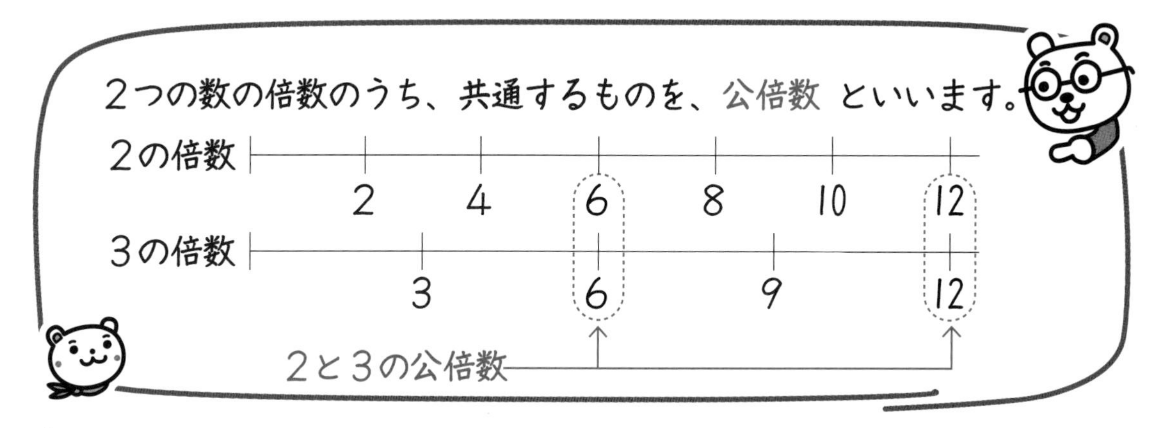

2つの数の倍数のうち、共通するものを、公倍数といいます。
2の倍数
2
4
6
8
10
12
3の倍数
3
6
9
12
2と3の公倍数

1 公倍数を見つけましょう。

① 3の倍数を、小さいものから8つかきましょう。

(　　　　　　　　　　　　　　　　　　　　　　　　)

② 4の倍数を、小さいものから6つかきましょう。

(　　　　　　　　　　　　　　　　　　　　　　　　)

③ ①と②を見て、3と4の公倍数を2つ見つけましょう。

(　　，　　)

2 次の数の公倍数を、小さいものから2つ求めましょう。

① 2の倍数 (　　　　　　　　　　　　　　　　　　)

5の倍数 (　　　　　　　　　　　　　　　　　　)

2と5の公倍数→ 公倍数 (　　，　　)

② 6の倍数 (　　　　　　　　　　　　　　　　　　)

8の倍数 (　　　　　　　　　　　　　　　　　　)

6と8の公倍数→ 公倍数 (　　，　　)

整数の性質 ④

最小公倍数

２つの数の公倍数のうち、最も小さい公倍数を
最小公倍数 といいます。

（例）（2，3）の公倍数 ⑥，12，18，…
↑
最小公倍数

最小公倍数の求め方　２つの数の、両方でわり切れる数を考えます。

〈2つの数をかける型〉（例）〔2，3〕

2と3のどちらもわり切ることのできる数は、1しかありません。この場合は2つの数をかけます。

答えの 6 が最小公倍数です。

2　3

2×3＝ 6

〈一方の数に合わせる型〉（例）〔2，6〕

2と6のように、一方がもう一方の倍数になっているとき、大きい方の 6 が両方の最小公倍数です。

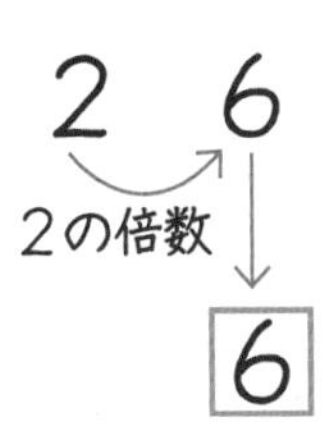

〈その他の型〉（例）〔6，9〕

6と9のどちらもわり切ることのできる数は、3です。右のように3をかいて、6と9をわった答えを下にかきます。

最小公倍数は、点線にそって3つの数をかけた答え 18 です。

3）6　9
　　2　3

3×2×3＝ 18

※両方ともわり切れる数がさらにあるときは続けていきます。

月　　日 名前

整数の性質 ⑤

最小公倍数

最小公倍数を求めましょう。〈2つの数をかける型〉

① 5　7 → (35)　② 8　3 → (　　)

③ 2　9 → (　　)　④ 4　7 → (　　)

⑤ 3　10 → (　　)　⑥ 9　8 → (　　)

⑦ 2　11 → (　　)　⑧ 13　2 → (　　)

⑨ 6　5 → (　　)　⑩ 20　3 → (　　)

⑪ 11　7 → (　　)　⑫ 5　12 → (　　)

⑬ 8　11 → (　　)　⑭ 9　5 → (　　)

⑮ 13　3 → (　　)　⑯ 15　4 → (　　)

⑰ 17　2 → (　　)　⑱ 19　3 → (　　)

⑲ 20　7 → (　　)　⑳ 7　9 → (　　)

月　　日 名前

整数の性質 ⑥

最小公倍数

最小公倍数を求めましょう。〈一方の数に合わせる型〉

① 2　4 →（　　）
② 3　9 →（　　）
③ 4　16 →（　　）
④ 15　5 →（　　）
⑤ 6　3 →（　　）
⑥ 7　14 →（　　）
⑦ 16　8 →（　　）
⑧ 9　3 →（　　）
⑨ 9　18 →（　　）
⑩ 10　5 →（　　）
⑪ 20　4 →（　　）
⑫ 18　6 →（　　）
⑬ 12　4 →（　　）
⑭ 3　15 →（　　）
⑮ 15　30 →（　　）
⑯ 10　20 →（　　）
⑰ 30　60 →（　　）
⑱ 11　22 →（　　）
⑲ 2　20 →（　　）
⑳ 100　20 →（　　）

月　日 名前

整数の性質 ⑦

最小公倍数

最小公倍数を求めましょう。〈その他の型〉

① 4　6 →（　）

② 6　9 →（　）

③ 10　12 →（　）

④ 18　15 →（　）

⑤ 12　9 →（　）

⑥ 20　15 →（　）

⑦ 16　12 →（　）

⑧ 20　18 →（　）

⑨ 10　8 →（　）

⑩ 15　9 →（　）

⑪ 12　15 →（　）

⑫ 14　16 →（　）

⑬ 8　14 →（　）

⑭ 4　10 →（　）

⑮ 15　6 →（　）

⑯ 4　14 →（　）

⑰ 18　14 →（　）

⑱ 16　20 →（　）

⑲ 14　21 →（　）

⑳ 18　16 →（　）

月　　日 名前

整数の性質 ⑧

最小公倍数

最小公倍数を求めましょう。

①	2　7	→ (　　)	②	2　6	→ (　　)
③	6　7	→ (　　)	④	9　4	→ (　　)
⑤	8　2	→ (　　)	⑥	2　15	→ (　　)
⑦	5　15	→ (　　)	⑧	17　3	→ (　　)
⑨	18　6	→ (　　)	⑩	10　3	→ (　　)
⑪	9　10	→ (　　)	⑫	4　12	→ (　　)
⑬	2　14	→ (　　)	⑭	14　3	→ (　　)
⑮	3　18	→ (　　)	⑯	20　4	→ (　　)
⑰	6　3	→ (　　)	⑱	2　19	→ (　　)
⑲	20　9	→ (　　)	⑳	5　20	→ (　　)

月　　日 名前

整数の性質 ⑨

約数

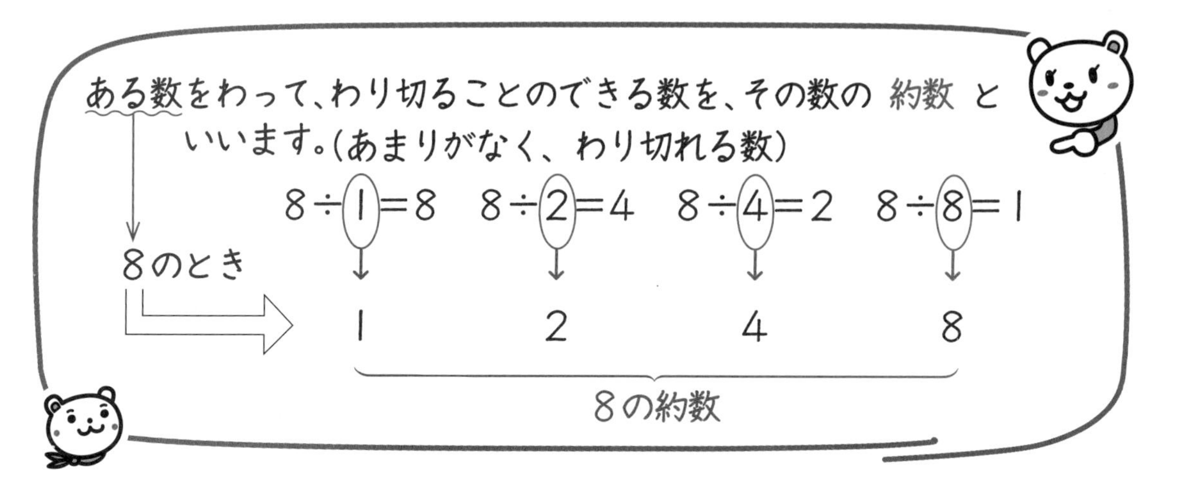

ある数をわって、わり切ることのできる数を、その数の 約数 と
いいます。(あまりがなく、わり切れる数)
8÷1=8　8÷2=4　8÷4=2　8÷8=1
8のとき
1　2　4　8
8の約数

約数が1つ見つかれば、その数でわった答えも、必ず約数になっています。

(例)　8÷②=④ → [4]も8の約数
　　　→ [2]は8の約数

次の数の約数を求めましょう。

① 4（1, 2, 4）　② 5（　　　）

③ 9（　　　）

④ 16（　　　）

⑤ 24（　　　）

⑥ 60（　　　）

月　　日 名前

整数の性質 ⑩

公約数

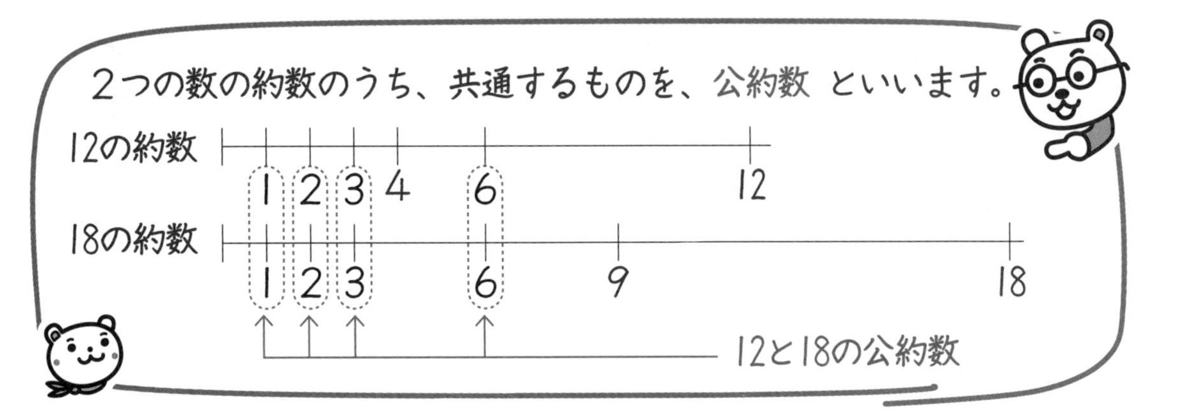

2つの数の約数のうち、共通するものを、公約数 といいます。
12の約数
1 2 3 4 6 12
18の約数
1 2 3 6 9 18
12と18の公約数

1 公約数を見つけましょう。

① 6の約数をかきましょう。(　　　　　　　　　　)

② 8の約数をかきましょう。(　　　　　　　　　　)

③ ①と②を見て、6と8の公約数を2つ見つけましょう。

(　　,　　)

2 次の数の公約数を求めましょう。

① 10の約数 (　　　　　　　　　　)

15の約数 (　　　　　　　　　　)

10と15の公約数 → 公約数 (　　　　　　)

② 6の約数 (　　　　　　　　　　)

18の約数 (　　　　　　　　　　)

6と18の公約数 → 公約数 (　　　　　　)

整数の性質 ⑪

最大公約数

２つの数の公約数のうち、最も大きい公約数を 最大公約数といいます。

（例）（12，18）の公約数　1，2，3，⑥

最大公約数

最大公約数の求め方

２つの数を見て、両方をわり切ることのできる数を考えます。

〈公約数が１しかない型（かた）〉（例）〔４，７〕

４と７のように１しかない場合、最大公約数も 1 になります。
１はすべての整数（０をのぞく）の約数です。

〈一方が他方の倍数である型〉（例）〔４，８〕

一方が他方の倍数になっている場合、小さい方の数の約数がすべて公約数になります。４の約数は、１，２，４。

４と８の公約数は１，２，４です。

つまり、小さい方の数自身が最大公約数です。最大公約数は 4 。

〈その他の型〉（例）〔16，24〕

16と24の場合、１以外に２や４も約数になるので、その中の最も小さい数でわり、答えを下にかきます。

わることのできる数が１しかなくなるまでわり続けて、点線にそって数をかけます。

$$
\begin{array}{r|rr}
2 & 16 & 24 \\
\hline
2 & 8 & 12 \\
\hline
2 & 4 & 6 \\
\hline
1 & 2 & 3
\end{array}
$$

２×２×２＝ 8 が最大公約数です。

月　　日 名前

整数の性質 ⑫

最大公約数

最大公約数を求めましょう。〈公約数が１しかない型〉

① 2　3 → (　　)　② 4　5 → (　　)

③ 6　11 → (　　)　④ 7　10 → (　　)

⑤ 11　20 → (　　)　⑥ 12　19 → (　　)

⑦ 16　3 → (　　)　⑧ 9　20 → (　　)

⑨ 19　4 → (　　)　⑩ 18　5 → (　　)

⑪ 8　3 → (　　)　⑫ 7　13 → (　　)

⑬ 14　15 → (　　)　⑭ 17　7 → (　　)

⑮ 5　7 → (　　)　⑯ 6　7 → (　　)

⑰ 14　3 → (　　)　⑱ 8　13 → (　　)

⑲ 20　51 → (　　)　⑳ 59　100 → (　　)

月　　日 名前

整数の性質 ⑬

最大公約数

最大公約数を求めましょう。〈一方が他方の倍数である型〉

① 2　4 → (　　)　② 2　16 → (　　)

③ 3　9 → (　　)　④ 4　8 → (　　)

⑤ 5　20 → (　　)　⑥ 6　36 → (　　)

⑦ 5　45 → (　　)　⑧ 20　10 → (　　)

⑨ 18　3 → (　　)　⑩ 18　9 → (　　)

⑪ 15　3 → (　　)　⑫ 14　2 → (　　)

⑬ 12　60 → (　　)　⑭ 33　11 → (　　)

⑮ 11　22 → (　　)　⑯ 16　4 → (　　)

⑰ 9　36 → (　　)　⑱ 24　6 → (　　)

⑲ 2　18 → (　　)　⑳ 51　3 → (　　)

月　　日　名前

整数の性質 ⑭

最大公約数

最大公約数を求めましょう。〈その他の型〉

① 4　6 →（　　）
② 6　9 →（　　）
③ 8　6 →（　　）
④ 4　10 →（　　）
⑤ 25　15 →（　　）
⑥ 20　8 →（　　）
⑦ 4　14 →（　　）
⑧ 16　6 →（　　）
⑨ 12　18 →（　　）
⑩ 15　9 →（　　）
⑪ 15　20 →（　　）
⑫ 10　14 →（　　）
⑬ 12　9 →（　　）
⑭ 8　18 →（　　）
⑮ 12　15 →（　　）
⑯ 15　18 →（　　）
⑰ 18　14 →（　　）
⑱ 14　20 →（　　）
⑲ 16　18 →（　　）
⑳ 20　16 →（　　）

月　　日 名前

整数の性質 ⑮

最大公約数

最大公約数を求めましょう。

① 4　16 → (　　)
② 18　11 → (　　)
③ 11　55 → (　　)
④ 9　18 → (　　)
⑤ 7　12 → (　　)
⑥ 32　9 → (　　)
⑦ 6　48 → (　　)
⑧ 57　20 → (　　)
⑨ 9　27 → (　　)
⑩ 5　12 → (　　)
⑪ 12　3 → (　　)
⑫ 16　15 → (　　)
⑬ 52　26 → (　　)
⑭ 48　16 → (　　)
⑮ 16　9 → (　　)
⑯ 9　19 → (　　)
⑰ 72　48 → (　　)
⑱ 96　56 → (　　)
⑲ 32　48 → (　　)
⑳ 54　36 → (　　)

整数の性質 ⑯

文章題

① ある駅から、電車は6分おきに、バスは15分おきに出発します。午後1時に同時に出発しました。次に同時に出発する時こくを求めましょう。

答え

② たて6cm、横8cmのタイルを下のようにしきつめて正方形をつくるとき、1番小さくできるのは1辺が何cmですか。また、タイルは何まいいりますか。

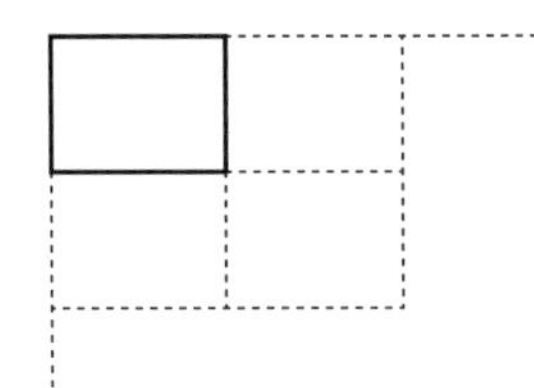

答え

③ たて24cm、横32cmの紙を同じ大きさの正方形に切ります。はんぱがでないようにしたとき、1番大きくできるのは1辺が何cmの正方形ですか。

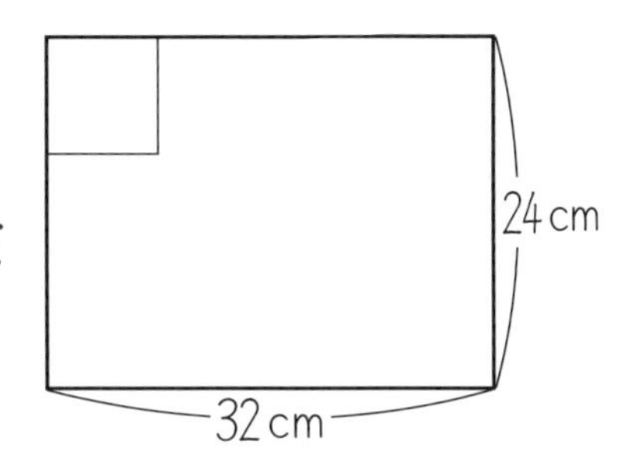

答え

④ 男の子が9人、女の子が15人います。それぞれのグループごとに男女の数が同じになるようにグループをつくります。それは何グループにしたときですか。また、そのときの男女の数は、何人と何人ですか。

答え

まとめテスト

月　日　名前

まとめ ⑤

整数の性質

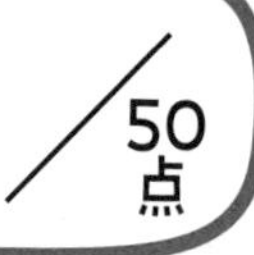

/50点

1 □にあてはまる言葉をかきましょう。（各5点／10点）

① 奇数＋奇数＝□

② 偶数＋偶数＝□

2 次の数の倍数を、小さい方から3つかきましょう。（各5点／10点）

① 7（　　　　　　　）

② 11（　　　　　　　）

3 次の2つの数の、最小公倍数を求めましょう。（各5点／20点）

① 3　14 →（　　）　② 6　10 →（　　）

③ 8　20 →（　　）　④ 9　21 →（　　）

4 次の数の約数を、すべてかきましょう。（各5点／10点）

① 24（　　　　　　　）

② 80（　　　　　　　）

まとめテスト

月　日 名前

まとめ ⑥

整数の性質

／50点

① 次の数の、最小公倍数と最大公約数を求めましょう。

（（　）1つ5点／20点）

		最小公倍数	最大公約数
①	12　16 →	（　　）	（　　）
②	30　36 →	（　　）	（　　）

② A駅から上り電車は９分おきに、下り電車は15分おきに発車します。午前10時に同時に発車しました。次に同時に発車するのは、何時何分ですか。

（式５点、答え10点／15点）

答え

③ たて36cm、横54cmの長方形の画用紙があります。同じ大きさの正方形に、あまりが出ないように切り分けます。いちばん大きい正方形の１辺の長さは何cmですか。

（式５点、答え10点／15点）

答え

月　　日 名前

分数 ①

約分

約分とは、分数の分母と分子を、同じ数でわって、かんたんな分数にすることをいいます。約分をするときは、次のようにします。

（例）

$$\frac{12}{18} \overset{\div 2}{=} \frac{6}{9} \overset{\div 3}{=} \frac{2}{3}$$

$$\frac{\cancel{12}^{\cancel{6}^{2}}}{\cancel{18}_{\cancel{9}_{3}}} = \frac{2}{3}$$

約分をしましょう。

① $\frac{4}{6}=$ ―

② $\frac{6}{9}=$

③ $\frac{3}{12}=$

④ $\frac{18}{24}=$

⑤ $\frac{9}{12}=$

⑥ $\frac{12}{28}=$

⑦ $\frac{6}{18}=$

⑧ $\frac{16}{32}=$

⑨ $\frac{24}{36}=$

⑩ $\frac{15}{25}=$

⑪ $\frac{16}{18}=$

⑫ $\frac{36}{48}=$

⑬ $\frac{44}{55}=$

⑭ $\frac{30}{42}=$

⑮ $\frac{45}{54}=$

月　日 名前

分数 ②

約分の練習

約分をしましょう。

① $\frac{6}{10}=$　② $\frac{6}{9}=$　③ $\frac{6}{14}=$

④ $\frac{9}{12}=$　⑤ $\frac{14}{21}=$　⑥ $\frac{8}{12}=$

⑦ $\frac{4}{10}=$　⑧ $\frac{6}{15}=$　⑨ $\frac{21}{28}=$

⑩ $\frac{15}{25}=$　⑪ $\frac{12}{20}=$　⑫ $\frac{12}{30}=$

⑬ $\frac{12}{18}=$　⑭ $\frac{18}{24}=$　⑮ $\frac{18}{45}=$

⑯ $\frac{18}{30}=$　⑰ $\frac{36}{63}=$　⑱ $\frac{28}{49}=$

⑲ $\frac{36}{72}=$　⑳ $\frac{32}{56}=$　㉑ $\frac{21}{28}=$

㉒ $\frac{15}{60}=$　㉓ $\frac{12}{36}=$　㉔ $\frac{35}{42}=$

月　　日 名前

分数 ③

通分

通分とは、分数の分母を同じ数にそろえることをいいます。

分母を 最小公倍数 にあわせるとよいです。

〈2つの数をかける型〉

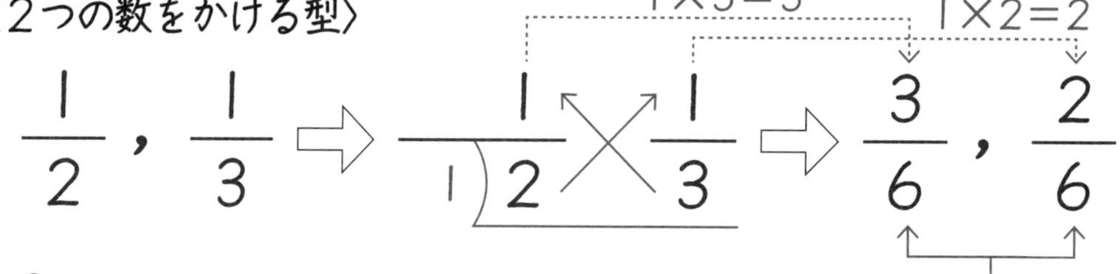

1×3=3
1×2=2
$\frac{1}{2}$, $\frac{1}{3}$ ⇨ $\frac{3}{6}$, $\frac{2}{6}$
2×3 ⟶ 分母は最小公倍数6

次の数を通分しましょう。

① $\frac{1}{3}$, $\frac{1}{5}$ → —, —

② $\frac{1}{9}$, $\frac{1}{5}$ → —, —

③ $\frac{2}{5}$, $\frac{1}{3}$ → —, —

④ $\frac{1}{2}$, $\frac{4}{7}$ → —, —

⑤ $\frac{5}{6}$, $\frac{3}{5}$ → —, —

⑥ $\frac{3}{4}$, $\frac{2}{5}$ → —, —

⑦ $\frac{2}{9}$, $\frac{3}{4}$ → —, —

⑧ $\frac{3}{11}$, $\frac{2}{3}$ → —, —

⑨ $\frac{2}{3}$, $\frac{7}{10}$ → —, —

⑩ $\frac{7}{15}$, $\frac{1}{4}$ → —, —

月　　日 名前

分数 ④
通分

〈一方の数に合わせる型〉

$\frac{1}{3}, \frac{1}{9}$ ⇨

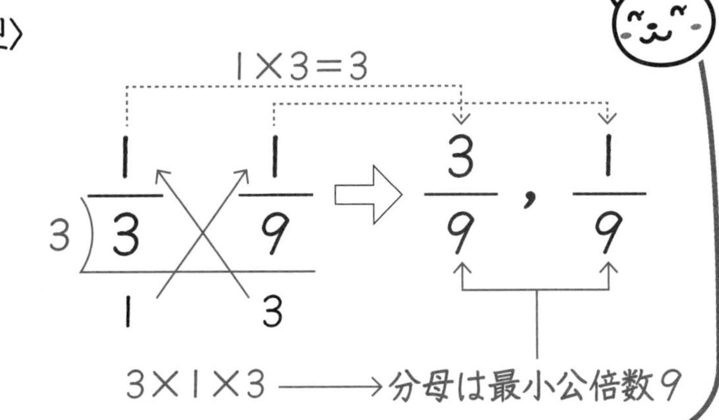

次の数を通分しましょう。

① $\frac{1}{4}, \frac{1}{8} \rightarrow$ ―, ―　　② $\frac{1}{2}, \frac{1}{6} \rightarrow$ ―, ―

③ $\frac{1}{3}, \frac{2}{9} \rightarrow$ ―, ―　　④ $\frac{3}{5}, \frac{8}{15} \rightarrow$ ―, ―

⑤ $\frac{5}{6}, \frac{2}{3} \rightarrow$ ―, ―　　⑥ $\frac{7}{8}, \frac{3}{4} \rightarrow$ ―, ―

⑦ $\frac{4}{9}, \frac{2}{3} \rightarrow$ ―, ―　　⑧ $\frac{5}{12}, \frac{7}{48} \rightarrow$ ―, ―

⑨ $\frac{17}{18}, \frac{2}{3} \rightarrow$ ―, ―　　⑩ $\frac{14}{15}, \frac{43}{45} \rightarrow$ ―, ―

月　　日 名前

分数 ⑤

通分

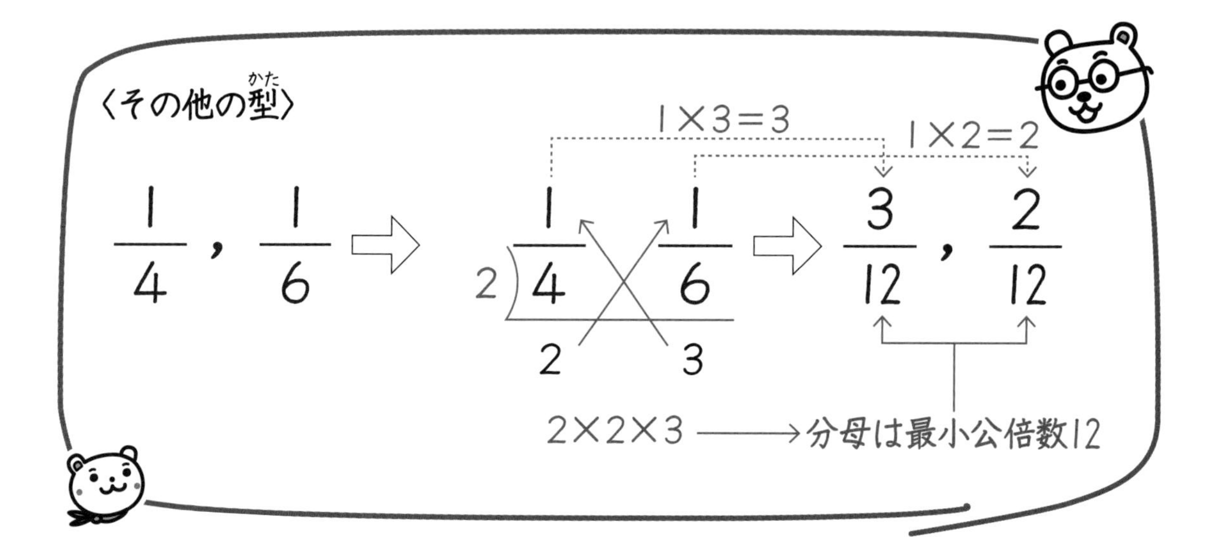

〈その他の型〉
1×3=3
1×2=2
$\frac{1}{4}, \frac{1}{6}$ ⇒ 2) 4　6 / 2　3 ⇒ $\frac{3}{12}, \frac{2}{12}$
2×2×3 ⟶ 分母は最小公倍数12

次の数を通分しましょう。

① $\frac{1}{6}, \frac{1}{9} \rightarrow$ ―, ―

② $\frac{1}{10}, \frac{1}{15} \rightarrow$ ―, ―

③ $\frac{1}{8}, \frac{5}{14} \rightarrow$ ―, ―

④ $\frac{3}{10}, \frac{5}{12} \rightarrow$ ―, ―

⑤ $\frac{5}{6}, \frac{2}{9} \rightarrow$ ―, ―

⑥ $\frac{5}{16}, \frac{7}{12} \rightarrow$ ―, ―

⑦ $\frac{5}{12}, \frac{7}{8} \rightarrow$ ―, ―

⑧ $\frac{9}{12}, \frac{5}{18} \rightarrow$ ―, ―

⑨ $\frac{9}{20}, \frac{8}{15} \rightarrow$ ―, ―

⑩ $\frac{5}{12}, \frac{13}{20} \rightarrow$ ―, ―

月　　日 名前

分数 ⑥

通分の練習

次の数を通分しましょう。

① $\frac{1}{3}$, $\frac{1}{5}$ → —, —

② $\frac{1}{2}$, $\frac{1}{8}$ → —, —

③ $\frac{1}{9}$, $\frac{1}{6}$ → —, —

④ $\frac{1}{9}$, $\frac{1}{5}$ → —, —

⑤ $\frac{1}{2}$, $\frac{1}{4}$ → —, —

⑥ $\frac{1}{10}$, $\frac{1}{15}$ → —, —

⑦ $\frac{2}{5}$, $\frac{1}{3}$ → —, —

⑧ $\frac{1}{18}$, $\frac{2}{9}$ → —, —

⑨ $\frac{1}{8}$, $\frac{3}{10}$ → —, —

⑩ $\frac{1}{3}$, $\frac{4}{7}$ → —, —

⑪ $\frac{3}{5}$, $\frac{8}{15}$ → —, —

⑫ $\frac{3}{10}$, $\frac{5}{12}$ → —, —

⑬ $\frac{5}{8}$, $\frac{3}{5}$ → —, —

⑭ $\frac{5}{12}$, $\frac{2}{3}$ → —, —

月　日 名前

分数のたし算 ①

2つの数をかける型

次の計算をしましょう。

① $\frac{1}{2}+\frac{1}{5}=\frac{5}{10}+\frac{2}{10}$

$=$

② $\frac{2}{7}+\frac{3}{5}=$

③ $\frac{3}{8}+\frac{3}{7}=$

④ $\frac{2}{5}+\frac{4}{9}=$

⑤ $\frac{2}{9}+\frac{3}{8}=$

⑥ $\frac{2}{5}+\frac{2}{9}=$

⑦ $\frac{1}{2}+\frac{1}{3}=$

⑧ $\frac{5}{11}+\frac{2}{5}=$

⑨ $\frac{2}{9}+\frac{8}{11}=$

⑩ $\frac{2}{3}+\frac{4}{13}=$

月　　日 名前

分数のたし算 ②

2つの数をかける型

次の計算をしましょう。仮分数はそのままでかまいません。

① $\frac{3}{4}+\frac{2}{9}=$

② $\frac{3}{7}+\frac{5}{9}=$

③ $\frac{2}{3}+\frac{7}{8}=$

④ $\frac{5}{7}+\frac{3}{4}=$

⑤ $\frac{5}{8}+\frac{7}{9}=$

⑥ $\frac{7}{11}+\frac{3}{5}=$

⑦ $\frac{5}{9}+\frac{5}{11}=$

⑧ $\frac{2}{13}+\frac{4}{9}=$

⑨ $\frac{11}{13}+\frac{5}{8}=$

⑩ $\frac{6}{11}+\frac{9}{13}=$

月　　日 名前

分数のたし算 ③

一方の数に合わせる型

次の計算をしましょう。

① $\frac{1}{3}+\frac{7}{12}=$

② $\frac{2}{5}+\frac{7}{30}=$

③ $\frac{1}{13}+\frac{3}{26}=$

④ $\frac{7}{11}+\frac{2}{33}=$

⑤ $\frac{9}{14}+\frac{2}{7}=$

⑥ $\frac{3}{4}+\frac{3}{16}=$

⑦ $\frac{2}{3}+\frac{5}{18}=$

⑧ $\frac{3}{10}+\frac{2}{5}=$

⑨ $\frac{3}{7}+\frac{8}{21}=$

⑩ $\frac{4}{15}+\frac{7}{45}=$

月　日 名前

分数のたし算 ④

一方の数に合わせる型

次の計算をしましょう。約分できるものは約分します。
また、仮分数はそのままでかまいません。

① $\frac{1}{4}+\frac{5}{12}=$

② $\frac{4}{15}+\frac{2}{5}=$

③ $\frac{2}{9}+\frac{5}{18}=$

④ $\frac{1}{5}+\frac{7}{15}=$

⑤ $\frac{11}{24}+\frac{1}{6}=$

⑥ $\frac{9}{10}+\frac{3}{5}=$

⑦ $\frac{13}{14}+\frac{4}{7}=$

⑧ $\frac{11}{20}+\frac{5}{4}=$

⑨ $\frac{5}{18}+\frac{11}{9}=$

⑩ $\frac{8}{7}+\frac{5}{14}=$

月　　日 名前

分数のたし算 ⑤
その他の型

次の計算をしましょう。

① $\frac{1}{6}+\frac{2}{9}=$

② $\frac{3}{4}+\frac{1}{18}=$

③ $\frac{1}{12}+\frac{7}{9}=$

④ $\frac{1}{6}+\frac{8}{21}=$

⑤ $\frac{1}{15}+\frac{3}{10}=$

⑥ $\frac{3}{10}+\frac{1}{4}=$

⑦ $\frac{4}{9}+\frac{1}{6}=$

⑧ $\frac{3}{8}+\frac{1}{6}=$

⑨ $\frac{7}{20}+\frac{1}{6}=$

⑩ $\frac{2}{9}+\frac{5}{12}=$

分数のたし算 ⑥

その他の型

次の計算をしましょう。約分できるものは約分します。
また、仮分数はそのままでかまいません。

① $\frac{1}{15}+\frac{1}{10}=$

② $\frac{3}{10}+\frac{1}{6}=$

③ $\frac{3}{20}+\frac{13}{30}=$

④ $\frac{2}{15}+\frac{5}{12}=$

⑤ $\frac{5}{22}+\frac{20}{33}=$

⑥ $\frac{17}{20}+\frac{5}{12}=$

⑦ $\frac{4}{15}+\frac{9}{10}=$

⑧ $\frac{9}{14}+\frac{5}{6}=$

⑨ $\frac{17}{20}+\frac{7}{12}=$

⑩ $\frac{9}{10}+\frac{14}{15}=$

月　　日 名前

分数のたし算 ⑦

たし算の練習

次の計算をしましょう。約分できるものは約分します。
また、答えが仮分数はそのままでかまいません。

① $\frac{2}{5}+\frac{3}{8}=$

② $\frac{2}{9}+\frac{4}{27}=$

③ $\frac{5}{24}+\frac{1}{16}=$

④ $\frac{2}{9}+\frac{1}{4}=$

⑤ $\frac{3}{14}+\frac{19}{21}=$

⑥ $\frac{1}{6}+\frac{15}{16}=$

⑦ $\frac{2}{3}+\frac{1}{7}=$

⑧ $\frac{8}{15}+\frac{1}{3}=$

⑨ $\frac{4}{15}+\frac{13}{20}=$

⑩ $\frac{7}{30}+\frac{5}{18}=$

月　　日 名前

分数のたし算 ⑧
たし算の練習

次の計算をしましょう。約分できるものは約分します。
また、答えが仮分数はそのままでかまいません。

① $\frac{1}{3}+\frac{3}{8}=$

② $\frac{3}{10}+\frac{7}{18}=$

③ $\frac{7}{12}+\frac{17}{20}=$

④ $\frac{11}{21}+\frac{9}{14}=$

⑤ $\frac{5}{8}+\frac{1}{4}=$

⑥ $\frac{4}{15}+\frac{1}{12}=$

⑦ $\frac{1}{15}+\frac{1}{10}=$

⑧ $\frac{9}{20}+\frac{1}{5}=$

⑨ $\frac{3}{10}+\frac{1}{6}=$

⑩ $\frac{2}{9}+\frac{5}{18}=$

月　　日 名前

分数のたし算 ⑨

帯分数

次の計算をしましょう。

① $1\frac{1}{3}+1\frac{1}{3}=$

② $1\frac{2}{7}+1\frac{4}{7}=$

③ $1\frac{4}{15}+1\frac{7}{15}=$

④ $2\frac{1}{7}+3\frac{3}{7}=$

⑤ $4\frac{1}{5}+3\frac{2}{5}=$

⑥ $3\frac{5}{6}+1=$

⑦ $1\frac{4}{6}+1\frac{2}{6}=$

⑧ $1\frac{5}{7}+1\frac{3}{7}=$

⑨ $2\frac{2}{4}+3\frac{3}{4}=$

⑩ $1\frac{9}{13}+2\frac{7}{13}=$

月　　日 名前

分数のたし算 ⑩

帯分数

次の計算をしましょう。約分できるものは約分します。

① $2\frac{2}{3}+\frac{1}{15}=$

② $6\frac{7}{12}+\frac{1}{6}=$

③ $4\frac{1}{2}+\frac{3}{8}=$

④ $\frac{1}{8}+3\frac{6}{7}=$

⑤ $\frac{2}{9}+7\frac{5}{8}=$

⑥ $\frac{5}{6}+2\frac{2}{21}=$

⑦ $1\frac{4}{5}+\frac{7}{15}=$

⑧ $2\frac{7}{15}+\frac{7}{10}=$

⑨ $3\frac{5}{6}+\frac{3}{14}=$

⑩ $\frac{7}{12}+4\frac{5}{8}=$

月　　日 名前

まとめ ⑦

分数のたし算

1 次の計算をしましょう。 （各５点／30点）

① $\frac{1}{2}+\frac{1}{5}=$

② $\frac{1}{3}+\frac{7}{12}=$

③ $\frac{1}{6}+\frac{2}{9}=$

④ $\frac{3}{10}+\frac{1}{4}=$

⑤ $\frac{2}{5}+\frac{2}{9}=$

⑥ $\frac{3}{4}+\frac{1}{16}=$

2 きのう $3\frac{2}{7}$km 歩き、今日は $2\frac{7}{9}$km 歩きました。全部で何km 歩きましたか。 （式10点、答え10点／20点）

式

答え

まとめテスト

月　　日　名前

まとめ ⑧

分数のたし算

1 次の計算をしましょう。

（各５点／30点）

① $\frac{2}{15}+\frac{5}{12}=$

② $\frac{9}{14}+\frac{5}{6}=$

③ $\frac{3}{4}+\frac{2}{9}=$

④ $\frac{1}{4}+\frac{5}{12}=$

⑤ $1\frac{1}{3}+1\frac{1}{3}=$

⑥ $2\frac{2}{3}+\frac{1}{15}=$

2 ある本をきのう全体の$\frac{1}{4}$読み、今日は全体の$\frac{1}{5}$を読みました。２日間で全体のどれだけを読みましたか。

（式10点、答え10点／20点）

式

答え

分数のひき算 ①

２つの数をかける型

次の計算をしましょう。

① $\frac{1}{2} - \frac{2}{7} =$

② $\frac{4}{5} - \frac{1}{3} =$

③ $\frac{2}{3} - \frac{1}{8} =$

④ $\frac{3}{5} - \frac{2}{7} =$

⑤ $\frac{4}{5} - \frac{1}{4} =$

⑥ $\frac{6}{7} - \frac{2}{3} =$

⑦ $\frac{3}{4} - \frac{2}{3} =$

⑧ $\frac{1}{2} - \frac{2}{5} =$

⑨ $\frac{3}{4} - \frac{5}{9} =$

⑩ $\frac{3}{8} - \frac{1}{7} =$

月　日 名前

分数のひき算 ②

２つの数をかける型

次の計算をしましょう。

① $\frac{2}{3}-\frac{1}{4}=$

② $\frac{4}{5}-\frac{2}{3}=$

③ $\frac{2}{7}-\frac{1}{5}=$

④ $\frac{5}{7}-\frac{1}{3}=$

⑤ $\frac{2}{3}-\frac{5}{8}=$

⑥ $\frac{1}{2}-\frac{1}{5}=$

⑦ $\frac{5}{6}-\frac{5}{7}=$

⑧ $\frac{4}{5}-\frac{3}{4}=$

⑨ $\frac{7}{8}-\frac{3}{5}=$

⑩ $\frac{9}{11}-\frac{2}{3}=$

月　　日 名前

分数のひき算 ③

一方の数に合わせる型

次の計算をしましょう。

① $\frac{1}{2}-\frac{1}{4}=$

② $\frac{3}{4}-\frac{1}{8}=$

③ $\frac{1}{5}-\frac{1}{15}=$

④ $\frac{1}{3}-\frac{1}{9}=$

⑤ $\frac{2}{5}-\frac{3}{10}=$

⑥ $\frac{5}{6}-\frac{5}{12}=$

⑦ $\frac{7}{16}-\frac{3}{8}=$

⑧ $\frac{7}{10}-\frac{2}{5}=$

⑨ $\frac{4}{9}-\frac{7}{18}=$

⑩ $\frac{10}{21}-\frac{3}{7}=$

分数のひき算 ④

一方の数に合わせる型

次の計算をしましょう。約分できるものは約分します。

① $\frac{1}{2}-\frac{3}{8}=$

② $\frac{2}{3}-\frac{7}{12}=$

③ $\frac{7}{8}-\frac{1}{4}=$

④ $\frac{9}{10}-\frac{3}{5}=$

⑤ $\frac{8}{9}-\frac{2}{3}=$

⑥ $\frac{8}{13}-\frac{9}{26}=$

⑦ $\frac{7}{9}-\frac{5}{18}=$

⑧ $\frac{5}{12}-\frac{1}{4}=$

⑨ $\frac{23}{24}-\frac{3}{8}=$

⑩ $\frac{7}{30}-\frac{2}{15}=$

分数のひき算 ⑤

その他の型

次の計算をしましょう。

① $\frac{1}{4}-\frac{1}{6}=$

② $\frac{3}{8}-\frac{1}{6}=$

③ $\frac{5}{6}-\frac{1}{4}=$

④ $\frac{2}{9}-\frac{1}{6}=$

⑤ $\frac{1}{9}-\frac{1}{15}=$

⑥ $\frac{3}{10}-\frac{1}{4}=$

⑦ $\frac{5}{12}-\frac{1}{8}=$

⑧ $\frac{3}{8}-\frac{3}{10}=$

⑨ $\frac{9}{16}-\frac{5}{12}=$

⑩ $\frac{10}{21}-\frac{3}{14}=$

月　日 名前

分数のひき算 ⑥

その他の型

次の計算をしましょう。約分できるものは約分します。

① $\frac{9}{8}-\frac{7}{12}=$

② $\frac{19}{18}-\frac{5}{12}=$

③ $\frac{13}{10}-\frac{5}{8}=$

④ $\frac{7}{4}-\frac{13}{14}=$

⑤ $\frac{16}{15}-\frac{3}{10}=$

⑥ $\frac{7}{12}-\frac{8}{15}=$

⑦ $\frac{5}{6}-\frac{7}{10}=$

⑧ $\frac{5}{12}-\frac{4}{15}=$

⑨ $\frac{13}{15}-\frac{1}{6}=$

⑩ $\frac{14}{15}-\frac{7}{12}=$

月　　日 名前

分数のひき算 ⑦

ひき算の練習

次の計算をしましょう。約分できるものは約分します。

① $\frac{2}{5}-\frac{3}{8}=$

② $\frac{4}{9}-\frac{1}{3}=$

③ $\frac{2}{3}-\frac{7}{15}=$

④ $\frac{11}{12}-\frac{3}{4}=$

⑤ $\frac{9}{14}-\frac{1}{2}=$

⑥ $\frac{11}{15}-\frac{2}{3}=$

⑦ $\frac{3}{5}-\frac{4}{7}=$

⑧ $\frac{17}{24}-\frac{3}{8}=$

⑨ $\frac{3}{4}-\frac{1}{20}=$

⑩ $\frac{3}{10}-\frac{3}{14}=$

月　　日 名前

分数のひき算 ⑧

ひき算の練習

次の計算をしましょう。約分できるものは約分します。

① $\frac{7}{9}-\frac{1}{2}=$

② $\frac{5}{9}-\frac{2}{5}=$

③ $\frac{4}{5}-\frac{9}{20}=$

④ $\frac{3}{5}-\frac{1}{10}=$

⑤ $\frac{5}{6}-\frac{3}{10}=$

⑥ $\frac{5}{7}-\frac{2}{9}=$

⑦ $\frac{8}{15}-\frac{1}{12}=$

⑧ $\frac{4}{7}-\frac{3}{28}=$

⑨ $\frac{13}{15}-\frac{1}{6}=$

⑩ $\frac{13}{18}-\frac{1}{2}=$

月　　日 名前

分数のひき算 ⑨

帯分数

次の計算をしましょう。約分できるものは約分します。

① $3\frac{2}{3}-2\frac{1}{3}=$

② $2\frac{2}{5}-1\frac{1}{5}=$

③ $1\frac{3}{8}-1\frac{1}{8}=$

④ $1\frac{7}{10}-1\frac{1}{10}=$

⑤ $2\frac{4}{6}-1\frac{4}{6}=$

⑥ $8\frac{4}{6}-1\frac{5}{6}=$

⑦ $2\frac{6}{11}-\frac{8}{11}=$

⑧ $8\frac{5}{17}-7\frac{10}{17}=$

⑨ $2\frac{1}{5}-1\frac{4}{5}=$

⑩ $7\frac{8}{13}-6\frac{8}{13}=$

月　日 名前

分数のひき算 ⑩

帯分数

次の計算をしましょう。約分できるものは約分します。

① $4\frac{3}{4}-1\frac{5}{8}=$

② $2\frac{5}{6}-1\frac{2}{5}=$

③ $3\frac{7}{20}-2\frac{1}{3}=$

④ $7\frac{1}{2}-3\frac{4}{9}=$

⑤ $5\frac{4}{5}-2\frac{5}{9}=$

⑥ $1\frac{4}{5}-\frac{4}{7}=$

⑦ $5\frac{3}{10}-\frac{4}{5}=$

⑧ $1\frac{1}{2}-\frac{5}{8}=$

⑨ $3\frac{3}{4}-\frac{11}{12}=$

⑩ $3\frac{3}{8}-\frac{7}{12}=$

月　　日 名前

まとめ ⑨

分数のひき算

1 次の計算をしましょう。 (各５点／30点)

① $\frac{1}{2}-\frac{2}{7}=$　　② $\frac{5}{6}-\frac{5}{12}=$

③ $\frac{1}{4}-\frac{1}{6}=$　　④ $\frac{3}{10}-\frac{1}{4}=$

⑤ $2\frac{2}{5}-1\frac{1}{10}=$　　⑥ $1\frac{2}{5}-\frac{4}{7}=$

2 $\frac{4}{5}$Lの油のうち、$\frac{1}{2}$Lを使いました。残りは何Lですか。 (式10点、答え10点／20点)

式

答え

まとめテスト

月　　日 名前

まとめ ⑩

分数のひき算

/50点

1 次の計算をしましょう。約分できるものは約分します。（各５点／30点）

① $\frac{9}{8}-\frac{7}{12}=$

② $\frac{7}{12}-\frac{8}{15}=$

③ $\frac{2}{3}-\frac{1}{4}=$

④ $\frac{2}{3}-\frac{7}{12}=$

⑤ $\frac{11}{12}-\frac{4}{15}=$

⑥ $\frac{5}{6}-\frac{7}{10}=$

2 学校から北に $1\frac{7}{10}$km のところに図書館があり、学校から南に $1\frac{1}{4}$km のところに公園があります。学校からのきょりはどれだけちがいますか。（式10点、答え10点／20点）

式

答え

月　　日 名前

分数・小数・整数 ①

わり算と分数

商を分数で表しましょう。

① $2 \div 3 = \frac{2}{3}$

② $1 \div 6 =$

③ $4 \div 7 =$

④ $6 \div 13 =$

⑤ $3 \div 7 =$

⑥ $2 \div 5 =$

⑦ $4 \div 9 =$

⑧ $5 \div 7 =$

⑨ $8 \div 9 =$

⑩ $3 \div 5 =$

⑪ $5 \div 11 =$

⑫ $6 \div 7 =$

⑬ $3 \div 4 =$

⑭ $1 \div 2 =$

月　　日 名前

分数・小数・整数 ②

わり算と分数

分数を小数で表すための、わり算の式に直しましょう。

① $\frac{3}{5}=3\div5$

② $\frac{5}{8}=$

③ $\frac{5}{9}=$

④ $\frac{3}{7}=$

⑤ $\frac{1}{4}=$

⑥ $\frac{2}{9}=$

⑦ $\frac{8}{9}=$

⑧ $\frac{2}{7}=$

⑨ $\frac{1}{6}=$

⑩ $\frac{2}{5}=$

⑪ $\frac{10}{11}=$

⑫ $\frac{1}{12}=$

⑬ $\frac{7}{3}=$

⑭ $\frac{9}{2}=$

月　　日 名前

分数・小数・整数 ③

分数と小数

次の分数を小数で表しましょう。

① $\frac{2}{5}=$

② $\frac{1}{2}=$

③ $\frac{1}{5}=$

④ $\frac{4}{5}=$

⑤ $\frac{1}{4}=$

⑥ $\frac{1}{10}=$

⑦ $\frac{3}{4}=$

⑧ $\frac{3}{5}=$

⑨ $\frac{1}{8}=$

⑩ $\frac{5}{8}=$

⑪ $\frac{3}{10}=$

⑫ $\frac{3}{8}=$

分数・小数・整数 ④

分数と小数

次の小数を分数で表しましょう。

① 0.4＝　　② 0.2＝

③ 0.6＝　　④ 0.1＝

⑤ 0.8＝　　⑥ 0.7＝

⑦ 0.01＝　　⑧ 0.03＝

⑨ 0.12＝　　⑩ 0.24＝

⑪ 0.48＝　　⑫ 0.36＝

月　　日 名前

分数・小数・整数 ⑤

分数と小数

次の計算をしましょう。小数は分数に直して計算しましょう。

① $0.3+\frac{1}{5}=$

② $\frac{1}{4}+0.2=$

③ $\frac{1}{8}+0.6=$

④ $0.7-\frac{1}{5}=$

⑤ $0.6-\frac{3}{5}=$

⑥ $\frac{4}{5}-0.7=$

分数・小数・整数 ⑥

分数と整数

1 次の時間を分に直しましょう。

① $\frac{1}{2}$時間＝　　　② $\frac{1}{5}$時間＝

③ $\frac{1}{4}$時間＝　　　④ $\frac{1}{6}$時間＝

⑤ $\frac{1}{12}$時間＝　　　⑥ $\frac{1}{15}$時間＝

2 次の分を時間に直しましょう。

① 5分＝　　　② 10分＝

③ 15分＝　　　④ 4分＝

⑤ 45分＝　　　⑥ 30分＝

まとめテスト　　月　　日 名前

まとめ ⑪

分数・小数・整数

1 わり算の商を、分数で表しましょう。 (各5点／10点)

① $5 \div 9$ (　　)　② $8 \div 3$ (　　)

2 次の分数を、わり算の式で表しましょう。 (各5点／10点)

① $\frac{2}{7}$ (　　)　② $\frac{5}{14}$ (　　)

3 分数で答えましょう。 (各5点／10点)

① 30Lは、20Lの何倍ですか。 (　　)

② 6mを1とみると、9mはいくつにあたりますか。 (　　)

4 次の分数を、小数で表しましょう。 (各5点／10点)

① $\frac{11}{4}$ (　　)　② $3\frac{7}{8}$ (　　)

5 次の小数を、分数で表しましょう。 (各5点／10点)

① 2.7 (　　)　② 5.64 (　　)

まとめテスト

月　　日　名前

まとめ ⑫

分数・小数・整数

／50点

1 次の計算をしましょう。

(各5点／20点)

① $\frac{9}{10}+0.87=$

② $\frac{7}{8}+0.25=$

③ $0.75-\frac{23}{100}=$

④ $2.45-\frac{12}{25}=$

2 □にあてはまる分数をかきましょう。

(各5点／20点)

① 27分＝□時間

② 75分＝□時間

③ 1秒＝□分

④ 66秒＝□分

3 水とうにお茶が $1\frac{11}{15}$L 入っています。お昼に $\frac{5}{6}$L 飲み、夕方0.75L 飲みました。何L残っていますか。

(式5点、答え5点／10点)

式

答え

月　　日 名前

図形の合同 ①
合同とは

1 百人一首やしおりを重ねたらどうなりますか。正しい方に○をつけましょう。

① （重なる・重ならない）　　② （重なる・重ならない）

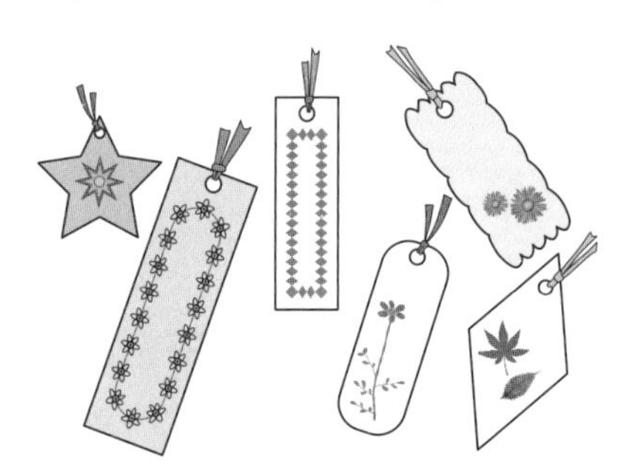

きちんと重ね合わせることができる図形は 合同 であるといいます。

百人一首の形は（　　　　）です。しおりの形は合同ではありません。

2 ㋐や㋑と合同な図形を見つけて記号をかきましょう。

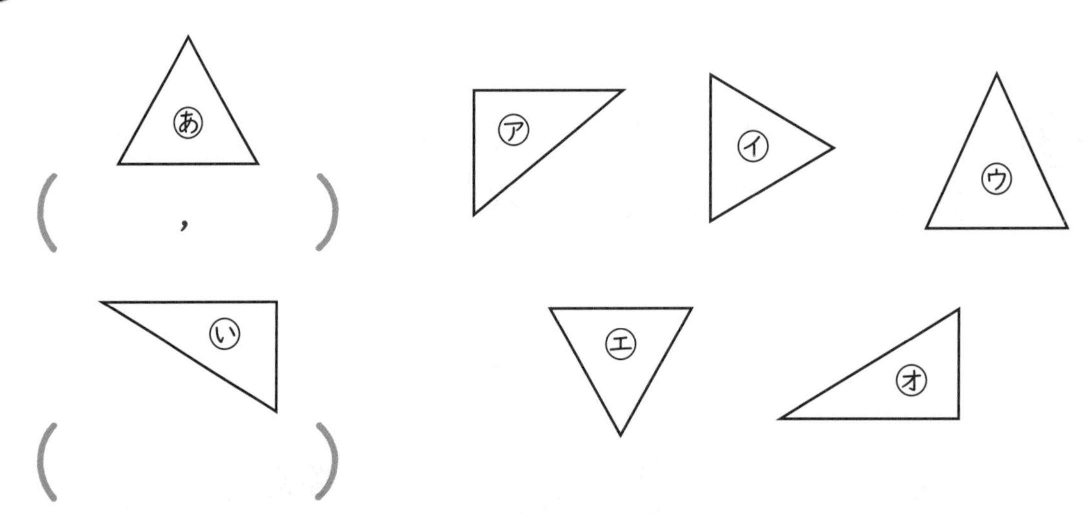

月　　日 名前

図形の合同 ②

合同とは

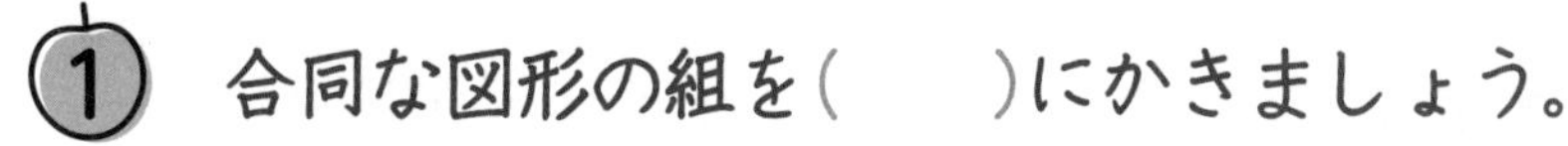

1 合同な図形の組を(　　)にかきましょう。

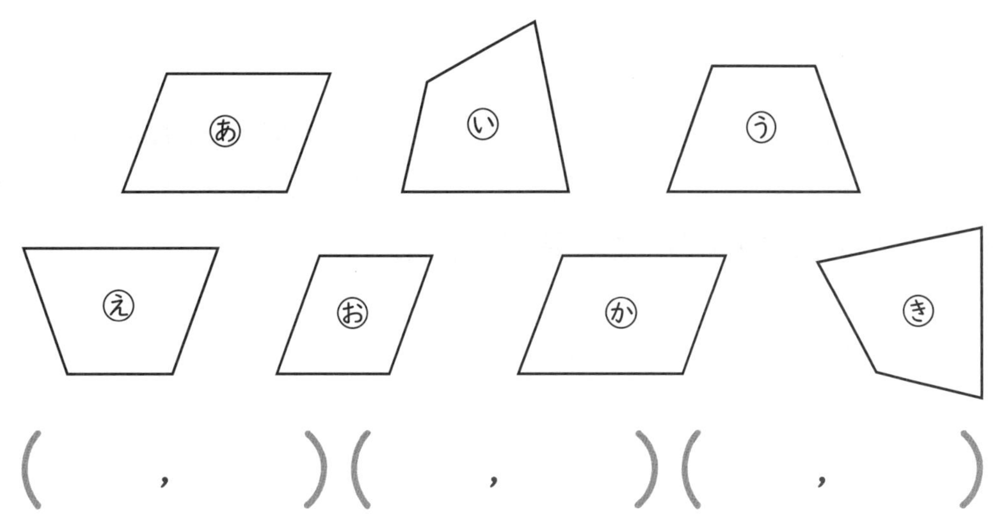

(　　,　　)(　　,　　)(　　,　　)

2 ２つの三角形は合同です。

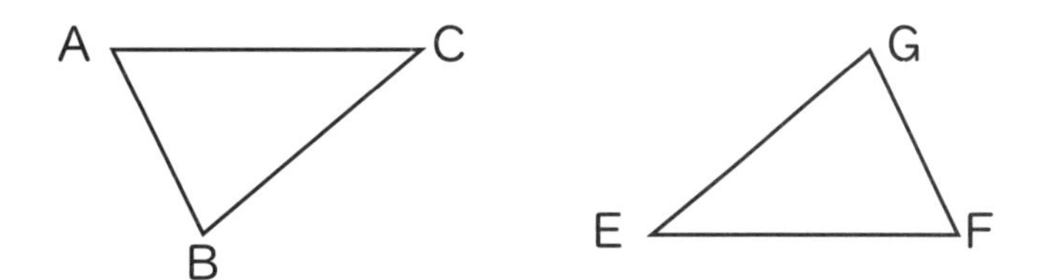

① 重なり合う点をかきましょう。

(　　と　　)(　　と　　)(　　と　　)

② 重なり合う辺の組をかきましょう。

(　　と　　)(　　と　　)(　　と　　)

③ 重なり合う角の組をかきましょう。

(　　と　　)(　　と　　)(　　と　　)

図形の合同 ③

対応する辺、ちょう点、角

合同な図形を重ねたとき、重なり合うちょう点や辺や角を対応するちょう点、対応する辺、対応する角 といいます。

二等辺三角形を、図のように合同な直角三角形ができるように切りました。（　　）に言葉や辺、角の名前をかきましょう。
※もとの三角形ABFは二等辺三角形です。

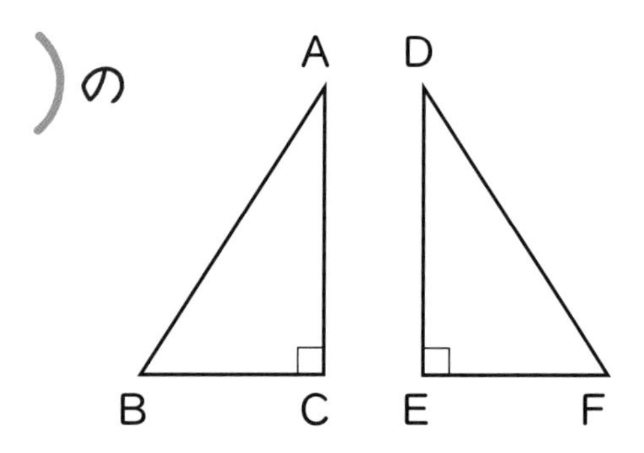

① 辺ABと対応する（辺　　　　）の長さは（等しい　　）。

② 辺BCと対応する（　　　　）の長さは（　　　　）。

③ 角Bと対応する（角　　　　）の大きさは（　　　　）。

④ 角Aと角Dは（　　　　）角です。

⑤ 角Cと角Eの大きさは（　　　　度）です。

合同な図形では、対応する辺の長さは等しく、対応する角の大きさも等しくなっています。

月　　日 名前

図形の合同 ④

対応する辺、ちょう点、角

1 次の２つの四角形は合同です。

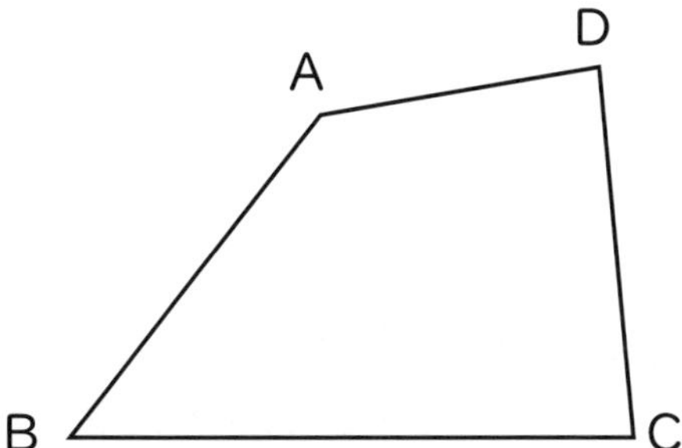

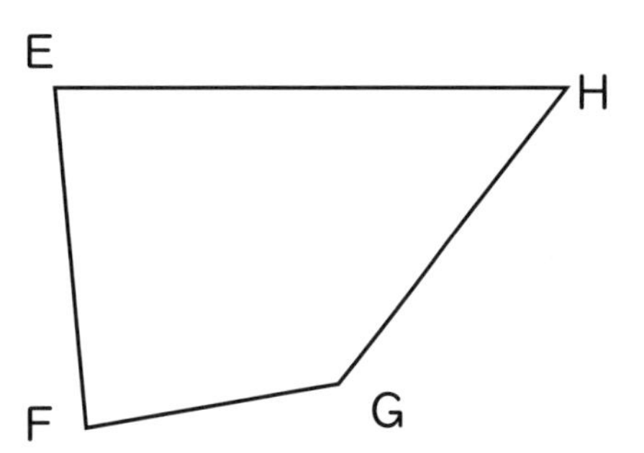

① 対応する点の組をかきましょう。

（　と　）（　と　）（　と　）（　と　）

② 対応する辺の組をかきましょう。

（　　と　　）（　　と　　）

（　　と　　）（　　と　　）

③ 対応する角の組をかきましょう。

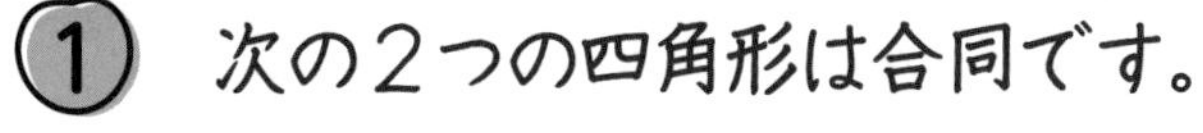

（　と　）（　と　）（　と　）（　と　）

2 四角形を対角線で４つの三角形に分けました。それぞれの四角形で合同な三角形に同じ印をつけましょう。

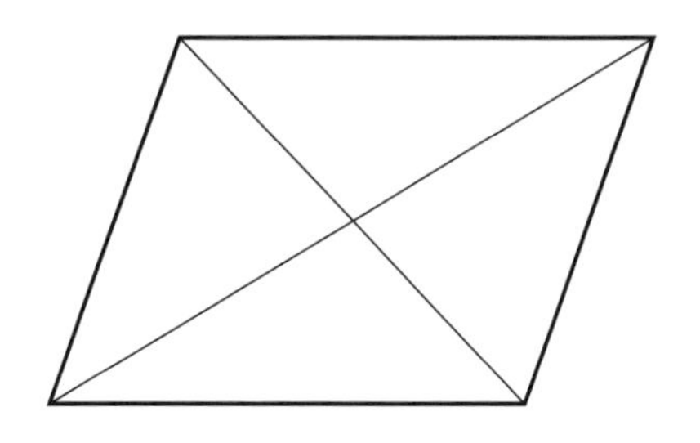

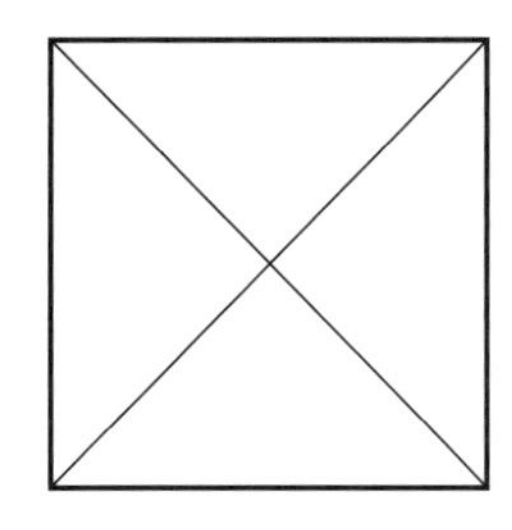

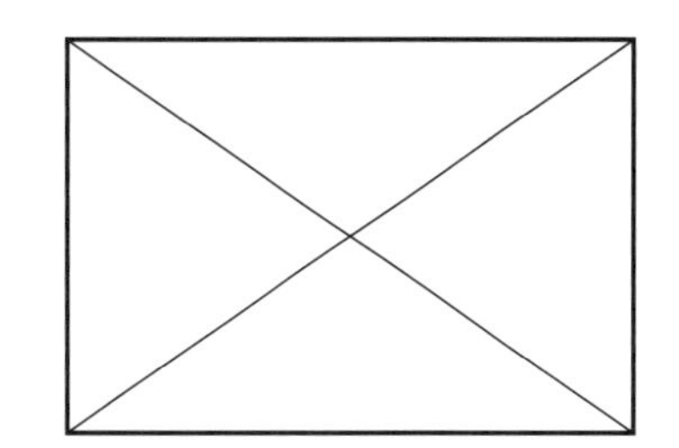

月　　日 名前

図形の合同 ⑤

三角形のかき方

その1　3つの辺の長さが6cm，4cm，3cm の三角形。

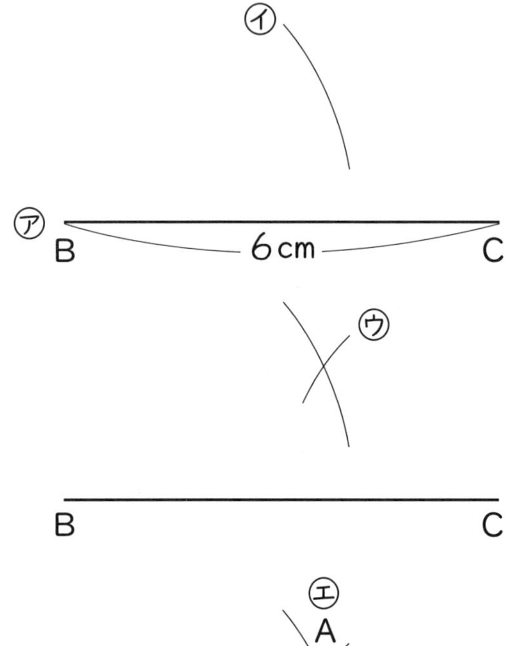

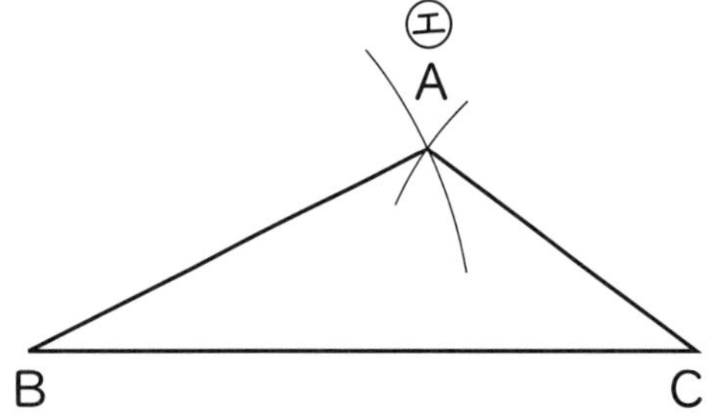

㋐　6cm の直線（辺）を引く。

㋑　点Bから、コンパスで半径4cmの円の部分をかく。

㋒　点Cから、コンパスで半径3cmの円の部分をかく。

㋓　㋑、㋒の交わった点をAとして、辺AB、辺ACをかく。

㋔　でき上がり。

※コンパスでかいた線は消さなくてもよい。

次の三角形をかきましょう。

① 辺の長さが、
3cm，4cm，5cm

② 辺の長さが、
2cm，3cm，4cm

図形の合同 ⑥

三角形のかき方

その２　辺の長さが4cm，5cm，その間の角が30°の三角形。

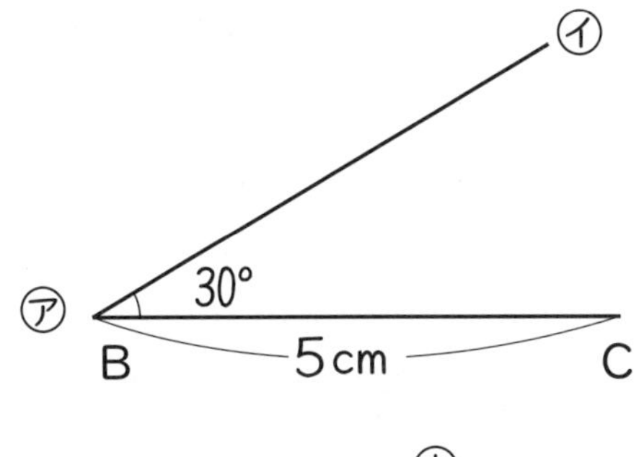

㋐　5cmの直線（辺）を引く。

㋑　点Bから、分度器を使って30°の線を引く。

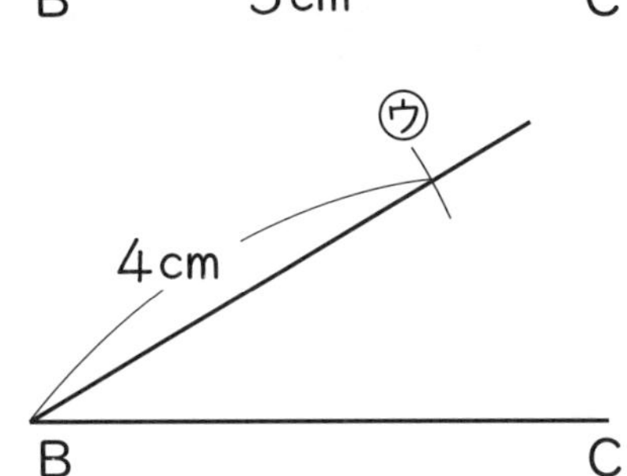

㋒　点Bから、コンパスを使って半径4cmの円の部分を㋑の線と交わるようにかく。

※コンパスの代わりに定規（じょうぎ）を使ってもよい。

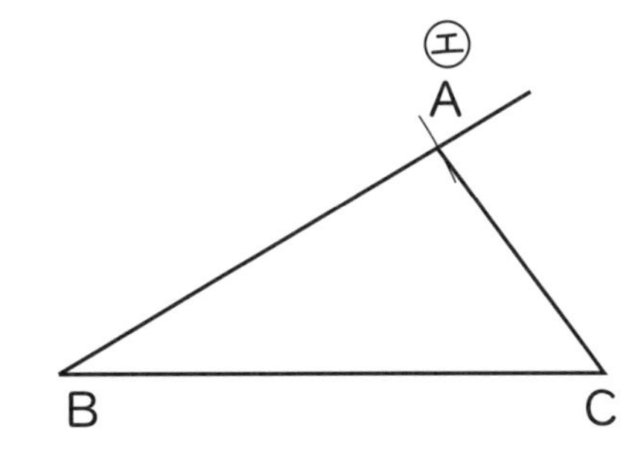

㋓　点Aと点Cを結ぶ。

㋔　でき上がり。

※長くのびた30°の線やコンパスでかいた線は消さなくてもよい。

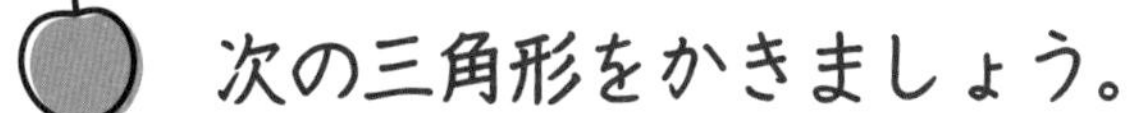

次の三角形をかきましょう。

① 辺の長さが3cm，4cm　その間の角が60°

② 辺の長さが3cm，5cm　その間の角が45°

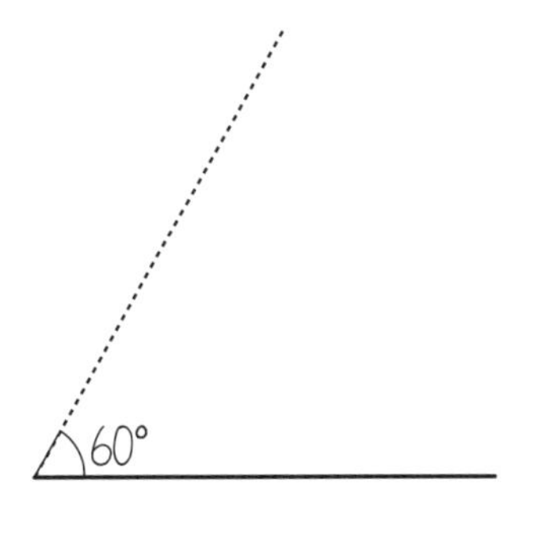

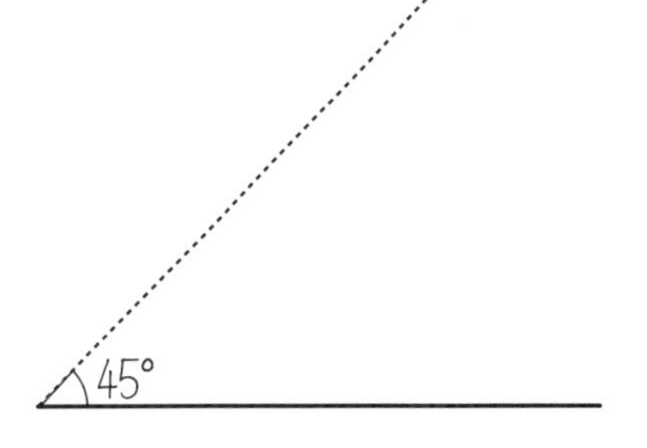

月　日 名前

図形の合同 ⑦

三角形のかき方

その3 辺の長さが4cm，両はしの角度が45°と30°の三角形。

㋐ 4cmの直線（辺）を引く。

㋑ 角Bが45°になるように印をつける。

㋒ 角Cが30°になるように印をつける。

㋓ Bと㋑でつけた印を直線で結び、Cと㋒でつけた印を直線で結ぶ。

㋔ でき上がり。

※三角形の外までのびている線は消さなくてもよい。

㋒ Cの30°の印

㋑ Bの45°の印

㋐

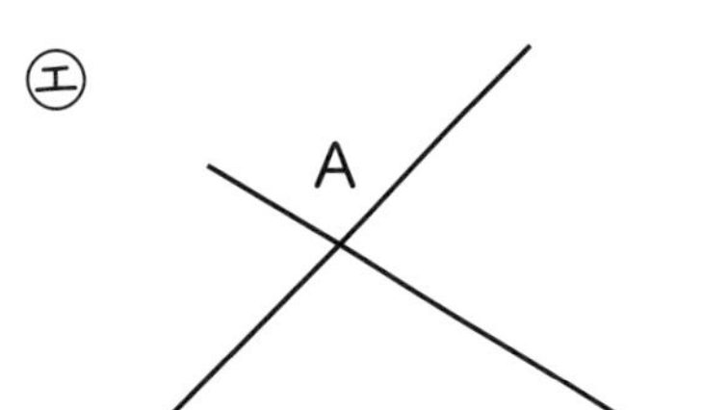

㋓

A

B　C

次の三角形をかきましょう。

① 辺の長さが5cm，両はしの角度が50°と40°

② 辺の長さが4cm，両はしの角度が30°と60°

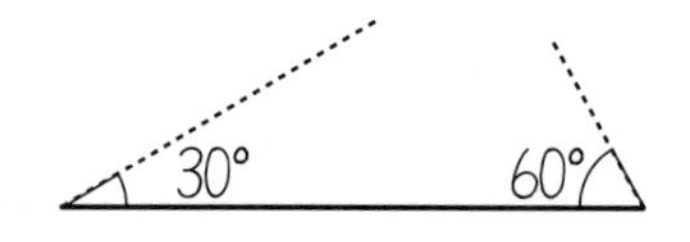

月　　日 名前

図形の合同 ⑧

三角形のかき方

次の三角形をかきましょう。

① 辺AB 4cm
辺BC 5cm
辺CA 5cm

② 辺AB 6cm
辺BC 5cm
角B 40°

③ 辺BC 5cm
角B 60°
角C 50°

④ 辺AB 5cm
角B 50°
辺BC 6cm

月　　日 名前

図形の合同 ⑨

四角形のかき方

下の図は、どれも辺の長さが、4cm，3cm，2cm，3.5cm の四角形です。

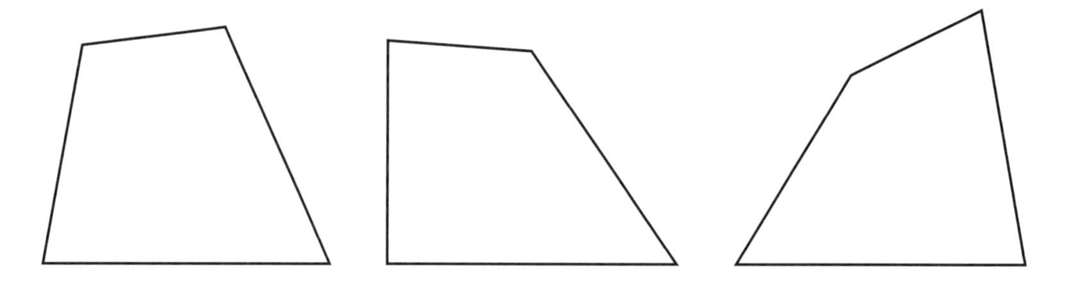

四角形をかく場合は、辺の長さがわかっただけでは、いろいろな四角形ができてしまいます。

その1　合同な四角形をかく場合、4つの辺の長さと、どこか1つの角の大きさを決めます。

次の四角形と合同な四角形を、右にかきましょう。

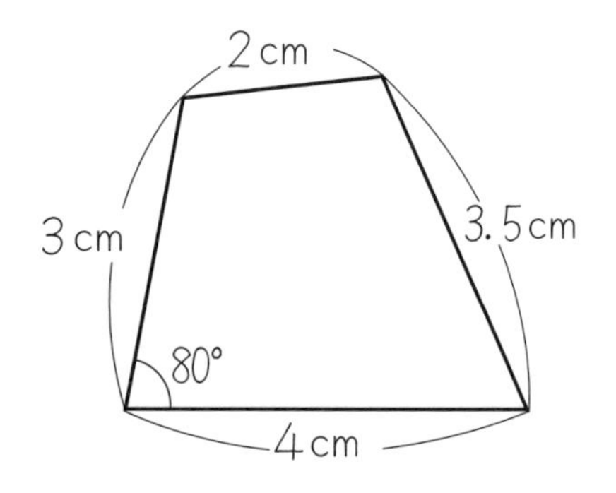

月　　日 名前

図形の合同 ⑩

四角形のかき方

その２　合同な四角形をかく場合、４つの辺の長さと対角線の長さを決めます。

① 次の四角形と合同な四角形を右にかきましょう。

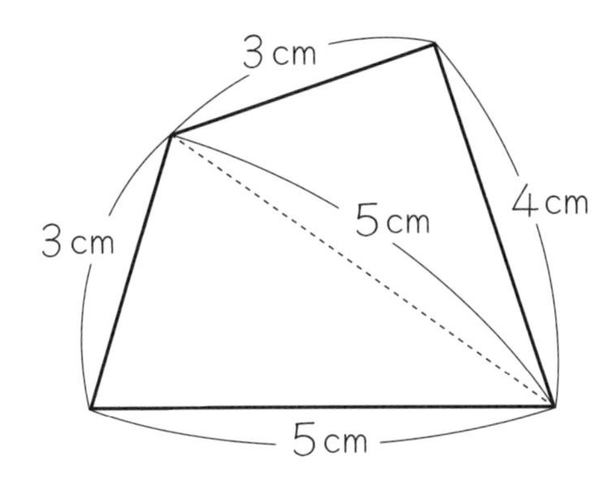

② 次の四角形と合同な四角形を右にかきましょう。

辺AB 3cm，辺BC 5cm，辺CD 4cm，辺DA 2cm，対角線AC 4cm

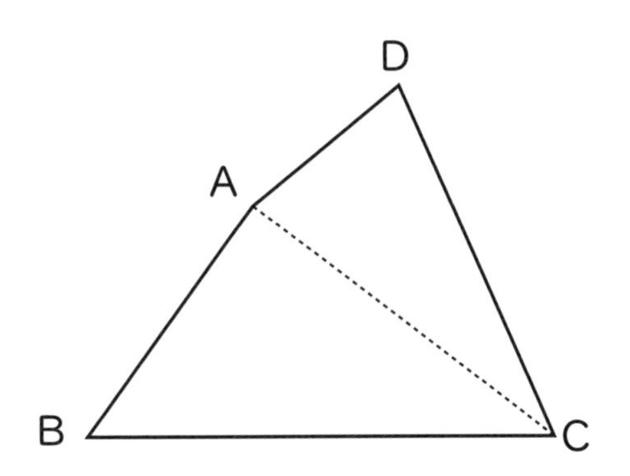

まとめテスト

月　日 名前

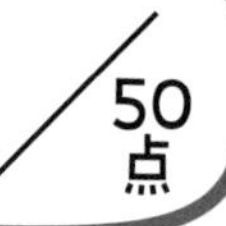

まとめ ⑬

図形の合同

/50点

四角形㋐と四角形㋑は合同です。次の問いに答えましょう。

（各10点／50点）

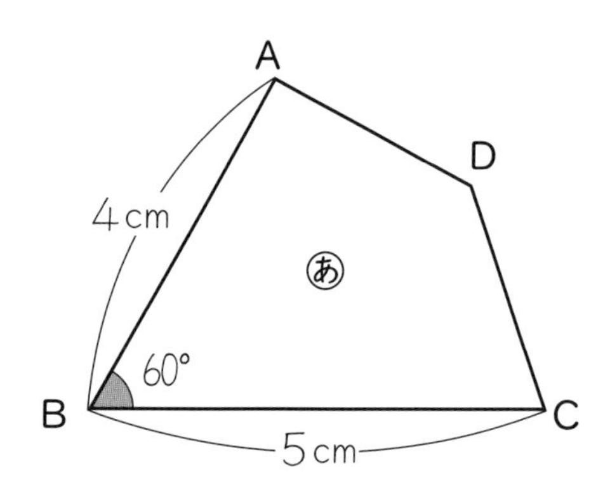

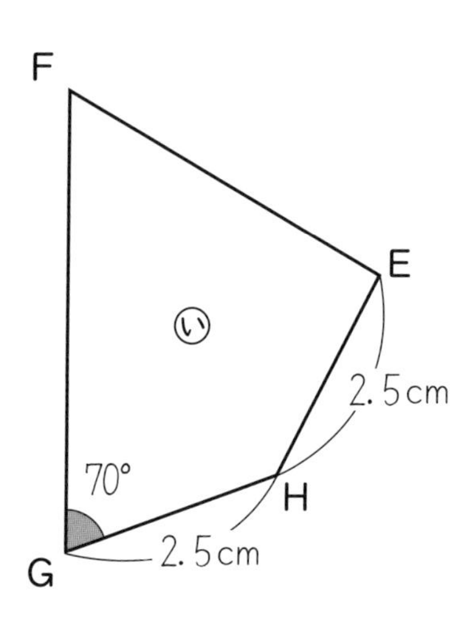

① ちょう点Aに対応（たいおう）するちょう点はどこですか。

ちょう点（　　　）

② ちょう点Bに対応するちょう点はどこですか。

ちょう点（　　　）

③ 辺EFの長さは何cmですか。

（　　　　　）

④ 辺ADの長さは何cmですか。

（　　　　　）

⑤ 角Cの大きさは何度ですか。

（　　　　　）

まとめテスト　　月　　日　名前

まとめ ⑭

図形の合同

／50点

1 2本の対角線で分けると、合同な4つの三角形ができるのはどれですか。記号でかきましょう。（1つ10点／20点）

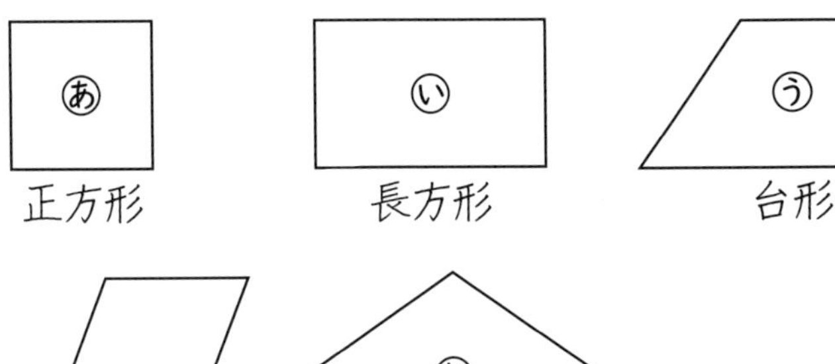

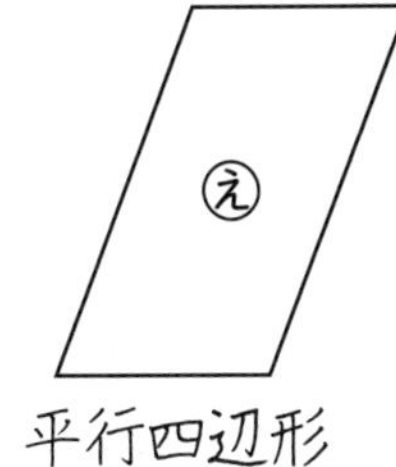

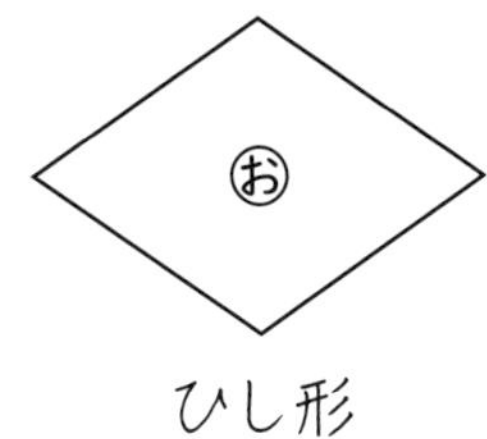

（　　　，　　　）

2 次の図形をかきましょう。（1つ10点／30点）

① 3つの辺の長さが
3cm、4cm、5cm
の三角形。

② 平行四辺形

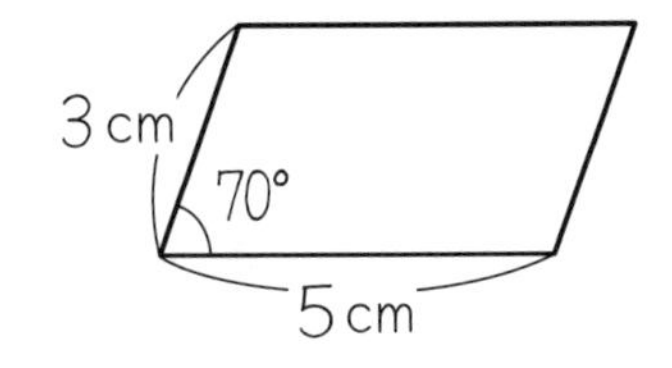

③ ひし形

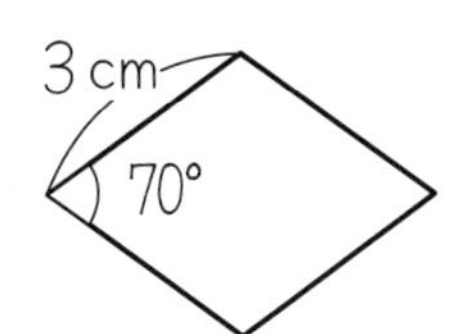

月　　　日 名前

図形の性質 ①

三角形の角度

1 三角定規（じょうぎ）の角の和を求めましょう。

① 三角定規の角の大きさをかきましょう。

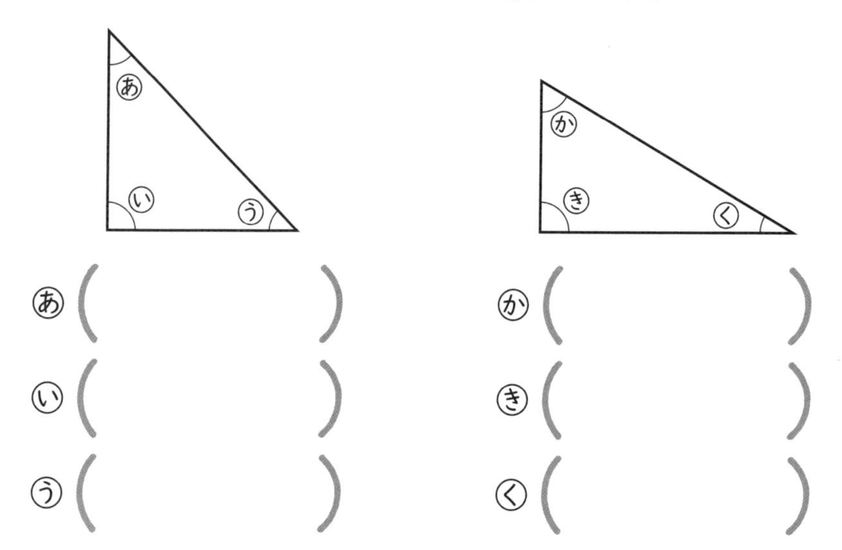

あ（　　　　）　か（　　　　）

い（　　　　）　き（　　　　）

う（　　　　）　く（　　　　）

② 三角定規の３つの角の大きさの和は何度ですか。

あ＋い＋う ⇒（　　　　）

か＋き＋く ⇒（　　　　）

2 どんな三角形でも、３つの角の大きさの和は180°になりますか。自分のすきな形・大きさの三角形を別の紙にかいて、切り取ってみましょう。そして次のようにして確（たし）かめてみましょう。

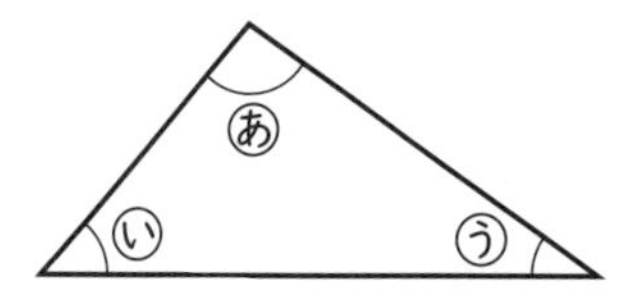

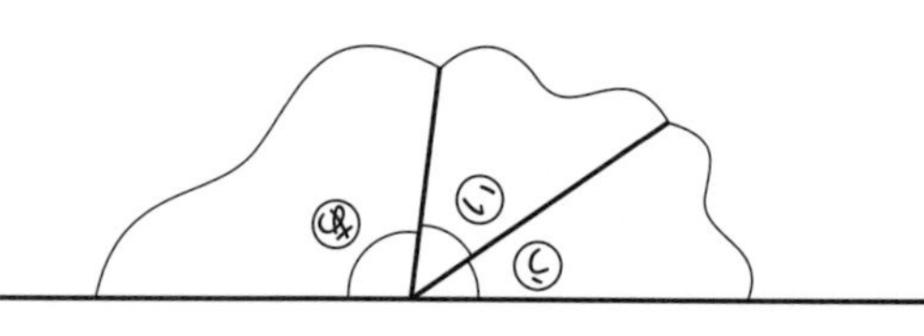

三角形の３つの角の大きさの和は、180°です。

月　　日 名前

図形の性質 ②

三角形の角度

1 次の㋐～㋕の角度は何度ですか。計算で求めましょう。

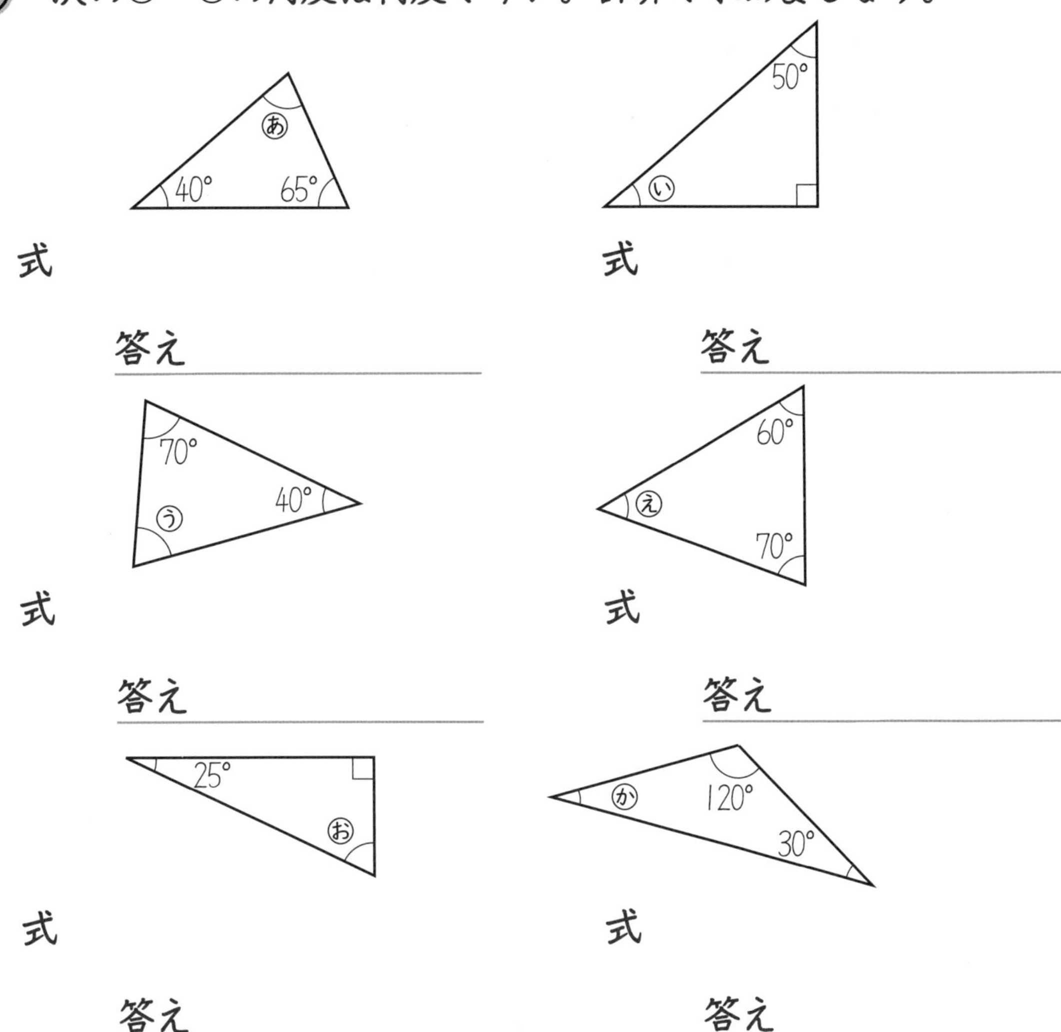

2 正三角形の３つの角の大きさは、どれも同じです。１つの角の大きさを計算で求めましょう。

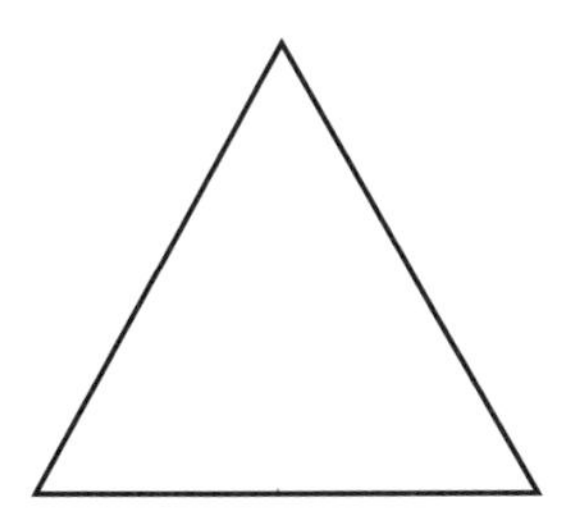

式

答え

月　　日 名前

図形の性質 ③

三角形の角度

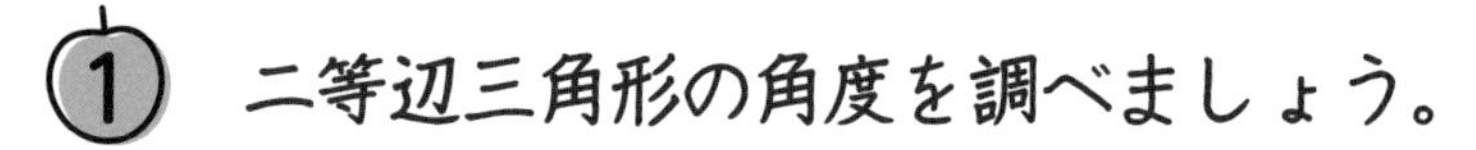

① 二等辺三角形の角度を調べましょう。

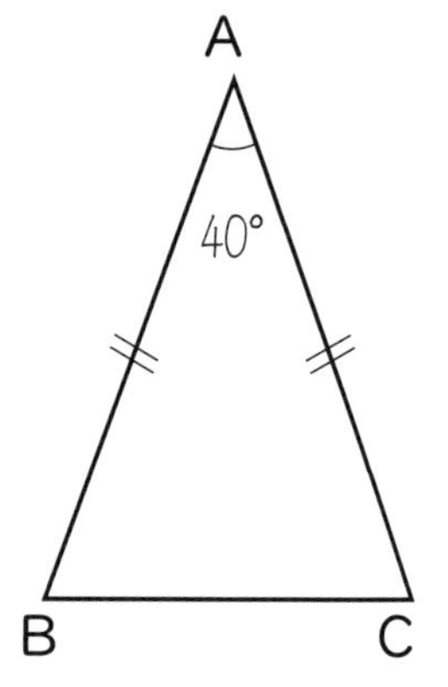

辺AB＝辺AC

① 角Cと同じ大きさの角はどれですか。

答え

② 角Cの大きさは何度ですか。

式

答え

② 次のあの角の大きさを求めましょう。

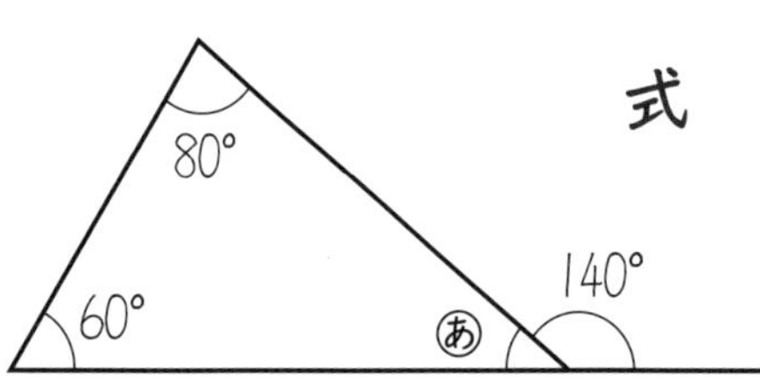

式

答え

③ 次の角の大きさを求めましょう。(角あ、いがある三角形は二等辺三角形です。)

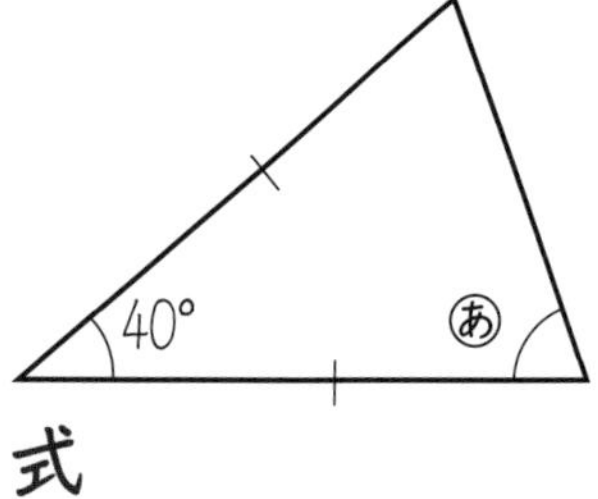

式

答え

110°
い

式

答え

60°
う

式

答え

150°
え
70°

式

答え

月　　日 名前

図形の性質 ④

四角形の角度

1 四角形の4つの角を切って1か所にはりました。

①

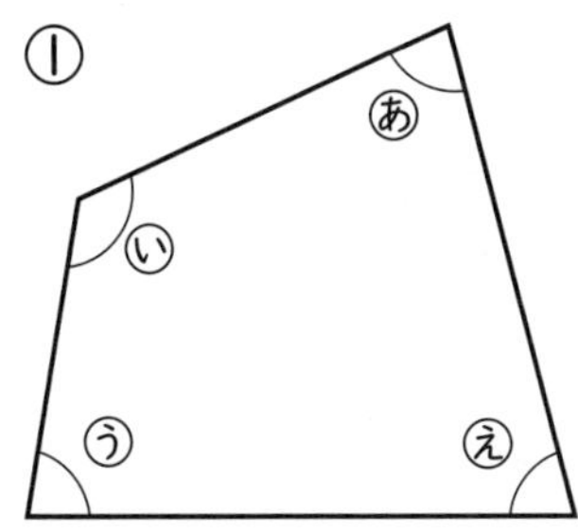

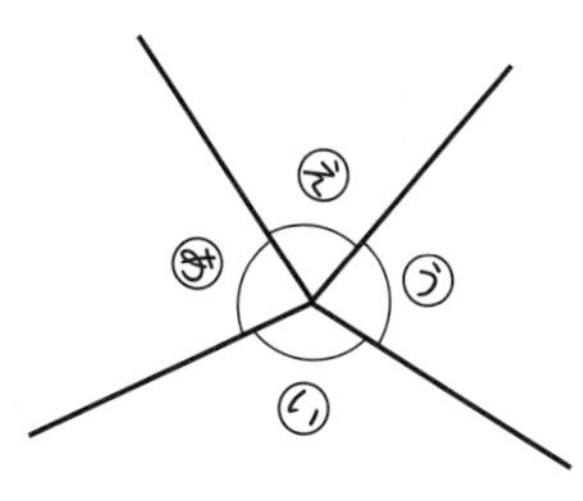

あ、い、う、えの角の大きさの和は何度ですか。

（　　　　）

②

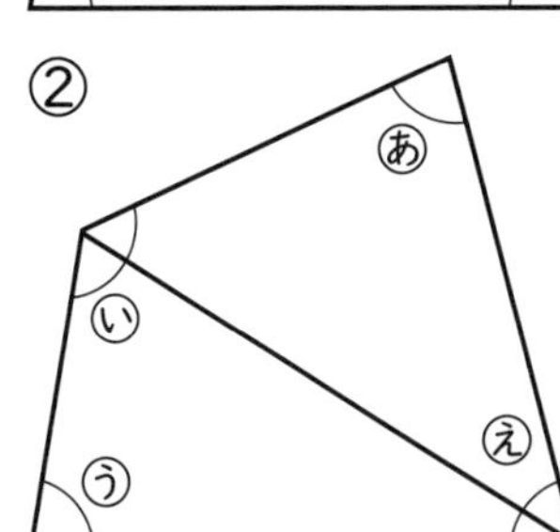

対角線で2つの三角形に分けて考えましょう。
四角形の4つの角の大きさの和は何度ですか。

（　　　　）

四角形の4つの角の大きさの和は、360°です。

2 次のあ、い、う、えの角の大きさを求めましょう。

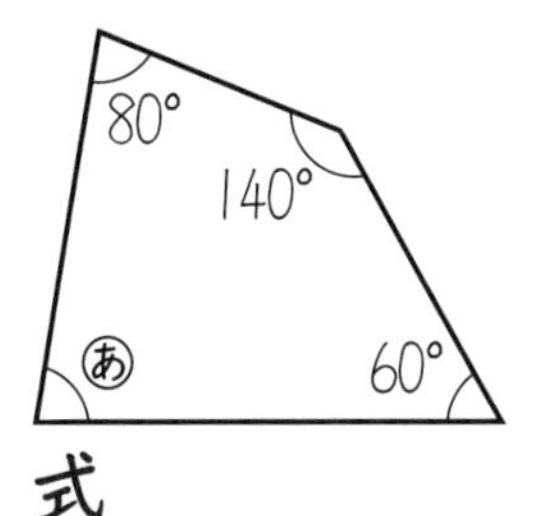

式

答え

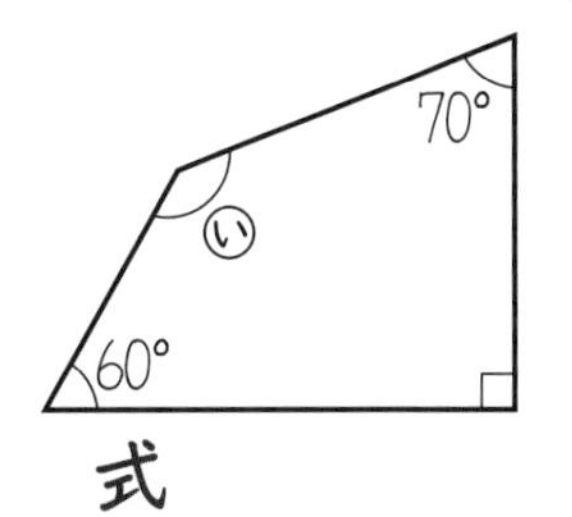

式

答え

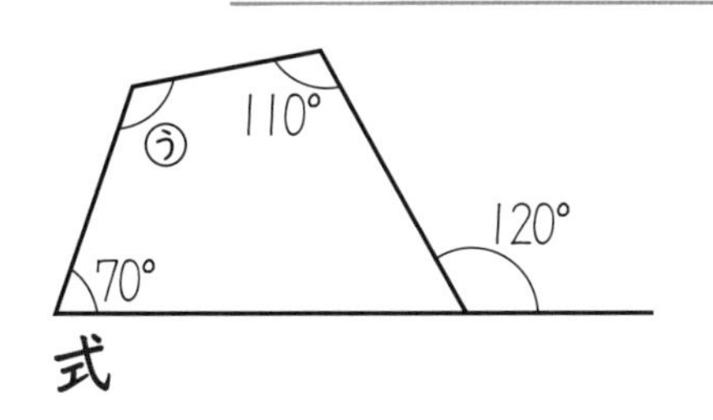

式

答え

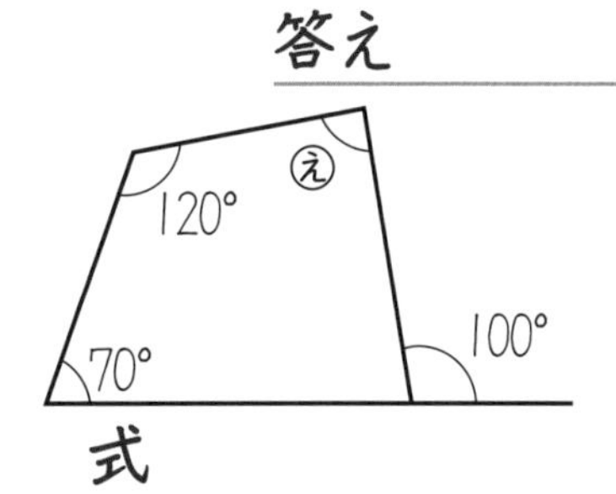

式

答え

月　　日 名前

図形の性質 ⑤

多角形の角度

1 ５本の直線で囲（かこ）まれた形を五角形といいます。五角形の角の和を考えましょう。

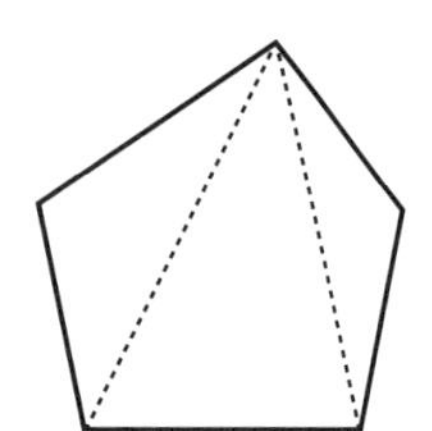

① 五角形に対角線を引いて三角形をつくりました。三角形はいくつできましたか。

答え

② 三角形の角の大きさの和は180°です。五角形の角の大きさの和は何度ですか。

式

答え

三角形や四角形、五角形のように、直線で囲まれた図形を**多角形**といいます。

2 六角形の角の和を考えましょう。

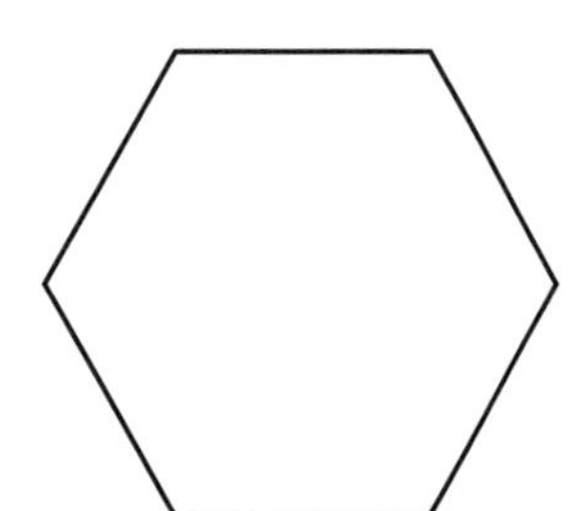

① 六角形に１つの点から対角線を引いて三角形をつくります。三角形はいくつできますか。

答え

② 六角形の角の大きさの和は何度ですか。

式

答え

月　　日 名前

図形の性質 ⑥

多角形の角度

1 次の多角形について調べましょう。

① 七角形

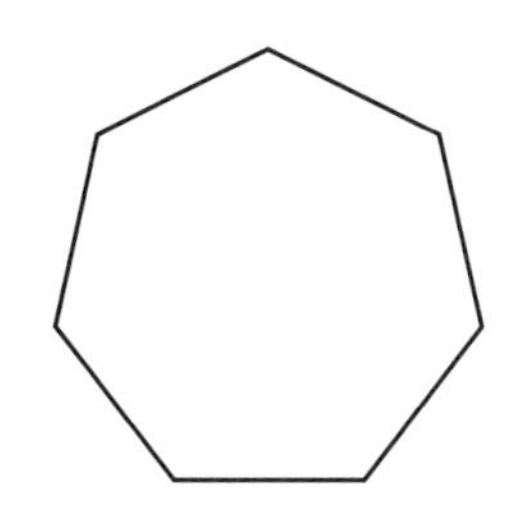

1つの点から対角線を引くと
三角形が□つ分なので
180°×□＝□

② 八角形

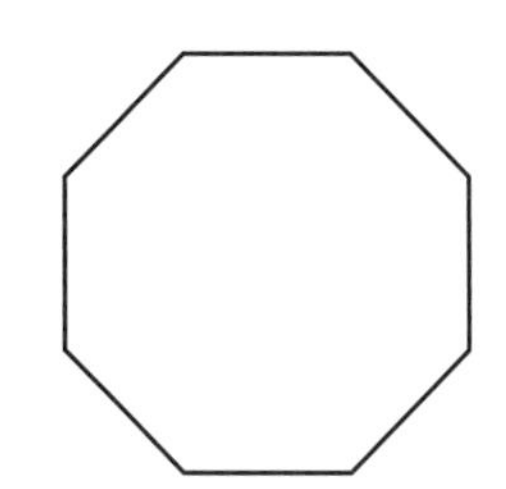

1つの点から対角線を引くと
三角形が□つ分なので
180°×□＝□

2 多角形の角の大きさの和を表にまとめましょう。

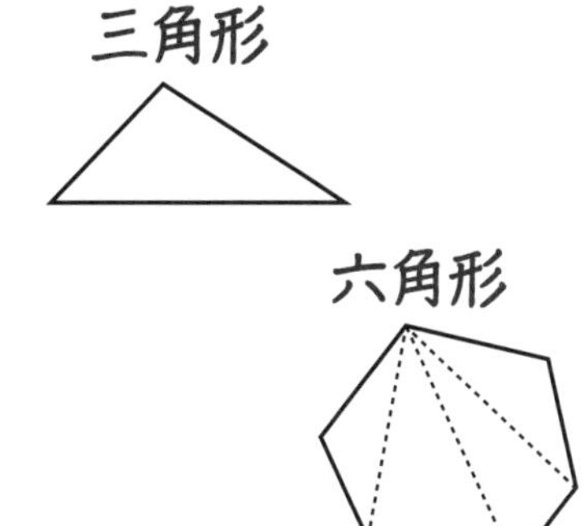

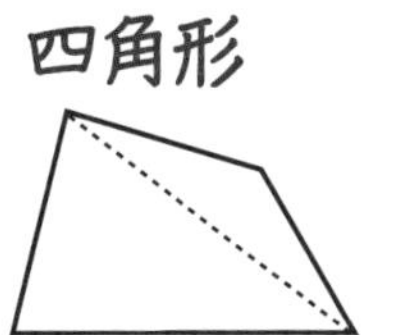

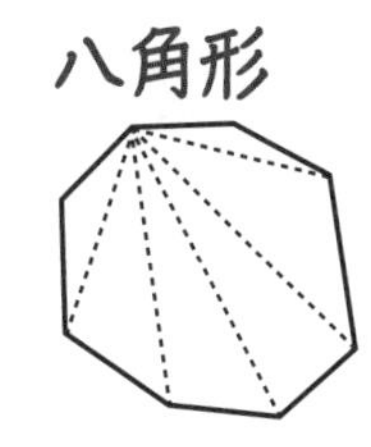

	三角形	四角形	五角形	六角形	七角形	八角形
三角形の数	1					
角の大きさの和	180°					

図形の性質 ⑦

正多角形

1 次の図形の角の大きさや辺の長さを調べましょう。

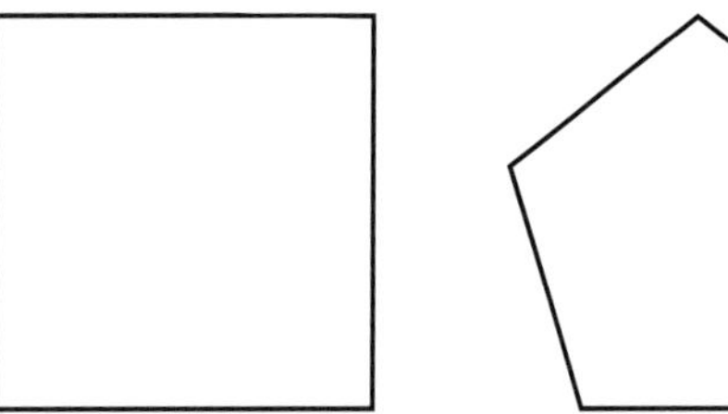
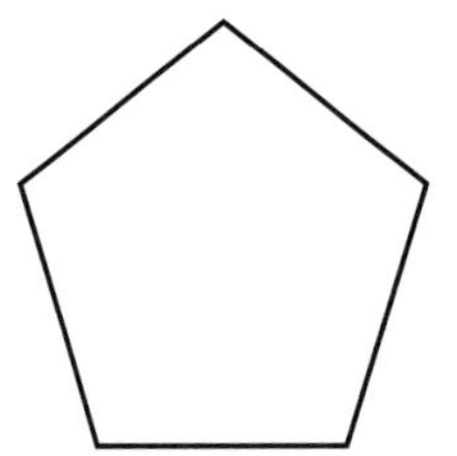
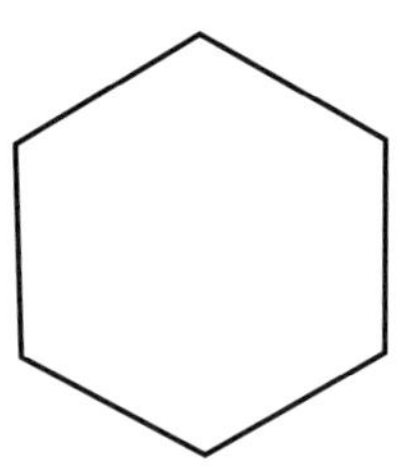
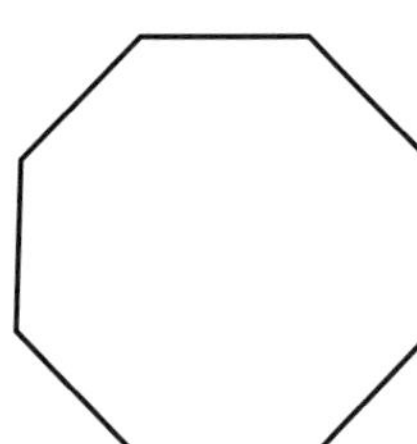

わかったこと。

①

②

辺の長さが等しく、角の大きさもみんな等しい多角形をまとめて 正多角形 といいます。

2 どれも辺の長さが等しい多角形です。名前を（　　）にかきましょう。

① 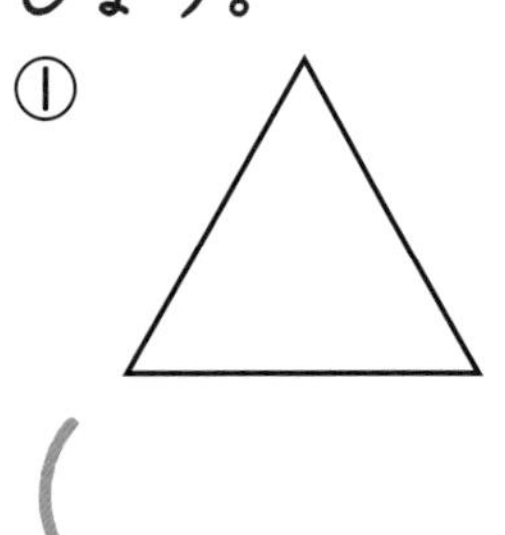
（　　　　）

② 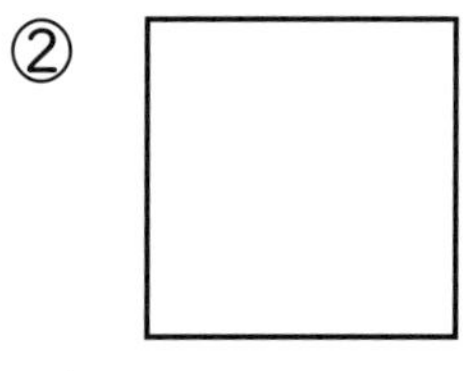
（　　　　）

③ 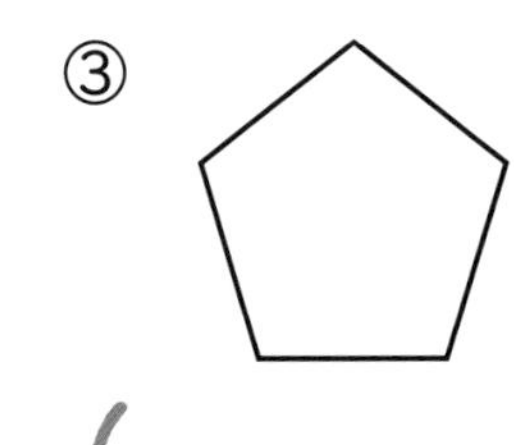
（　　　　）

④ 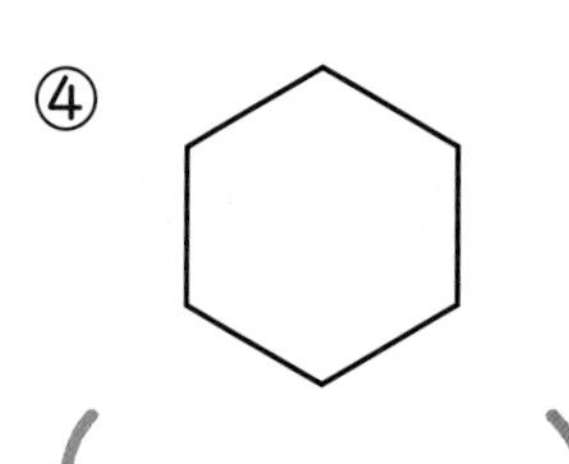
（　　　　）

⑤ 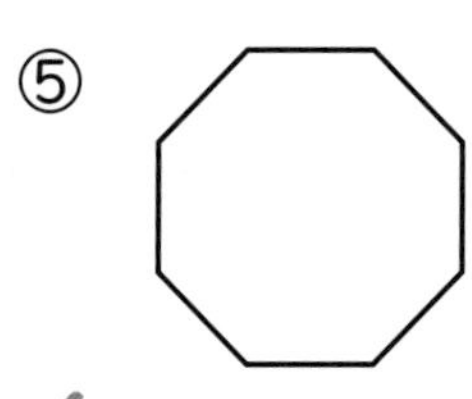
（　　　　）

月　　日 名前

図形の性質 ⑧

正多角形

1 円の中心を６等分して、線を結ぶと正六角形ができます。

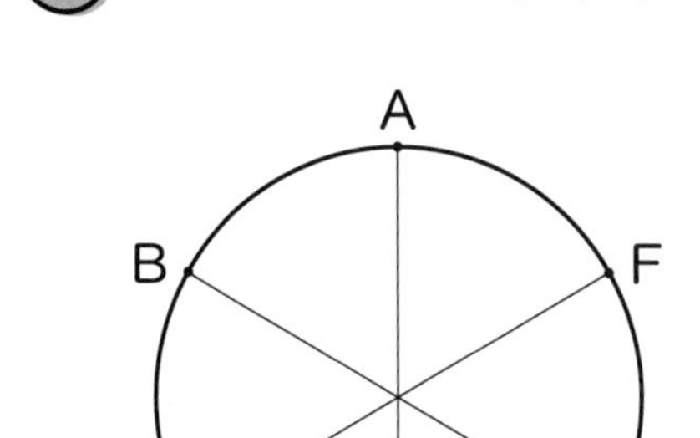

① 円の中心を６等分すると何度になりますか。

式

答え

② Ａ～Ｆ，Ａと順に結んで正六角形をかきましょう。

③ 正六角形の中にできる三角形はどんな三角形ですか。

答え

2 正多角形は、円の中心の角を等分する線と、円が交わった点を直線で結ぶとかけます。

① 正多角形をかきましょう。

㋐ 正三角形　　㋑ 正五角形　　㋒ 正八角形

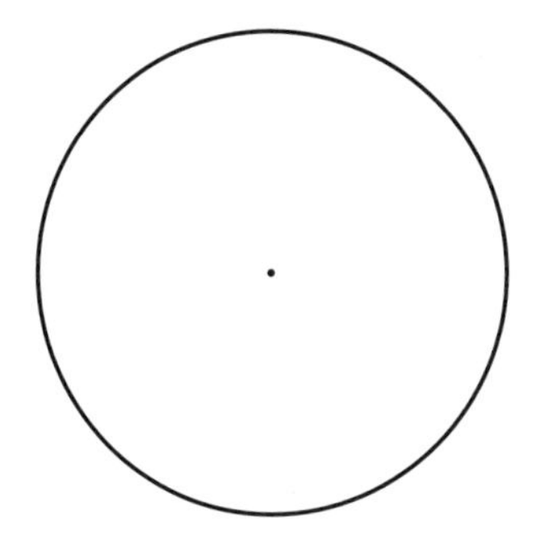

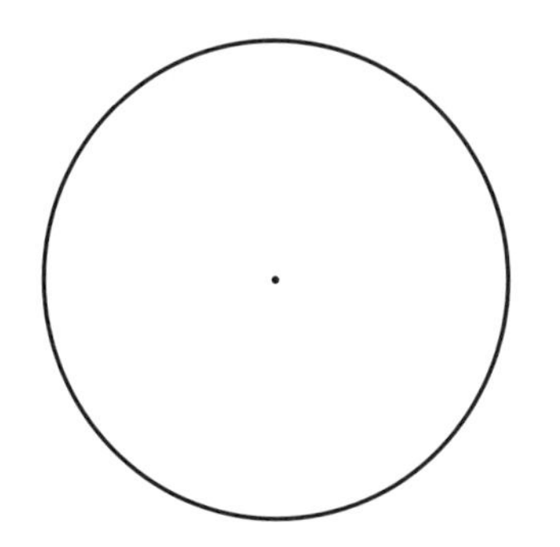

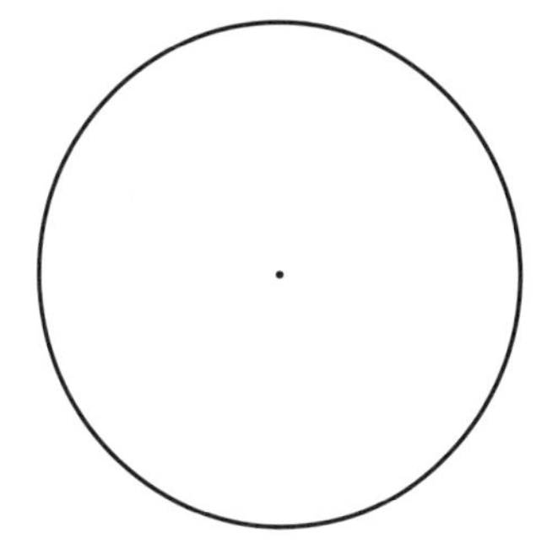

② ①でかいた正多角形の中にできる三角形の名前をかきましょう。

答え

円周率 ①

直径から円周を求める

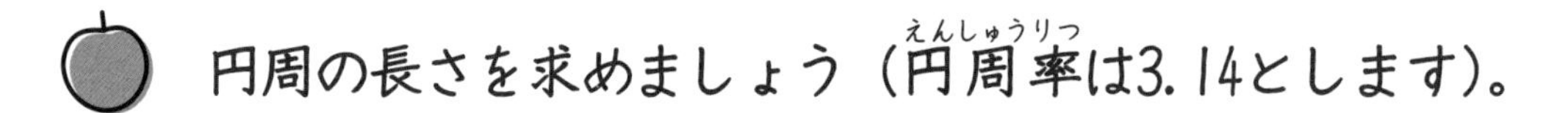

円周の長さを求めましょう（円周率(えんしゅうりつ)は3.14とします）。

①

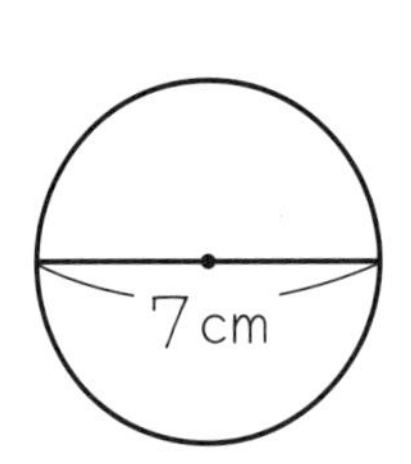

式

答え

②

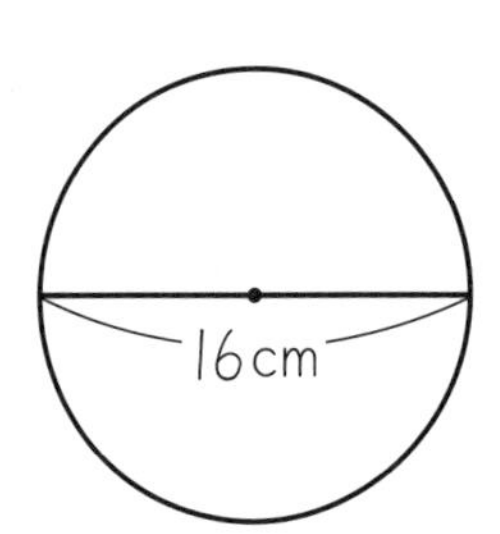

式

答え

③

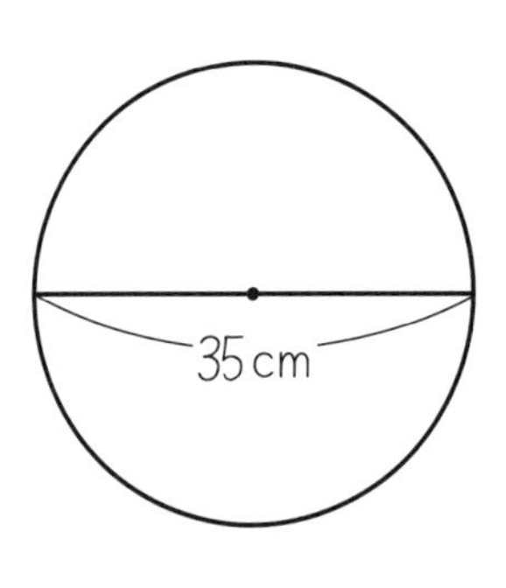

式

答え

④　直径4mの円

式

答え

⑤　直径25mの円

式

答え

月　　日 名前

円周率 ②

半径から円周を求める

円周の長さを求めましょう（円周率は3.14とします）。

①

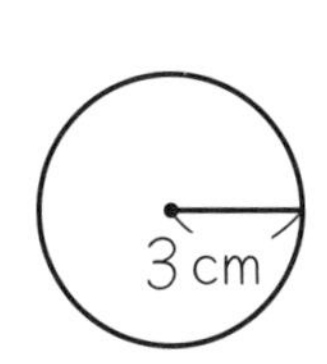

式

答え

②

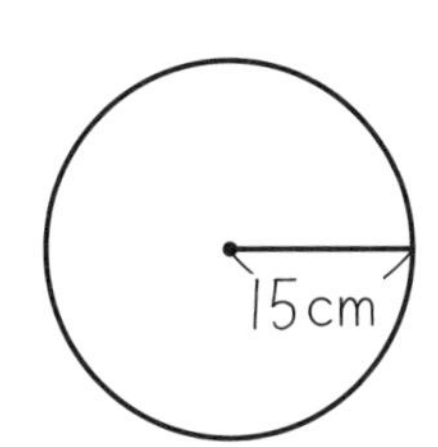

式

答え

③

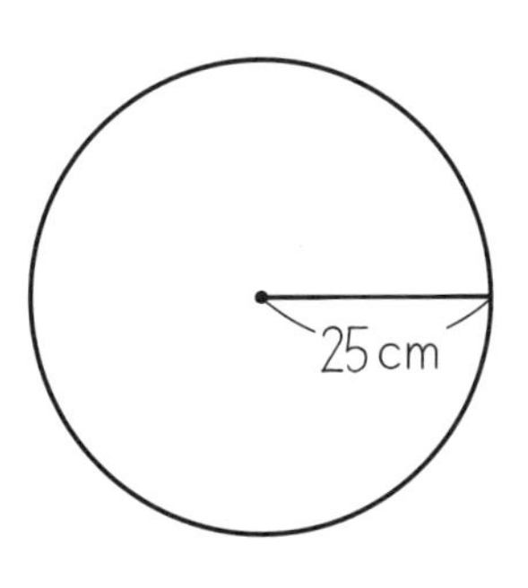

式

答え

④　半径2.5mの円

式

答え

⑤　半径10mの円

式

答え

円周率 ③

円周から直径を求める

直径の長さを求めましょう（円周率は3.14とします）。

①

円周21.98cm

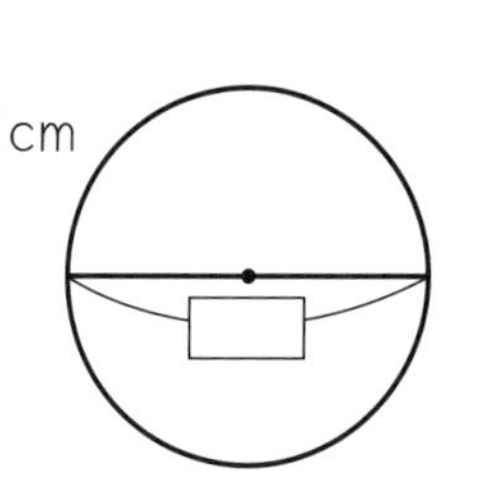

式

答え

②

円周40.82cm

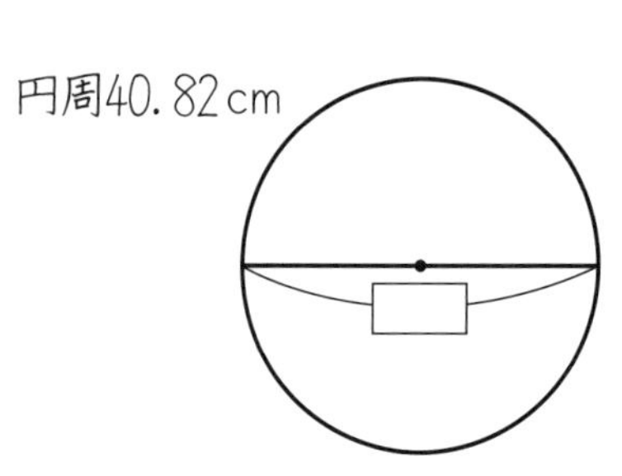

式

答え

③ 円周69.08cm

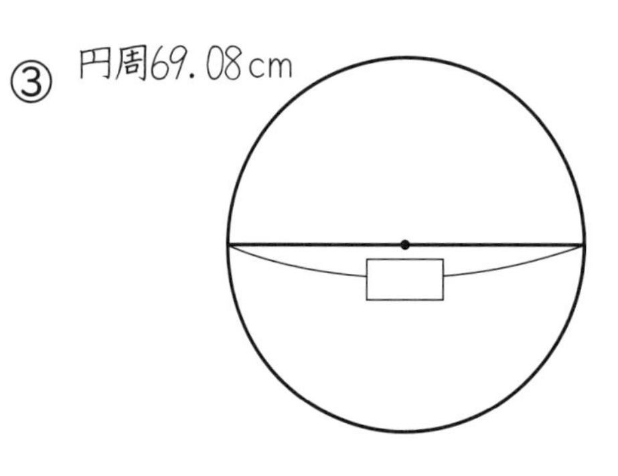

式

答え

④　円周28.26mの円

式

答え

⑤　円周47.1mの円

式

答え

円周率 ④

周囲の長さ

次の形の周囲（しゅうい）の長さを求めましょう（円周率は3.14とします）。

①

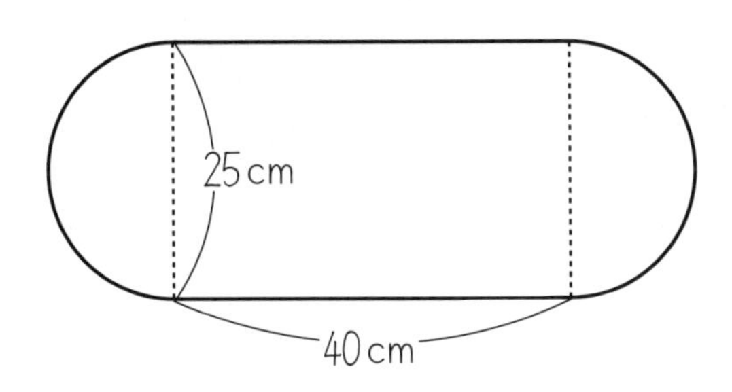

式

答え

②

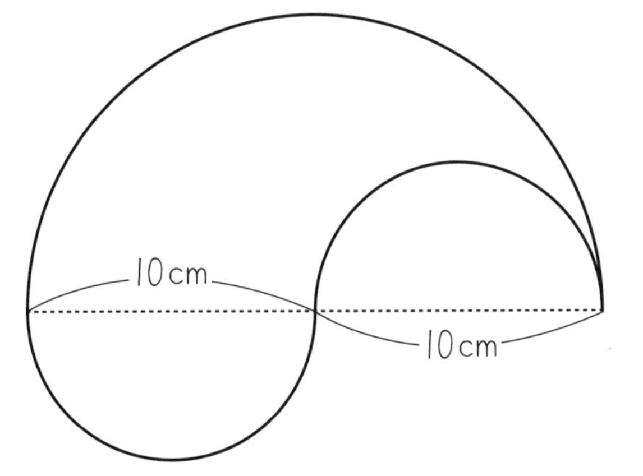

式

答え

まとめテスト

月　　日 名前

まとめ ⑮

図形の性質

／50点

1 次のように、１組の三角定規（じょうぎ）を組み合わせてできたあ、い、うの角度は何度ですか。

（各10点／30点）

①

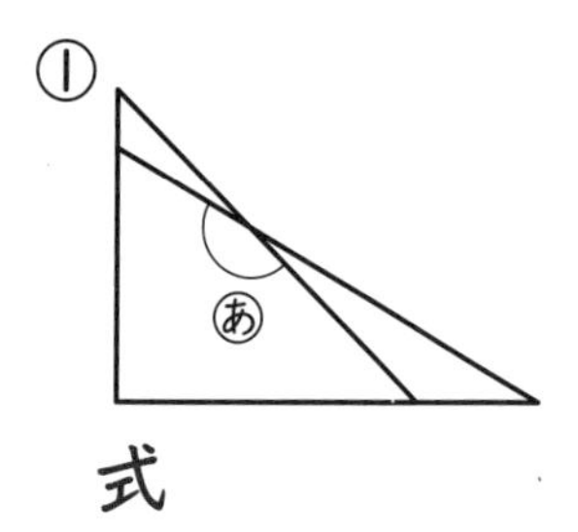

式

答え

②

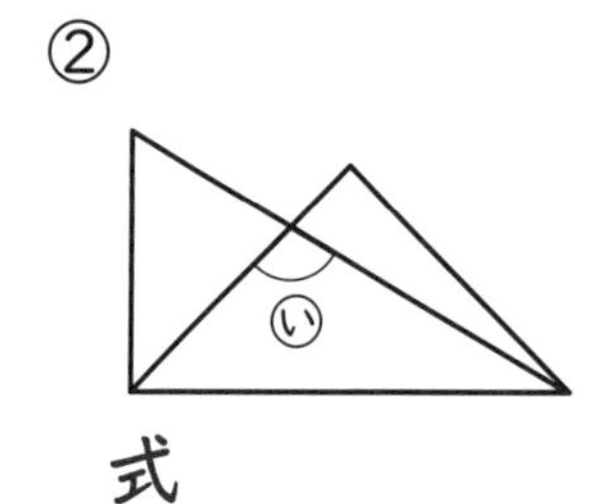

式

答え

③

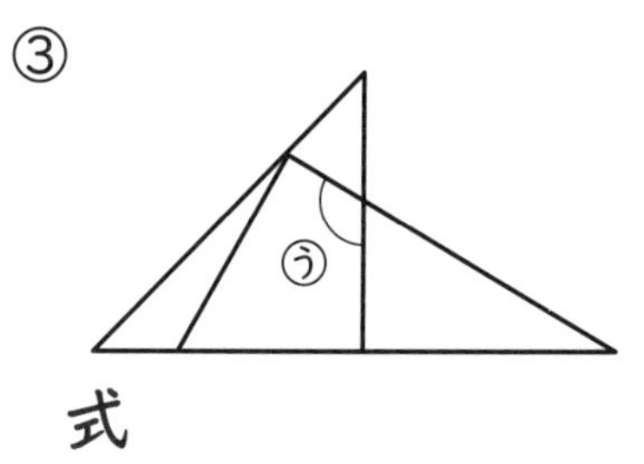

式

答え

2 次のあ、いの角度の大きさを求めましょう。

（各10点／20点）

①

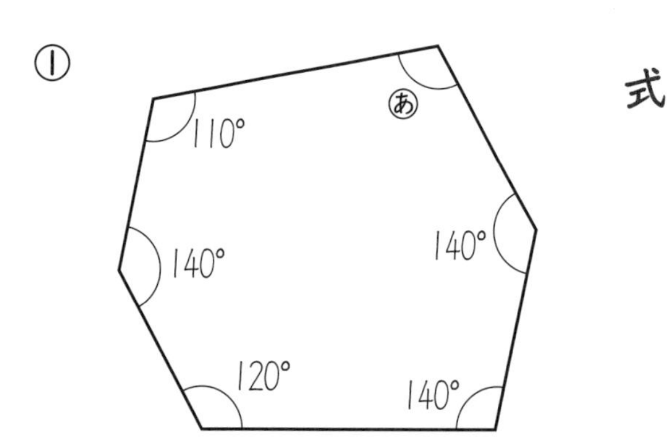

式

答え

②

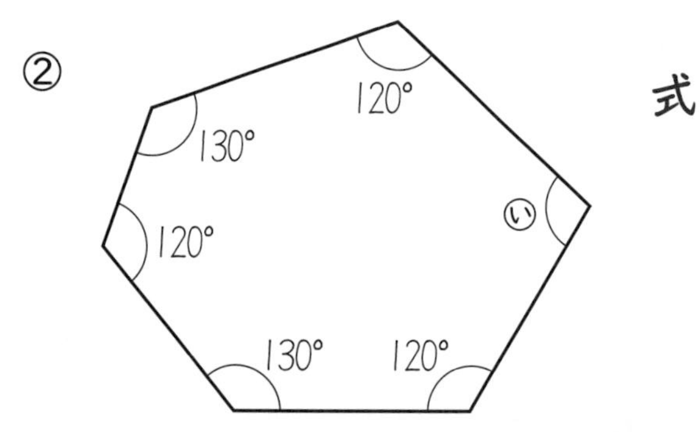

式

答え

まとめテスト　月　日　名前

まとめ ⑯

円周率

／50点

1 次の円の円周の長さを求めましょう。（各10点／20点）

① 直径12cmの円

式

答え

② 半径9cmの円

式

答え

2 次の円の半径の長さを求めましょう。（10点）

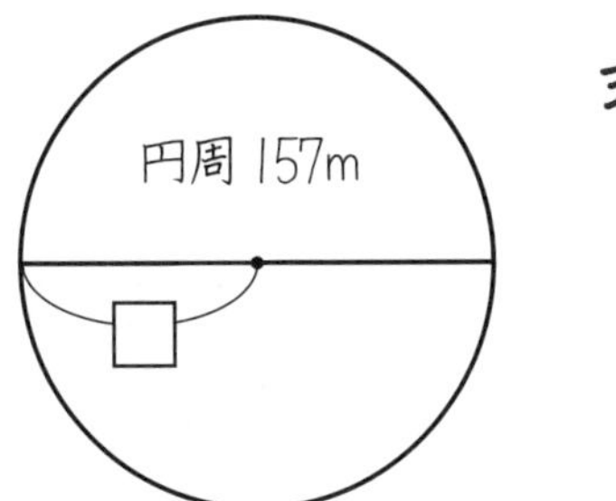

式

答え

3 次の図の太い線の長さを求めましょう。（10点）

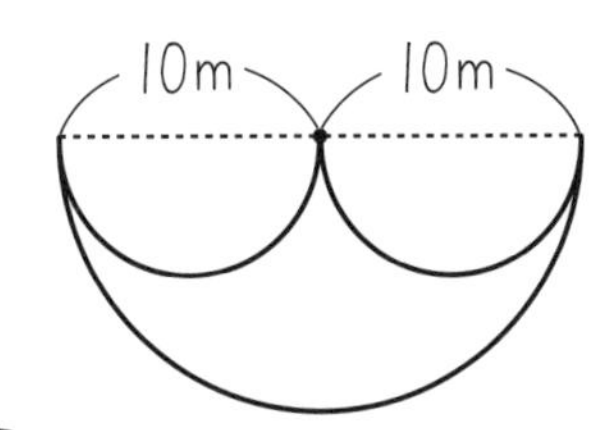

式

答え

4 次の図は体育館につくったトラックの図です。1周の長さを求めましょう。（10点）

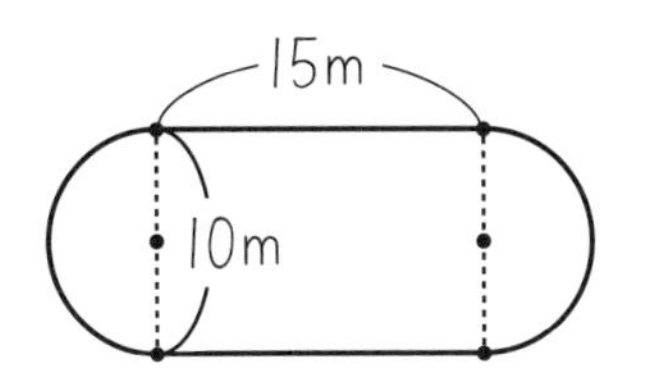

式

答え

月　　日　名前

体積 ①

体積の求め方（cm³）

1 □に言葉をかきましょう。

１辺の長さが１cmの立方体の体積は

□で

□と読みます。

１cm

体積は、１cm³の立方体の数であらわします。

2 次の立体の体積を求めましょう。
（ブロックは１辺１cmの立方体でできています。）

①

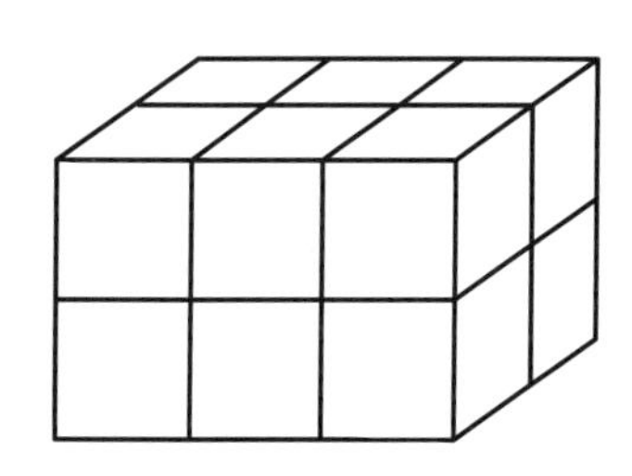

ブロックの数（　　　　）
答え（　　　　cm³）

②

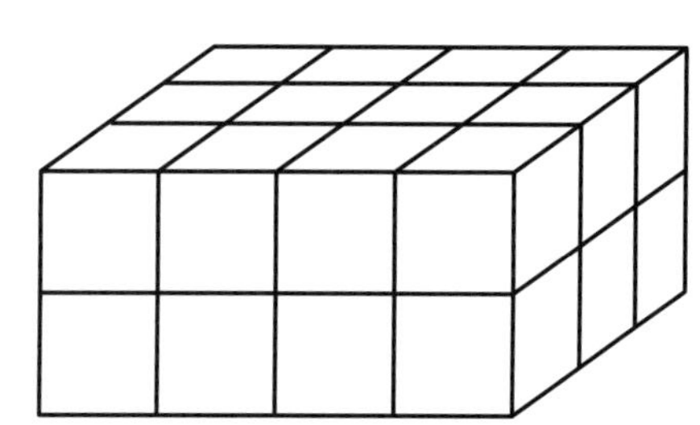

ブロックの数（　　　　）
答え（　　　　）

③

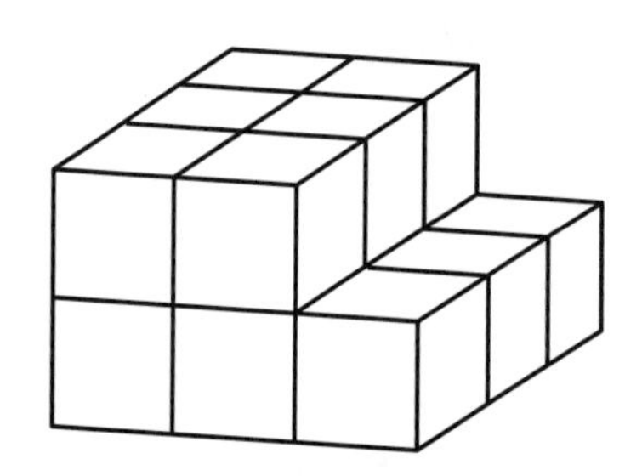

ブロックの数（　　　　）
答え（　　　　）

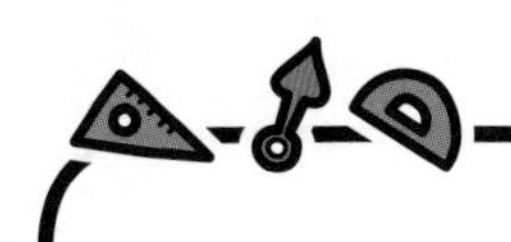

月　　日 名前

体積 ②

直方体の体積

1 直方体の体積を求める公式は

直方体の体積＝（ たて ）×（ 横 ）×（ 高さ ）

2 次の直方体の体積を求めましょう。

①

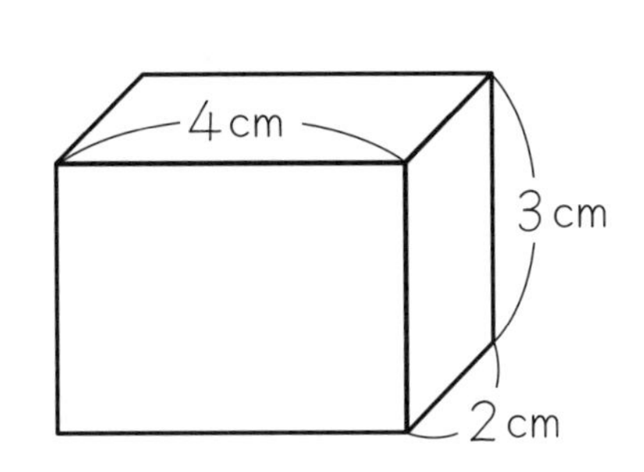

式

答え

②

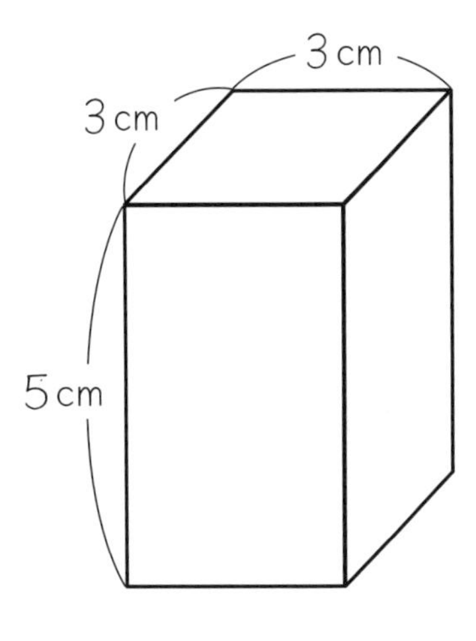

式

答え

③

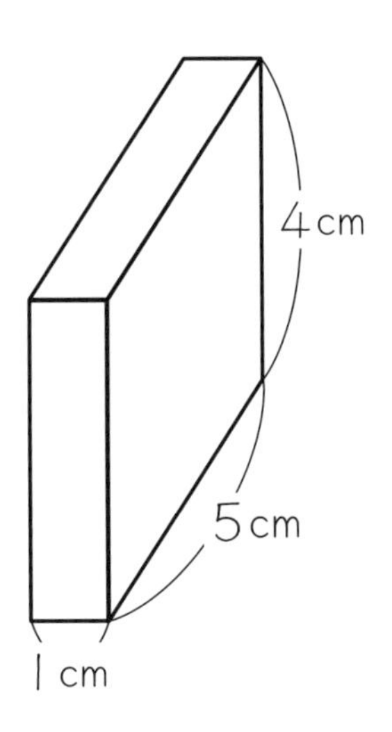

式

答え

④

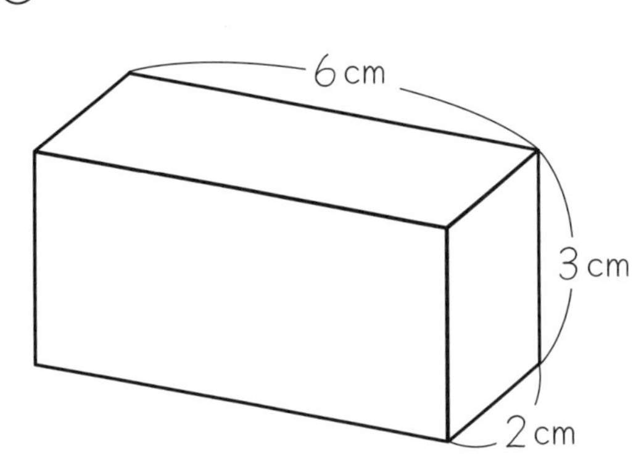

式

答え

月　　日　名前

体積 ③

立方体の体積

1 立方体の体積を求める式は

立方体の体積＝（ 1辺 ）×（　　　）×（　　　）

2 次の立方体の体積を求めましょう。

①

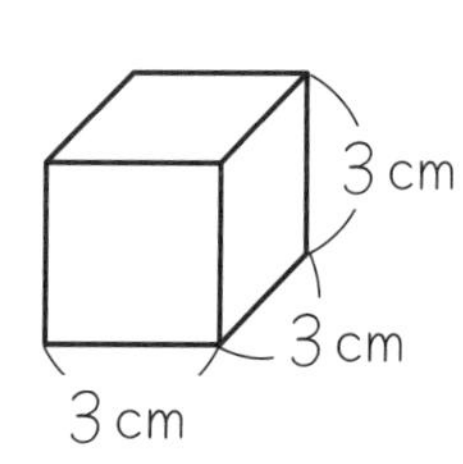

式

答え ＿＿＿＿＿＿＿＿

②

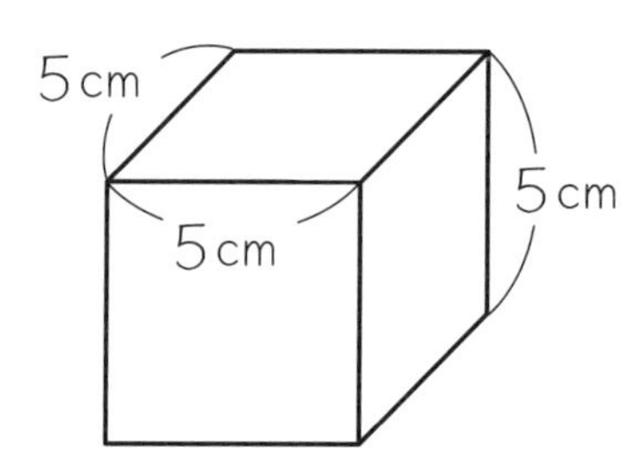

式

答え ＿＿＿＿＿＿＿＿

③

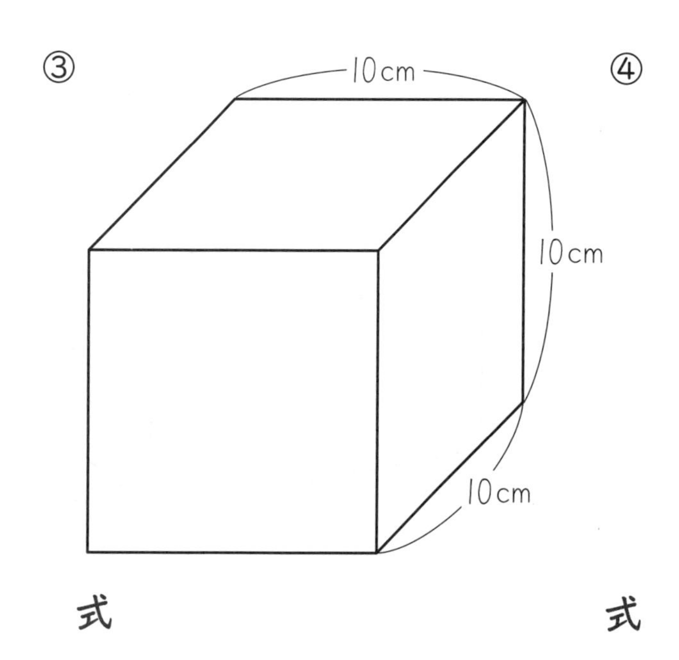

式

答え ＿＿＿＿＿＿＿＿

④

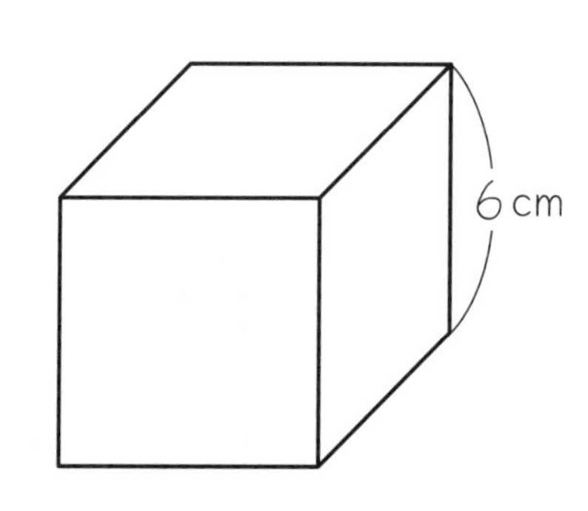

式

答え ＿＿＿＿＿＿＿＿

月　　日 名前

体積 ④

直方体・立方体の体積

次の立体の体積を求めましょう。

①

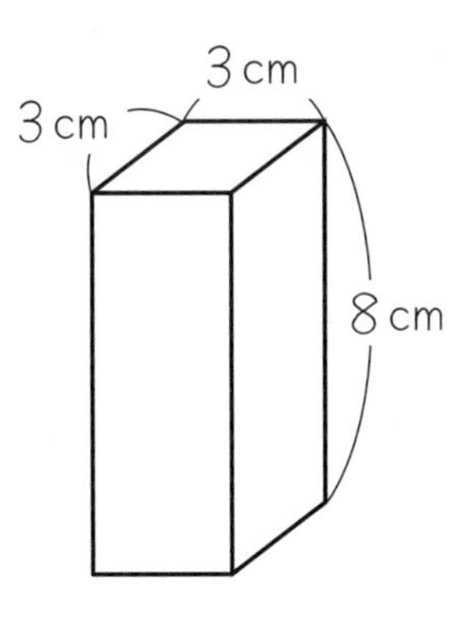

式

答え

②

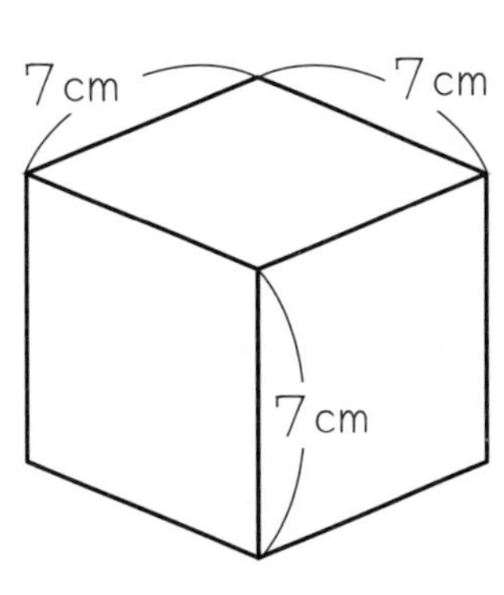

式

答え

③　1辺が4cmの立方体

式

答え

④　たて5cm、横4cm、高さ3cmの直方体

式

答え

⑤

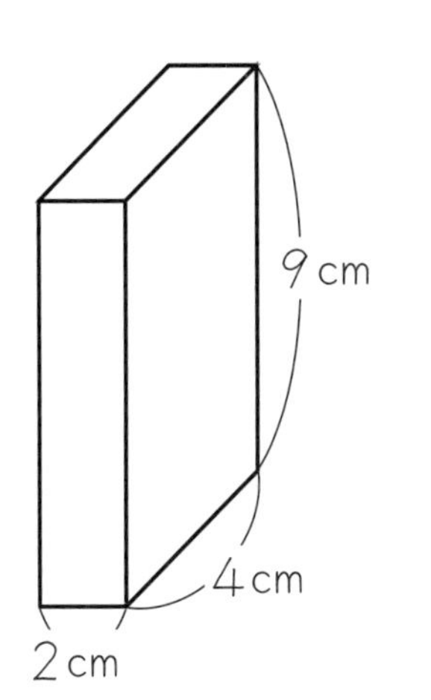

式

答え

月　　日 名前

体積 ⑤

体積の求め方（m^3）

1 □に言葉をかきましょう。

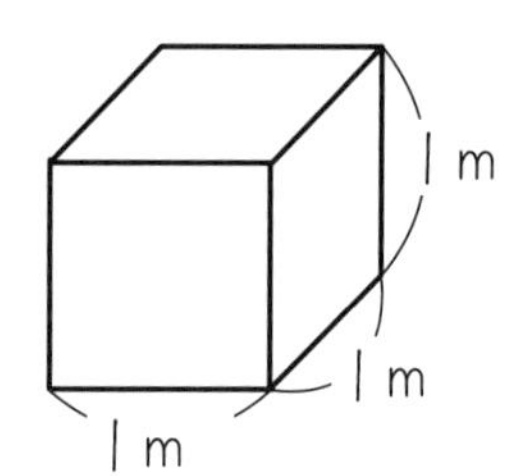

1辺が1mの立方体の体積を

□ とかき、□

と読みます。

2 次の立体の体積を求めましょう。

①

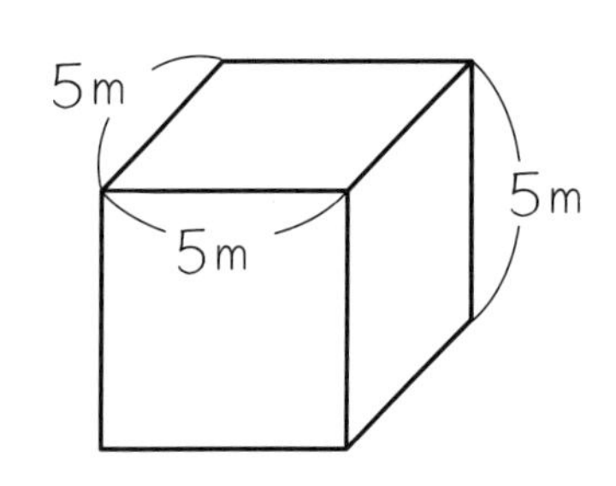

式

答え ＿＿＿＿＿＿

②

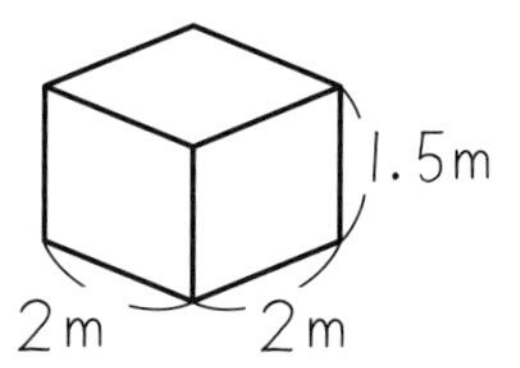

式

答え ＿＿＿＿＿＿

③ たて4m、横2m、高さ5mの直方体

式

答え ＿＿＿＿＿＿

④

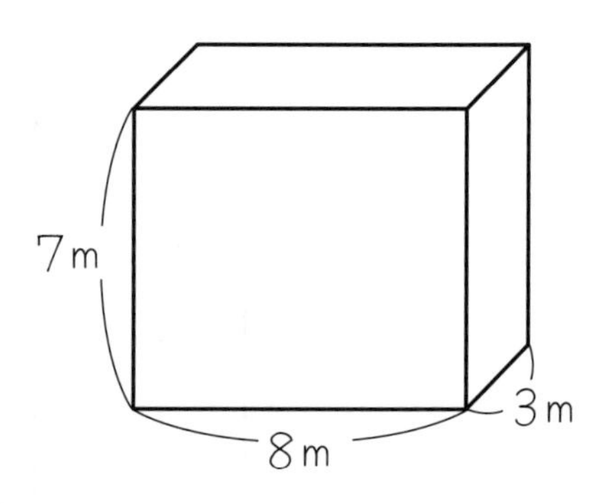

式

答え ＿＿＿＿＿＿

体積 ⑥
m^3とcm^3の関係

1 $1\,m^3$について調べましょう。

① 何cm^3ですか。

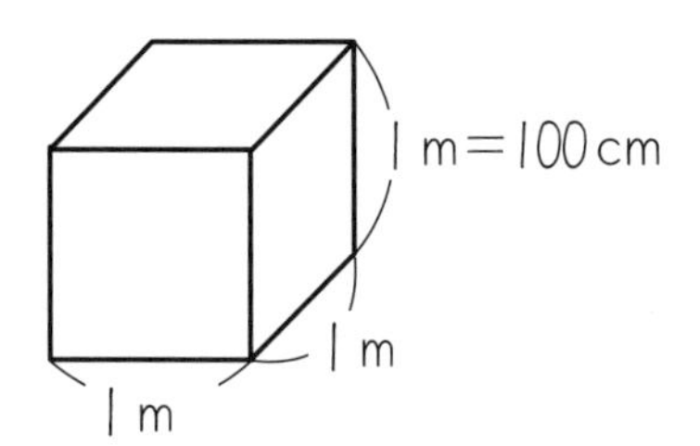

式

答え　$1\,m^3$＝□ cm^3

② 何mLですか。

$1\,cm^3$＝1 mL

$1\,m^3$ ＝□ mL

③ 何Lですか。

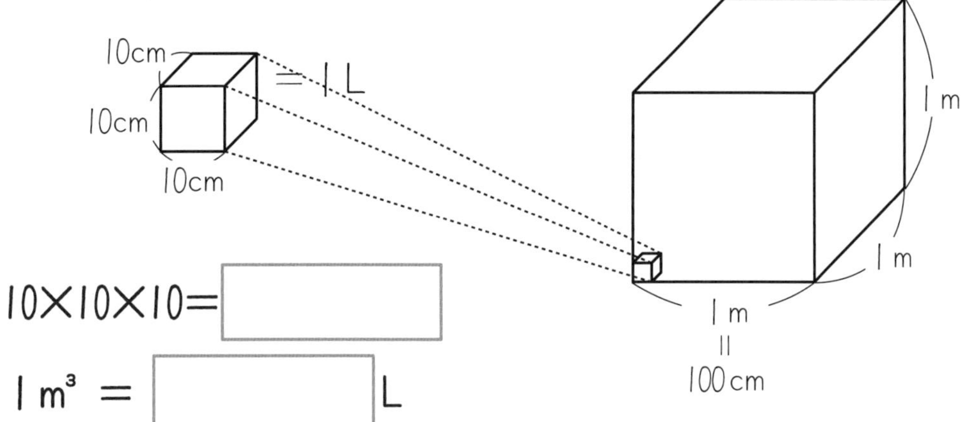

10×10×10＝□

$1\,m^3$ ＝□ L

2 次の立体の体積を求めましょう。

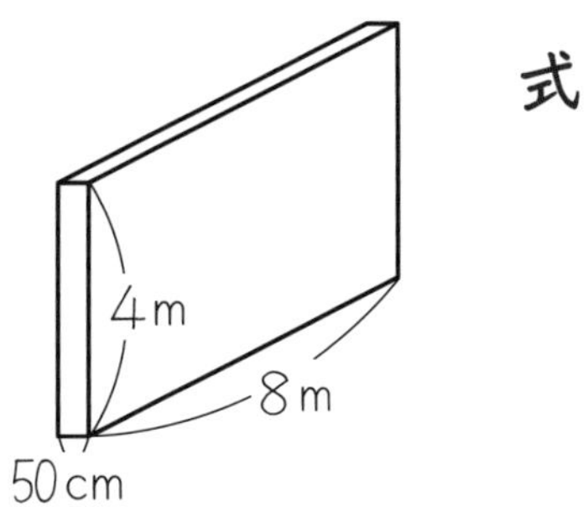

式

答え　　　　m^3

　　　　　　L

月　　日 名前

体積 ⑦

組み合わせた形

立体の体積を、２つに分けて求めましょう。

①

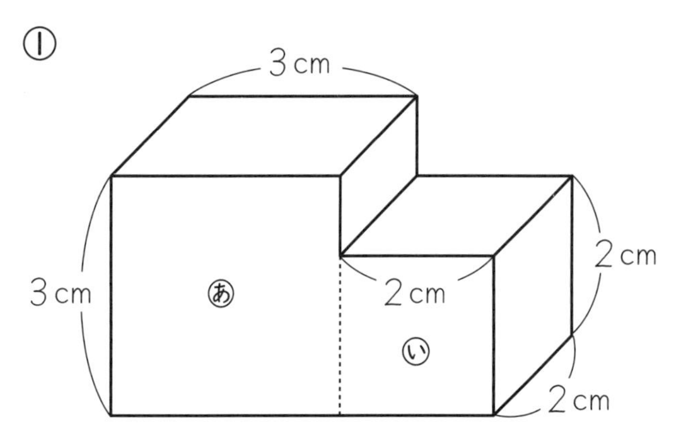

あの式

いの式

あ＋い

答え

②

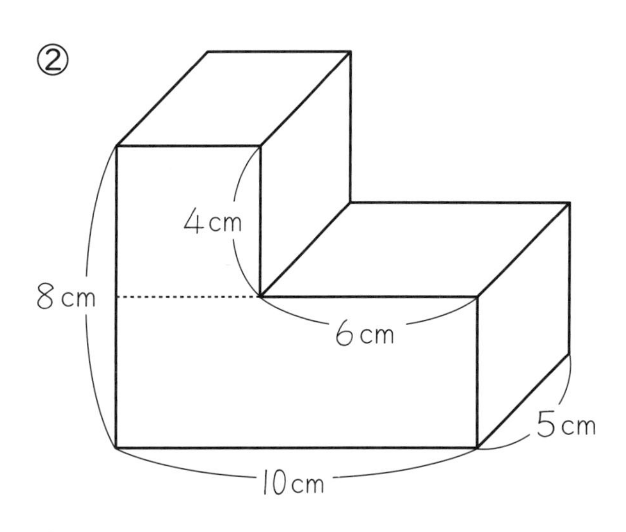

式

答え

③

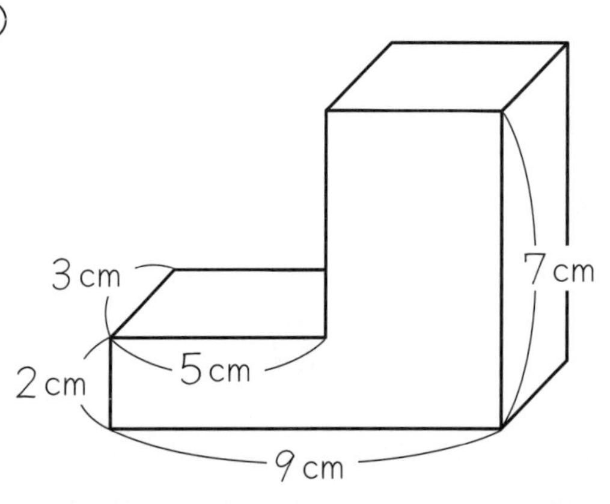

式

答え

月　　日 名前

体積 ⑧

組み合わせた形

立体の体積を、欠けている部分を取りのぞく方法で求めましょう。

①

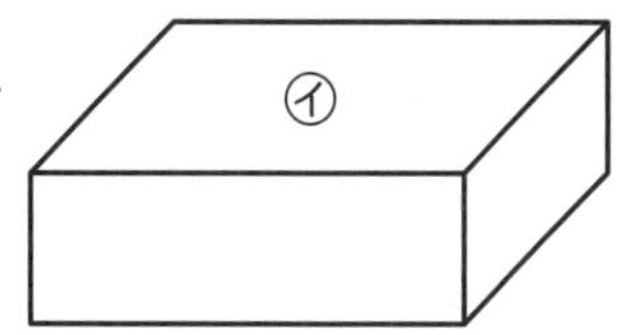

㋑
2cm
6cm
7cm
㋐
8cm
10cm

欠けている部分の立体を一度のせて、大きな直方体をつくり、そのあと取りのぞくと、はじめの体積を求めることができます。

㋐　8×10×7

㋑

㋐ー㋑

答え

②

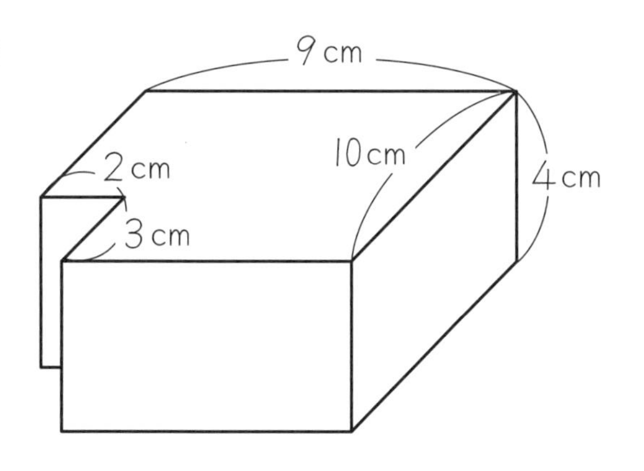

式

答え

月　　日 名前

体積 ⑨

内のりと容積

右の図のように、入れ物の中に入る体積を、容積（ようせき）といいます。

容積は、入れ物の内のり（内側の長さ）で求めます。

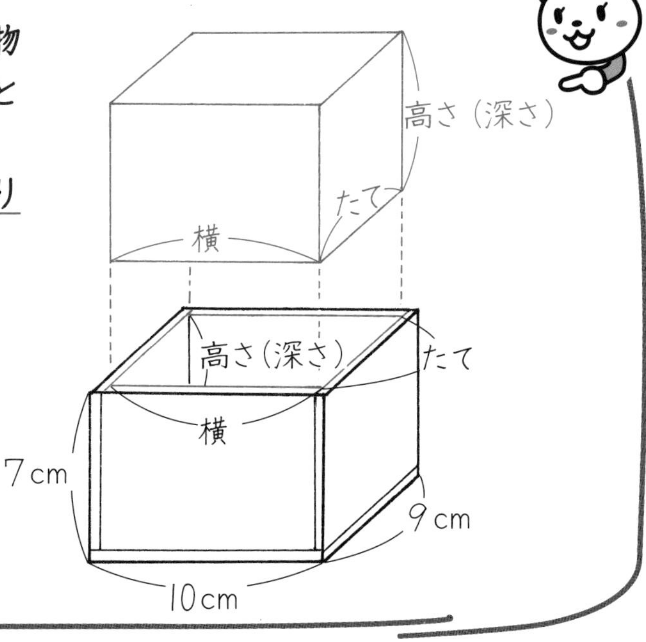

1 上の入れ物は、厚（あつ）さ1cmの板でできています。

① 内のりを求めましょう。

たて…式　　　　答え ＿＿＿＿

横…式　　　　答え ＿＿＿＿

深さ…式　　　　答え ＿＿＿＿

② 容積は何cm^3ですか。

式　　　　答え ＿＿＿＿

2 次の入れ物の容積を求めましょう。

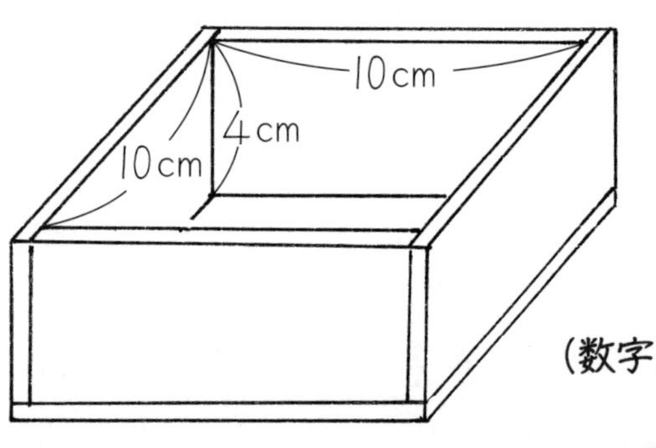

式

（数字は内のりです。）　答え ＿＿＿＿

月　　日 名前

体積 ⑩

内のりと容積

① 次の容積を求めましょう。

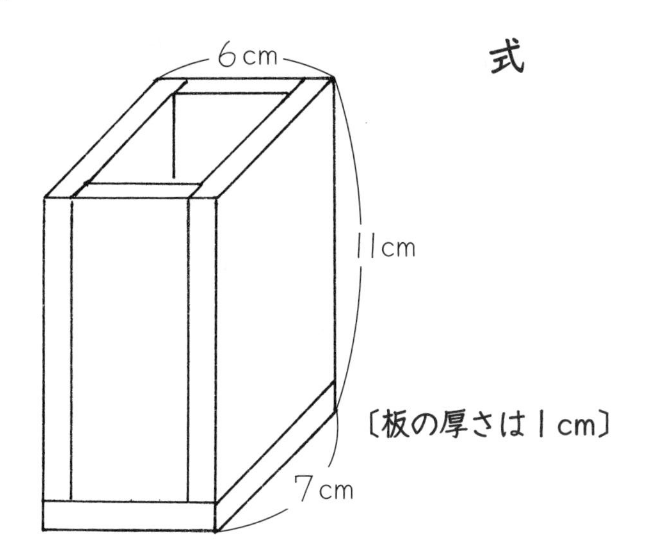

式

答え

② 内のりが、たて25cm、横40cmの水そうに、水が深さ30cmまで入っています。

① 水の体積は何cm^3ですか。

式

答え

② その水は何Lですか。

答え

③ あと2L水を入れると、何cm水面が上がりますか。

式

答え

まとめテスト　　月　　日 名前

まとめ ⑰

体積

1 次の直方体や立方体の体積を求めましょう。 (各10点／20点)

① たて50cm、横80cm 高さ1.2mの直方体。

式

答え

② 1辺が0.4mの立方体。

式

答え

2 図は直方体や立方体の展開図です。組み立てたときの立体の体積を求めましょう。 (各10点／20点)

①

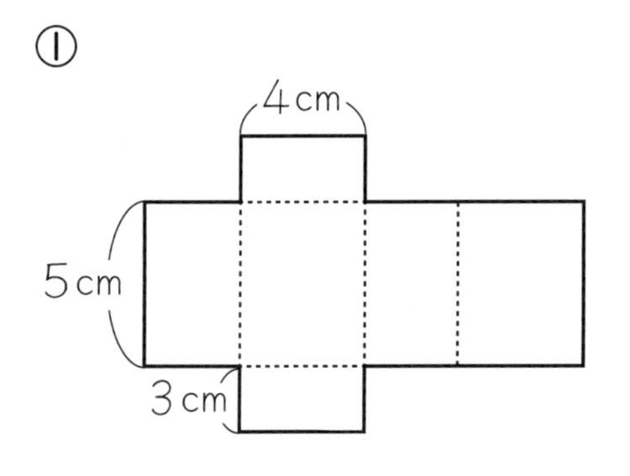

式

答え

②

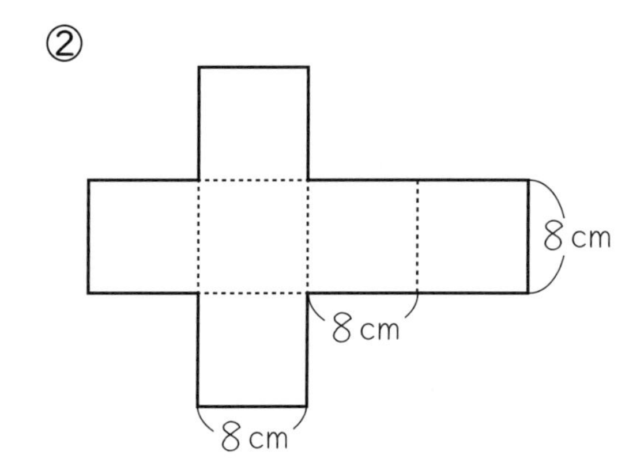

式

答え

3 体積180cm^{3}の直方体のたての長さは5cm、横の長さは9cmです。高さはいくらですか。 (10点)

式

答え

まとめテスト　月　日　名前

まとめ ⑱

体積

／50点

① 次の立方体の体積を求めましょう。

(各10点／20点)

①

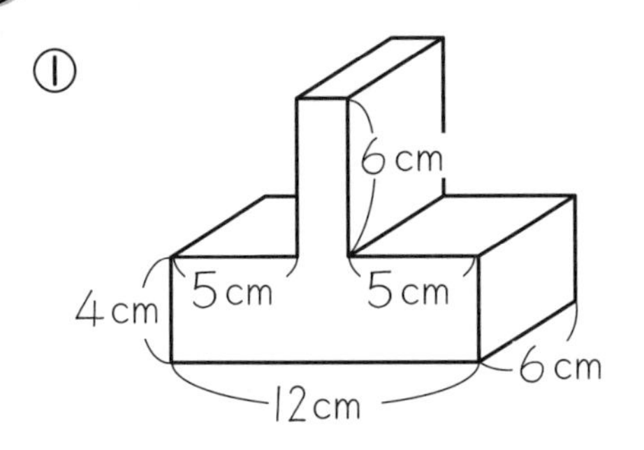

式

答え

②

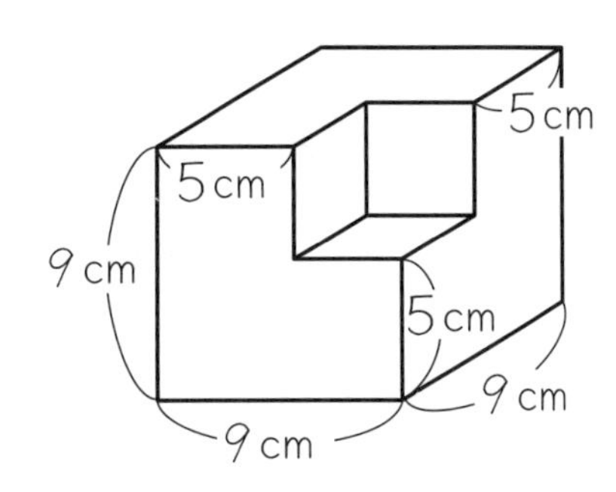

式

答え

② 厚(あつ)さ 0.5cm のガラスの水そうに、3.5Lの水が入っています。水の高さは底から何cmですか。

(15点)

式

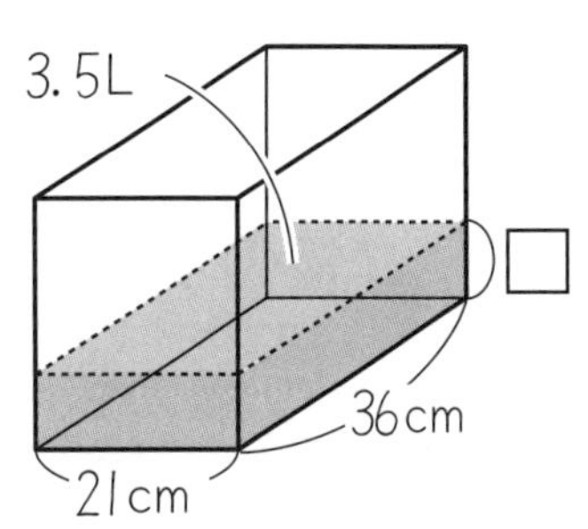

答え

③ ②の水そうに石を入れたら、水面が2cm上がりました。石の体積は何cm³ですか。

(15点)

式

答え

月　　日 名前

角柱・円柱 ①

角柱・円柱とは

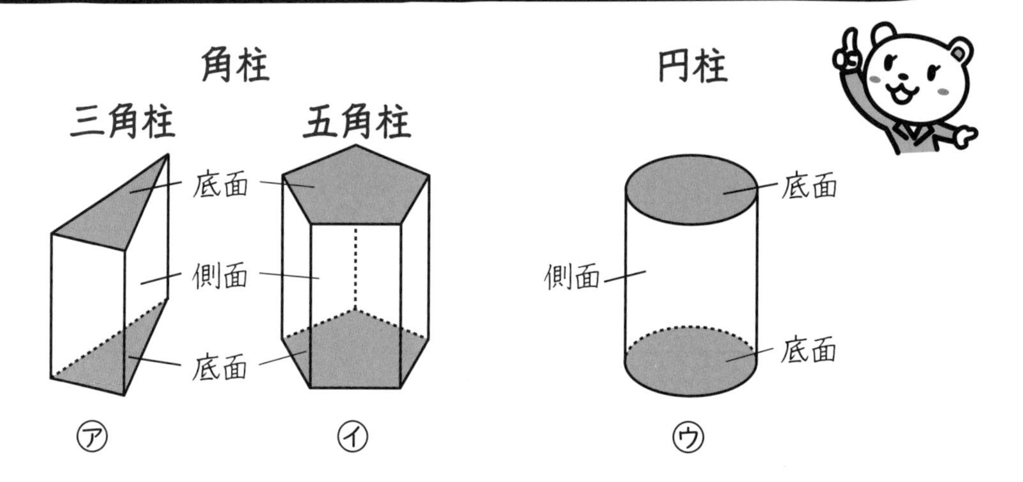

左のような立体を角柱、右の㋒のような立体を円柱といいます。形が合同で平行な２つの面を **底面** といい、まわりの面を **側面** といいます。角柱の側面は、長方形など四角形ですが、円柱の側面は、曲面になっています。

表にあてはまる数や言葉をかきましょう。

	㋐	㋑	㋒
立体の名前			
ちょう点の数			／
辺の数			／
底面の数			
側面の数			
底面の形			
側面の形			／

月　　日 名前

角柱・円柱 ②

平行・垂直

1 右の角柱について答えましょう。

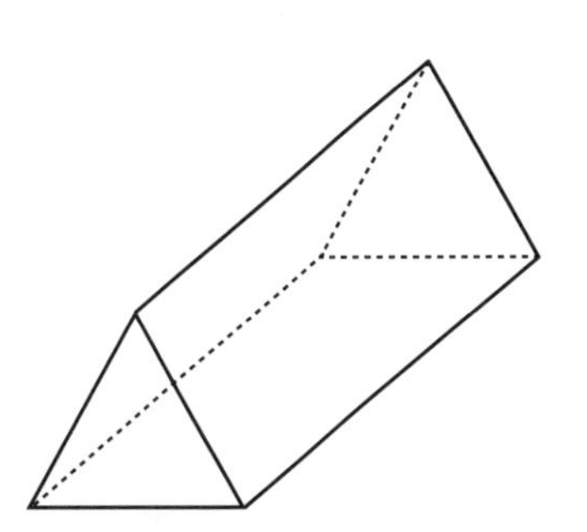

① 底面は何という形ですか。

（　　　　　　）

② 側面は何という形ですか。

（　　　　　　）

③ 底面に垂直（すいちょく）な面はいくつありますか。

（　　　　　　）

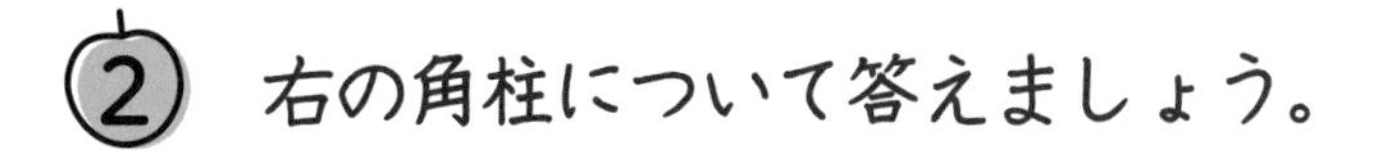

2 右の角柱について答えましょう。

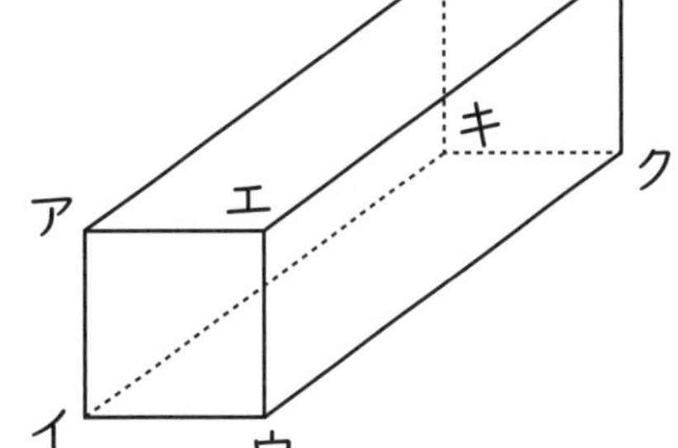

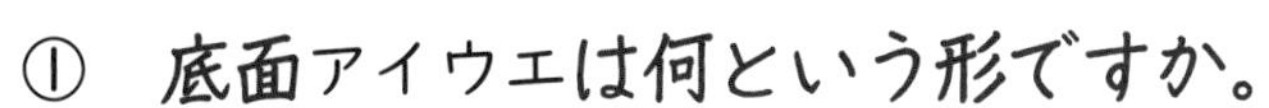

① 底面アイウエは何という形ですか。

（　　　　　　）

② 側面は何という形ですか。

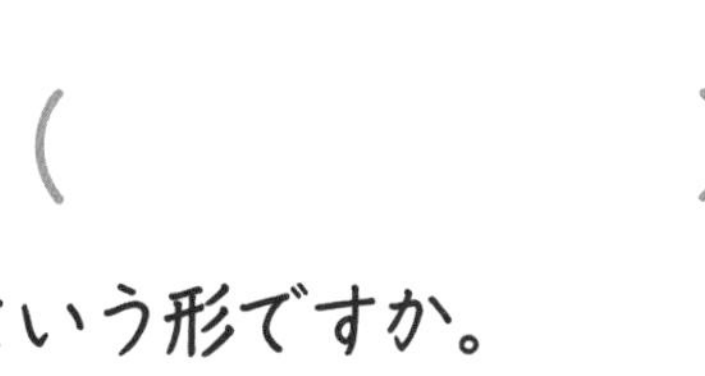

（　　　　　　）

③ 辺アカと平行な辺をすべてかきましょう。

（　　　　　　）

角柱・円柱 ③

角柱の展開図

〈角柱の展開図の例〉

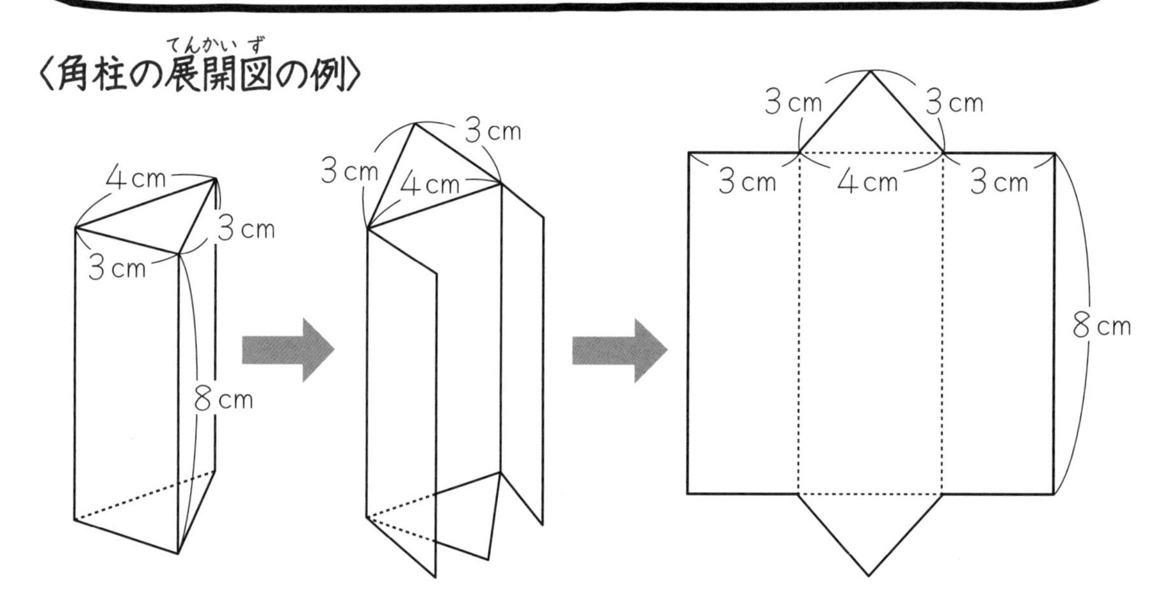

次の角柱の展開図をかきましょう。

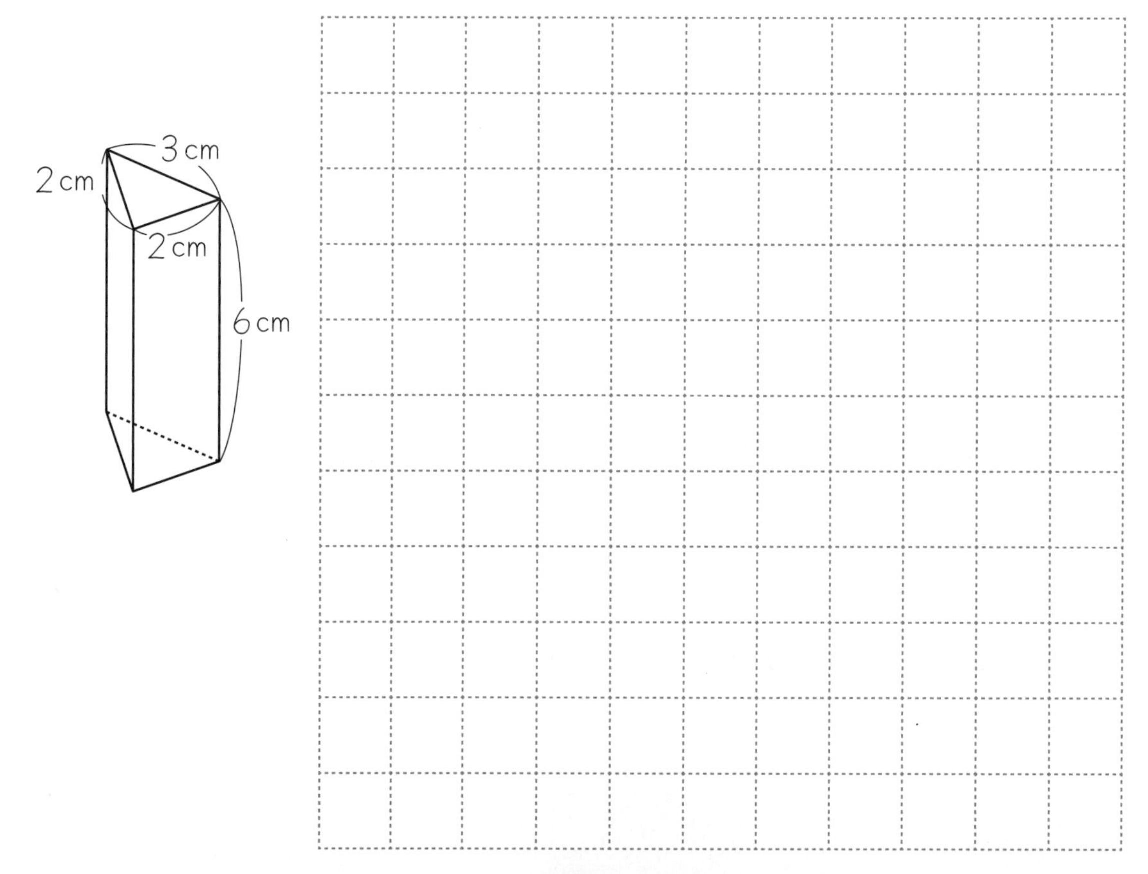

角柱・円柱 ④

円柱の展開図

〈円柱の展開図の例〉

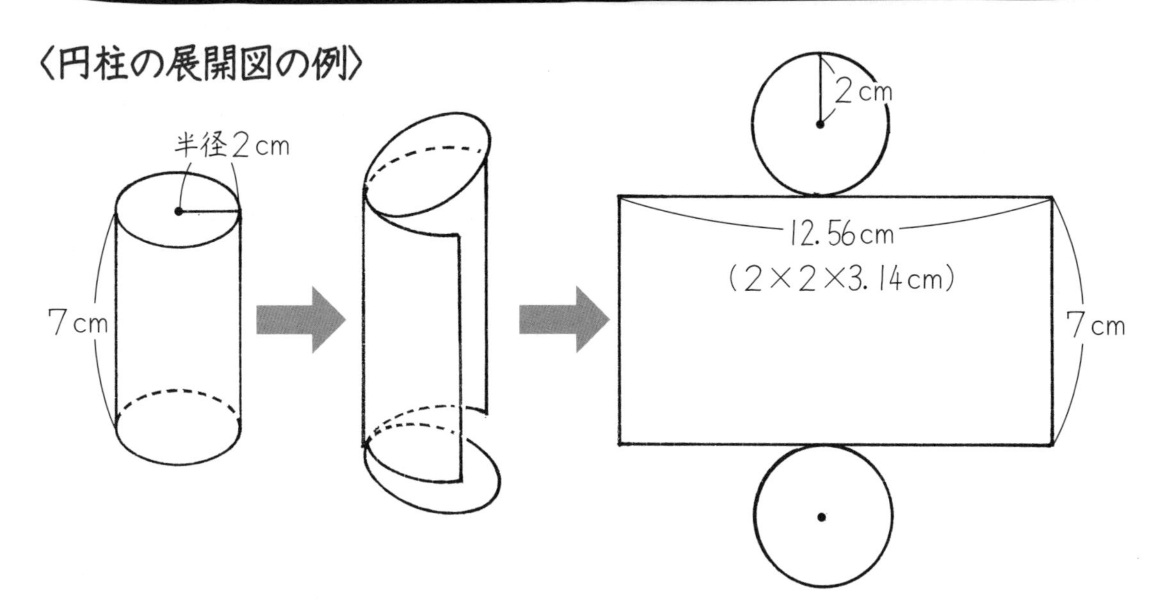

次の円柱の展開図をかきましょう。

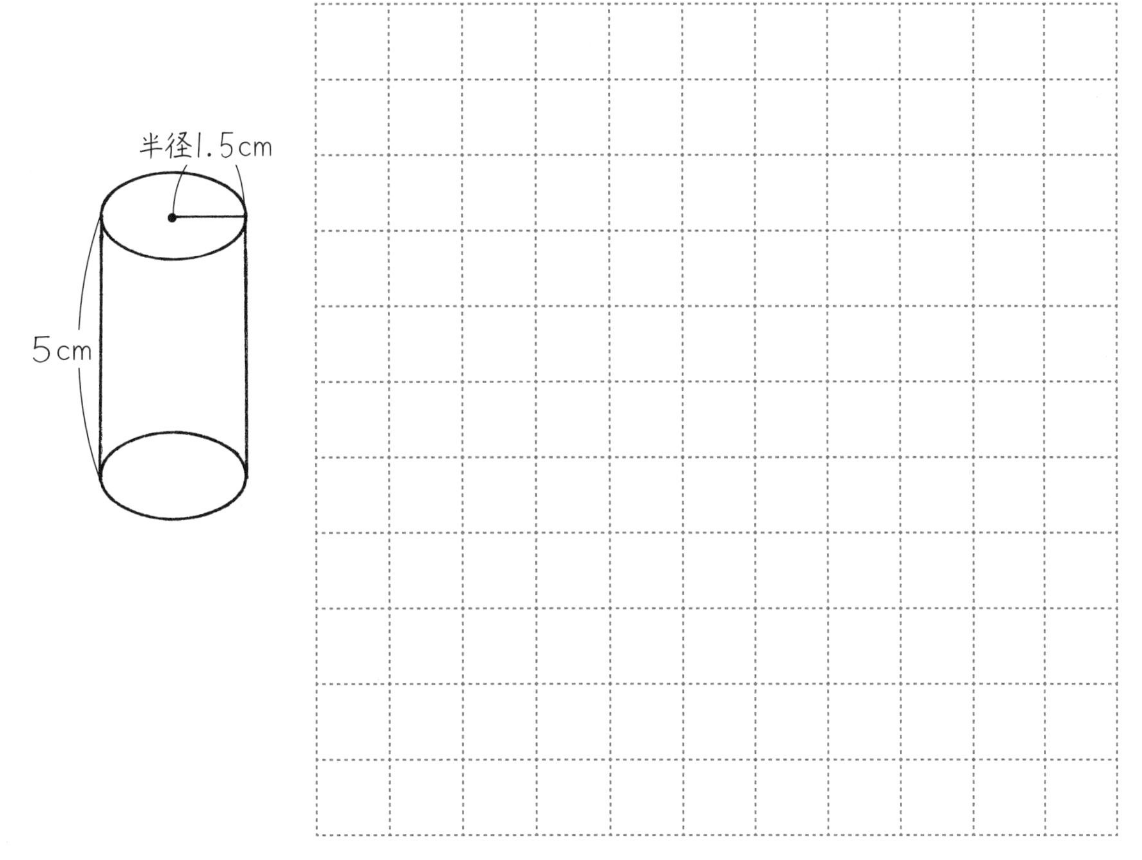

月　日 名前

単位量あたりの大きさ ①

平均

平均(へいきん)とは、さまざまな大きさの数や量を、ならして同じ数や量にそろえたものをいいます。

平均は、平均するものの数や量の合計を、個数(こすう)でわって求めます。　平均＝合計÷個数

次の平均を求めましょう。

① たまごの重さの平均

式

答え

② 体重の平均
(46kg, 27kg, 55kg, 52kg)

式

答え

③ 1週間に保健室(ほけんしつ)を利用した人数の、1日の平均

曜日	月	火	水	木	金
人数	9	6	10	7	8

式

答え

月　　日 名前

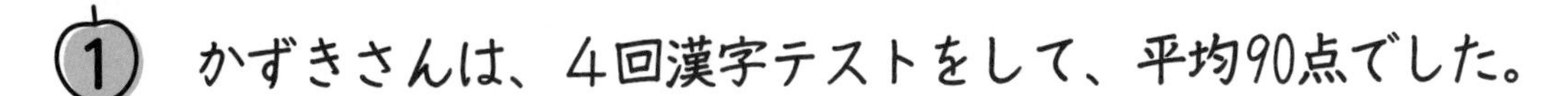

単位量あたりの大きさ ②

平均

1 かずきさんは、4回漢字テストをして、平均90点でした。

① 合計点は何点でしたか。

式

答え

② 5回目のテストで、100点をとりました。
5回の平均点は何点ですか。

式 (□＋100)÷□＝

答え

2 たくみさんの、4回の算数テストの平均点は、85点でした。
5回目に95点をとると、平均は何点になりますか。

式 (□×□＋□)÷□＝

答え

3 5人の体重の平均が47kgのグループがあります。
6人目の体重が56kgだと、6人の平均は何kgになりますか。

式

答え

月　　日 名前

単位量あたりの大きさ ③

混みぐあい

3つのグループが大きさのちがう部屋に分かれて入りました。

どの部屋が混(こ)んでいるかを考えましょう。

部屋	たたみの数	部屋の人数
あ	8	12
い	8	9
う	10	12

① たたみの数が同じあといの部屋では、どちらが混んでいますか。

答え

② 部屋の人数が同じあとうの部屋では、どちらが混んでいますか。

答え

③ いとうの部屋では、どちらが混んでいるのか、たたみ1まいあたりの人数と、1人あたりのたたみのまい数の両方を求めて比(くら)べましょう。

たたみ1まいあたり

〔いの部屋〕 □ ÷ □ ＝ □
（人数）（たたみの数）

〔うの部屋〕 □ ÷ □ ＝ □

1人あたり

〔いの部屋〕 □ ÷ □ ＝ □
（たたみの数）（人数）

〔うの部屋〕 □ ÷ □ ＝ □

答え　　　　が混んでいる

④ あ、い、うの部屋を、混んでいる順にならべましょう。

(　　　)→(　　　)→(　　　)

月　　日 名前

単位量あたりの大きさ ④

混みぐあい

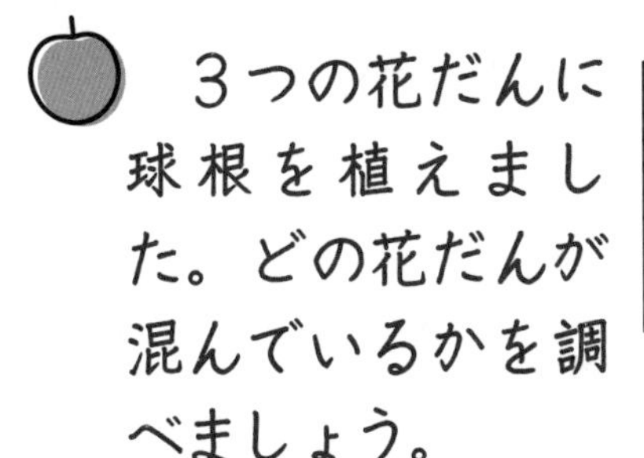

3つの花だんに球根を植えました。どの花だんが混んでいるかを調べましょう。

㋐　花だんの広さ $10m^2$　球根の数 40個
㋑　花だんの広さ $12m^2$　球根の数 60個
㋒　花だんの広さ $15m^2$　球根の数 80個

① 花だん $1m^2$ あたりの球根の数を調べて、㋐、㋑、㋒の花だんを、混んでいる順にならべましょう。

㋐　□ ÷ □ ＝

㋑　□ ÷ □ ＝

㋒　□ ÷ □ ＝

（　　）→（　　）→（　　）

② 球根1個あたりの花だんの広さを調べて、㋐、㋑、㋒の花だんを、混んでいる順にならべましょう。

㋐

㋑

㋒

（　　）→（　　）→（　　）

月　　日 名前

単位量あたりの大きさ ⑤

文章題

① 4mで900円のリボン1mのねだんはいくらですか。

式

答え

② 0.8mで160円のリボン1mのねだんはいくらですか。

式

答え

③ 2mで500円のリボンAと、3mが800円のリボンBがあります。1mあたりのねだんで比(くら)べると、どちらが高いですか。

式

答え

④ 0.6mで150円のリボンAと、0.9mが240円のリボンBがあります。1mあたりのねだんで比べると、どちらが安いですか。

式

答え

⑤ 2mで重さが50gのはり金Aと、7mで重さが182gのはり金Bがあります。1mあたりの重さは、どちらが重いですか。

式

答え

月　　日 名前

単位量あたりの大きさ ⑥

文章題

① $3m^2$の学習園に、216gの肥料（ひりょう）をまきました。$1m^2$あたり何gの肥料をまいたことになりますか。

式

答え

② $9m^2$の学習園から、63.9kgのイモがとれました。$1m^2$あたり何kgのイモがとれたことになりますか。

式

答え

③ 学習園$1m^2$あたり90gの肥料をまきます。学習園全体にまくには、肥料は3.6kg必要です。学習園の広さを求めましょう。

式

答え

④ 学習園$5m^2$から、60kgのイモがとれました。同じようにとれるとして、150kgのイモをとるためには何m^2の学習園が必要ですか。

式

答え

単位量あたりの大きさ ⑦

人口密度

人口密度(みつど)は、1 km² あたりの人口のことをいいます。

人口密度＝人口÷面積
（人）　（km²）

① 人口75000人、面積が20 km² の都市があります。
人口密度を求めましょう。

式

答え

② 面積が1230 km² で人口360000人の都市の人口密度を求めましょう。（答えは四捨五入(ししゃごにゅう)して整数で。）

式

答え

③ 次の人口密度を求めましょう。

	人口(人)	面積(km²)
A町	24100	51
B町	20800	39

① A町の人口密度を求め、結果を上から2けたのがい数で表しましょう。

式

答え

② B町の人口密度を求め、結果を上から2けたのがい数で表しましょう。

式

答え

月　　日 名前

単位量あたりの大きさ ⑧

人口密度

1 表を見て、答えましょう。

① それぞれの人口密度を求め、上から2けたのがい数で表しましょう。

	人口（人）	面積（km²）
北町	1658	112
南町	11841	22
東町	8110	43
西町	4053	34

式

答え 北町　　　　南町

東町　　　　西町

② どの町が1番混(こ)みあっていますか。 答え

2 各国の人口と面積を表した表を見て、人口密度を求め、最も混みあっている国を答えましょう。（小数第1位を四捨五入して、整数で表しましょう。）（総務省(そうむしょう)2017年）

	人口(万人)	面積(万km²)
中　国	140000	959.8
アメリカ	33000	962.9
ロシア	14700	1709.8
日　本	12700	37.8

式

答え 中国　　人, アメリカ　　人, ロシア　　人, 日本　　人, 混んでいる国

月　　日 名前

速さ ①

速さを求める

表は、AさんとBさんとCさんが、家から学校まで歩いたときの記録です。だれが速いかを比(くら)べましょう。

	時間（分）	道のり（m）
A	12	840
B	15	900
C	12	900

① AさんとCさんは、同じ時間（12分）歩きました。
どちらが速く歩きましたか。

答え ＿＿＿＿＿＿

② BさんとCさんは、同じ道のり（900m）を歩きました。
どちらが速く歩きましたか。

答え ＿＿＿＿＿＿

③ AさんとBさんを比べたいときは、かかった時間も歩いた道のりもちがうので1分間あたりに進んだ道のりで比べます。
どちらが速いですか。

Aさん　式

Bさん　式

答え ＿＿＿＿＿＿

④ 3人を、歩くのが速い順にならべましょう。

（　　　　）→（　　　　）→（　　　　）

月　　日 名前

速さ ②

速さを求める

速さは、単位時間あたりの道のりで表します。

1 速さを求める式をかきましょう。

（ 速さ ）＝（ 道のり ）÷（ 時間 ）

2 速さを求めましょう。

① 6時間で450kmの道のりを走る自動車の時速。

式

答え ＿＿＿＿＿＿＿＿

② 4時間で210kmの道のりを走る自動車の時速。

式

答え ＿＿＿＿＿＿＿＿

③ 2.5時間で110kmの道のりを走る自動車の時速。

式

答え ＿＿＿＿＿＿＿＿

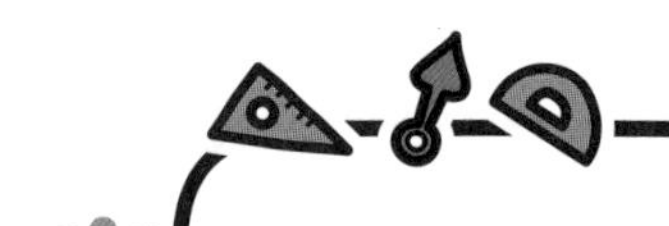

月　　日 名前

速さ ③

道のりを求める

1 道のりを求める式をかきましょう。

（ 道のり ）＝（ 速さ ）×（ 時間 ）

2 道のりを求めましょう。

① 時速45kmで走る自動車が4時間に進む道のり。

式

答え ＿＿＿＿＿＿＿＿

② 時速150kmで走る列車が5時間に進む道のり。

式

答え ＿＿＿＿＿＿＿＿

③ 時速85kmで走る自動車が2.5時間に進む道のり。

式

答え ＿＿＿＿＿＿＿＿

月　　日 名前

速さ ④

時間を求める

1 時間を求める式をかきましょう。

（ 時間 ）＝（ 道のり ）÷（ 速さ ）

2 時間を求めましょう。

① 時速58kmのトラックが406kmの道のりを走る時間。

式

答え ______________

② 480kmの高速道路を時速96kmの自動車が走るのにかかる時間。

式

答え ______________

③ 時速60kmの自動車が270kmの道のりを走る時間。

式

答え ______________

月　　日 名前

速さ ⑤

いろいろな問題

① 表にあてはまる数をかきましょう。

	秒速	分速	時速
ジェット機	m	14.7km	km
新幹線（しんかんせん）	75m	m	km
バス	m	m	36km

② 秒速3.5mで走る人が、20分間に進む道のりは何kmですか。

式

答え

③ 分速65mで歩く人が、7.8kmはなれたところまで行くのには、何時間かかりますか。

式

答え

④ 時速1440kmのジェット機と、秒速340mで進む音とではどちらが速いですか。

式

答え

月　　日 名前

速さ ⑥

いろいろな問題

① まさしさんは、自転車で36km進むのに5時間かかりました。この速さで40分間走ると、何km進みますか。

式

答え

② 時速45kmの自動車と時速55kmの自動車が、200kmはなれた道路を向かい合う方向に同時に出発しました。２台の車がすれちがうのは何時間後ですか。

式

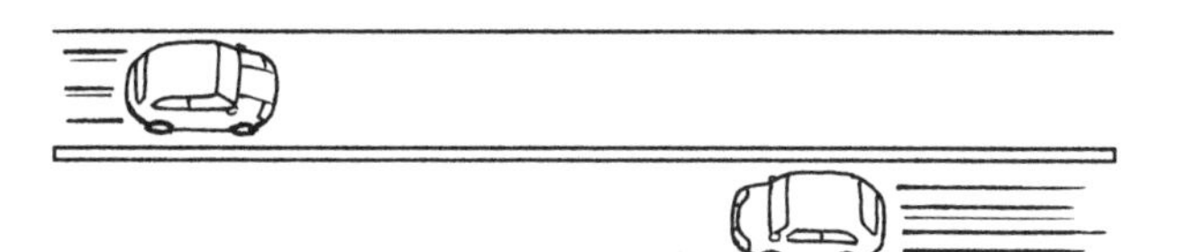

答え

③ トラックが、時速40kmで荷物を乗せて出発しました。しかし、積み残しに気づき、1.5時間後、時速70kmの乗用車で追いかけました。乗用車は、出発して何時間後にトラックに追いつきますか。

式

答え

まとめテスト　月　日　名前

まとめ ⑲

単位量あたりの大きさ

1 60g、57g、62g、61g、62gの5つのたまごの平均(へいきん)の重さを求めましょう。

（式5点、答え5点／10点）

式

答え

2 2mで500円のAのロープと、3mで720円のBのロープがあります。1mあたりのねだんで比(くら)べると、どちらが高いですか。

（式5点、答え10点／15点）

式

答え

3 学習園20m²から18kgのイモがとれました。同じようにとれるとして、27kgのイモをとるためには何m²の学習園が必要ですか。

（式5点、答え5点／10点）

式

答え

4 面積1900km²で人口が8810000人の大阪府の人口密度(みつど)を求めましょう。（答えは四捨五入して整数で）

（式5点、答え10点／15点）

式

答え

まとめテスト　月　日　名前

まとめ ⑳

速さ

/50点

① 次の表の速さを求めましょう。（各５点／30点）

	秒速	分速	時速
バス	①	②	54km
新幹線（しんかんせん）	③	4.5km	④
飛行機	240m	⑤	⑥

② 時速55kmの自動車と分速250mの自転車が245kmはなれたところから向い合って走ります。

① 自転車は時速何kmですか。（５点）

式

答え

② 自動車と自転車は、１時間あたり何kmずつ近づきますか。（５点）

式

答え

③ 自動車と自転車が出会うのは、何時間何分後ですか。（10点）

式

答え

月　　日 名前

図形の面積 ①

平行四辺形

太い辺を平行四辺形の底辺と考えると、高さはどれですか。

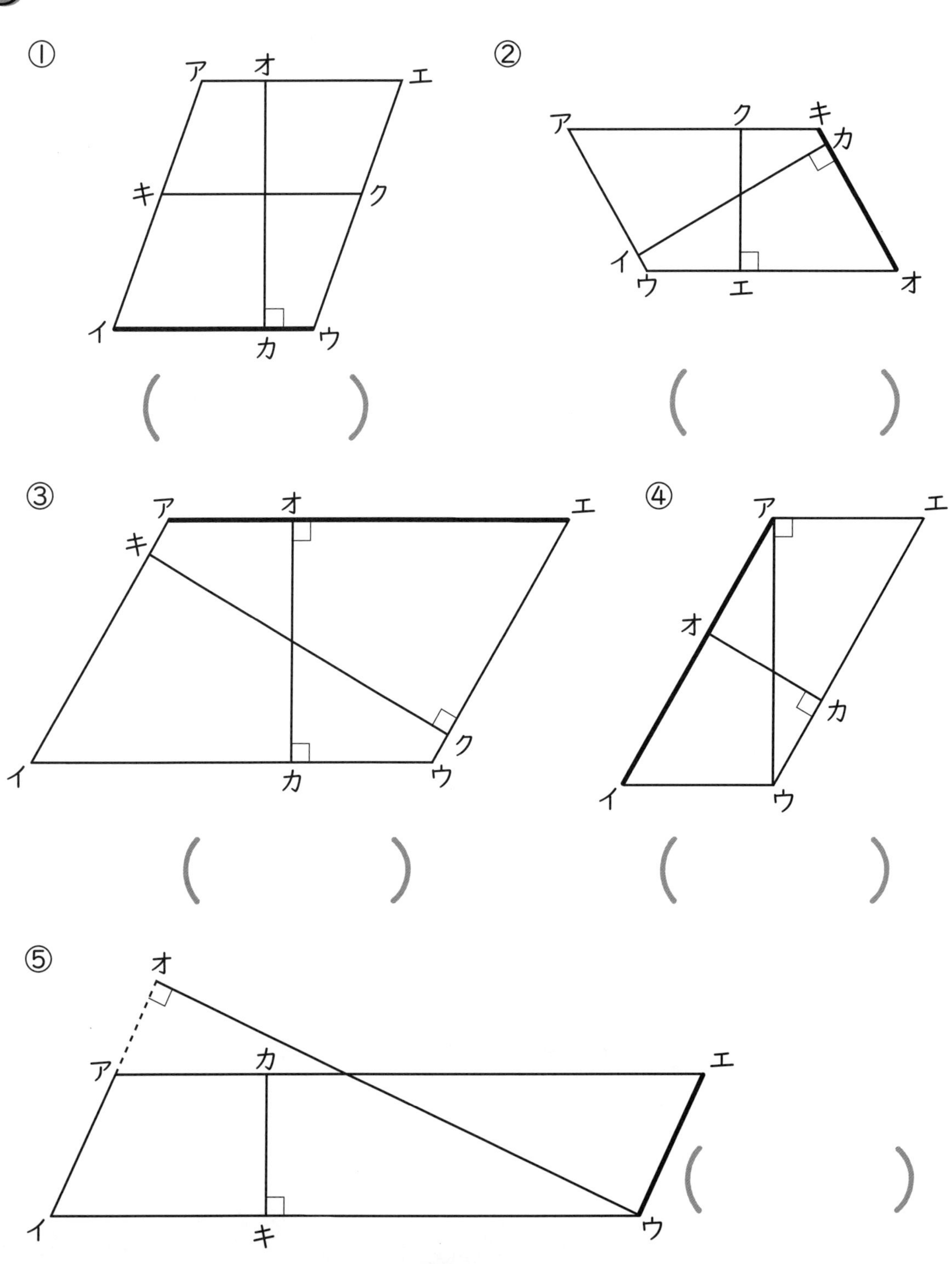

月　　日 名前

図形の面積 ②

平行四辺形

平行四辺形の面積を求めましょう。

①

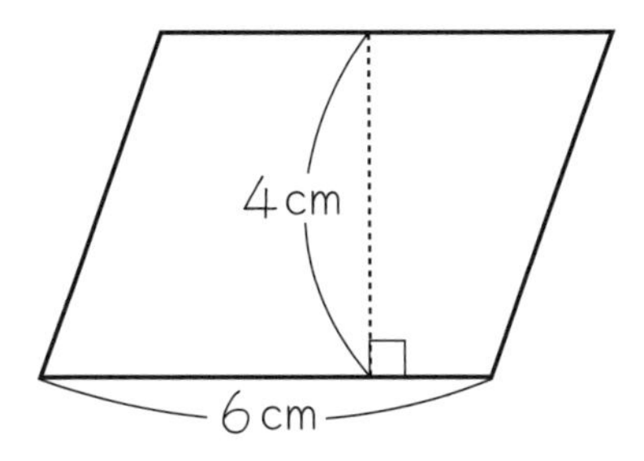

式

答え

②

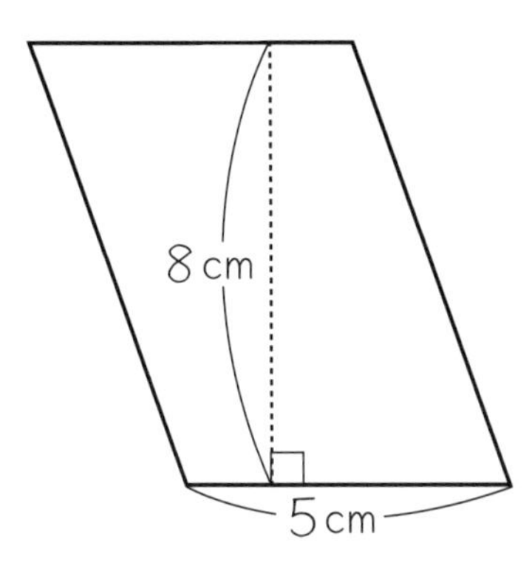

式

答え

③

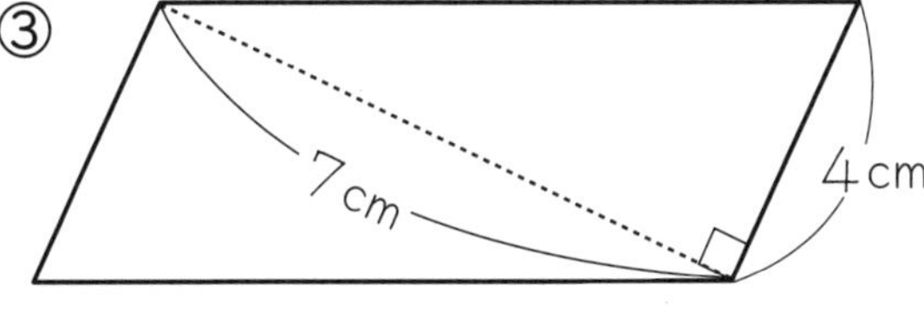

式

答え

④　底辺が7cm、高さが9cmの平行四辺形

式

答え

⑤　底辺が13cm、高さが24cmの平行四辺形

式

答え

月　　日 名前

図形の面積 ③

平行四辺形

平行四辺形の高さを求めましょう。

①

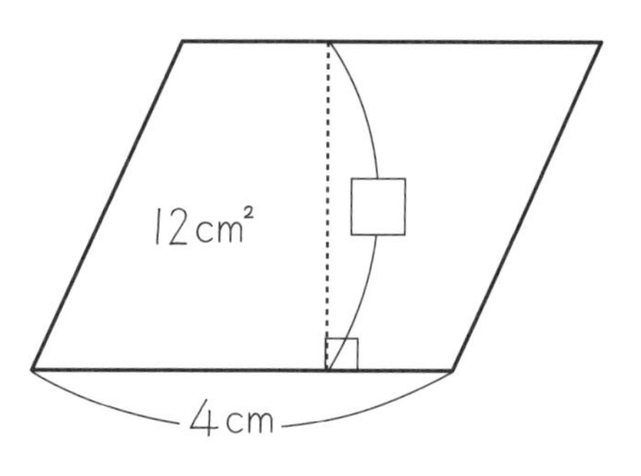

式

答え

②

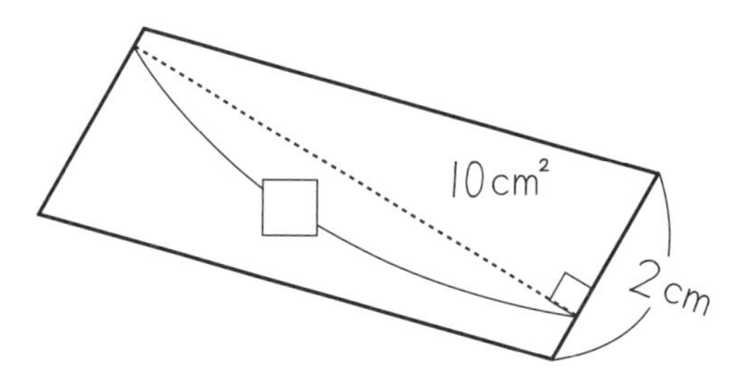

式

答え

③

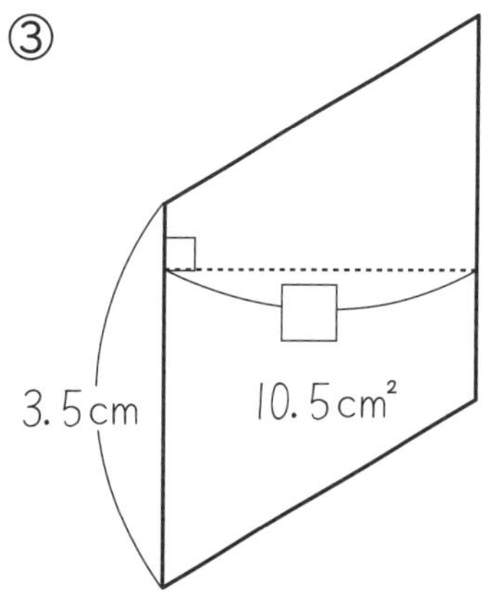

式

答え

④　底辺が9cm、面積が36cm²の平行四辺形

式

答え

⑤　底辺が12cm、面積が132cm²の平行四辺形

式

答え

月　日 名前

図形の面積 ④

三角形

太線を三角形の底辺とすると、高さはどれですか。

①

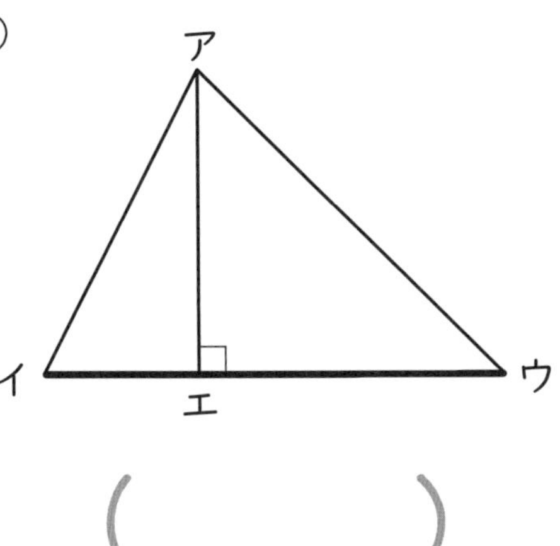

(　　　)

②

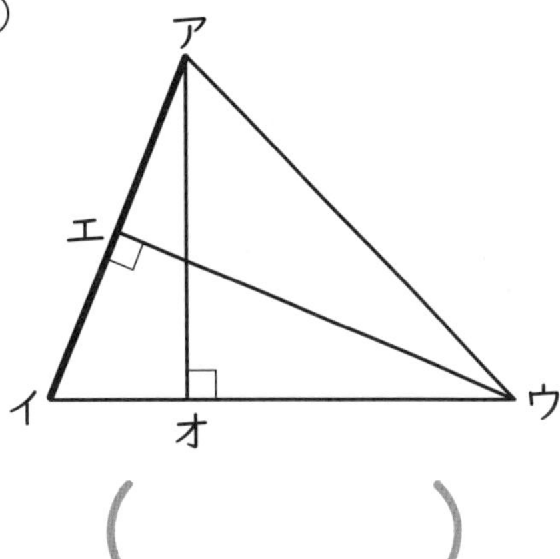

(　　　)

③

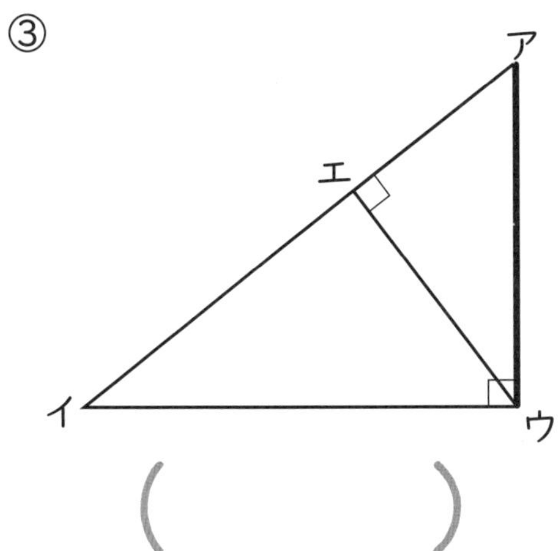

(　　　)

④

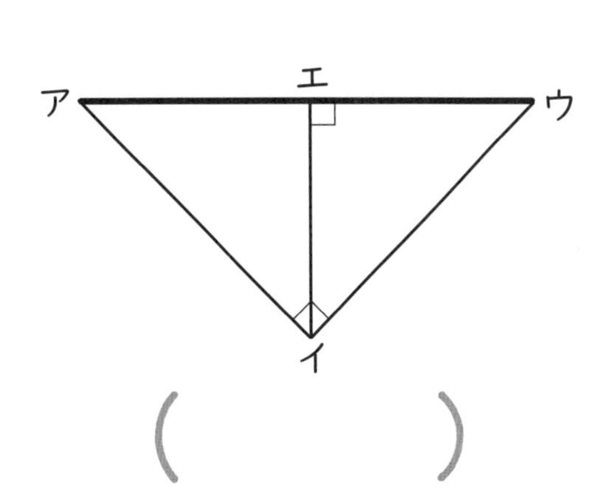

(　　　)

⑤

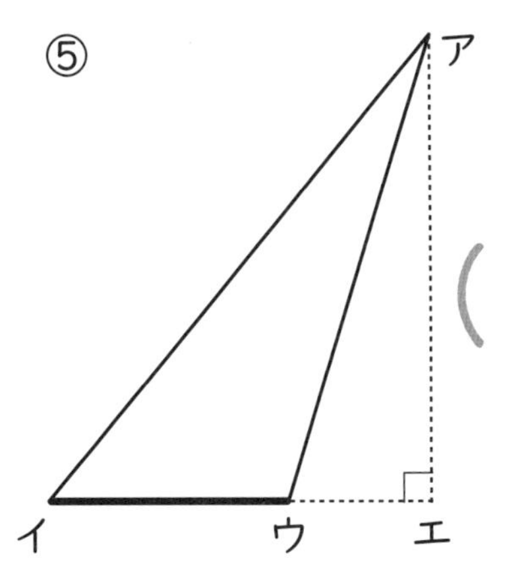

(　　　)

⑥

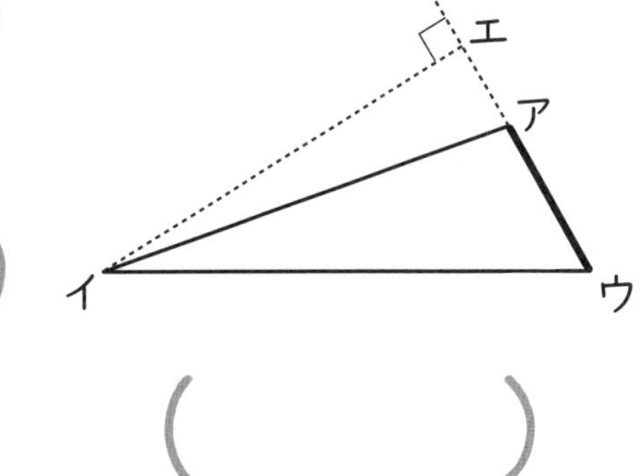

(　　　)

月　日 名前

図形の面積 ⑤

三角形

三角形の面積を求めましょう。

①

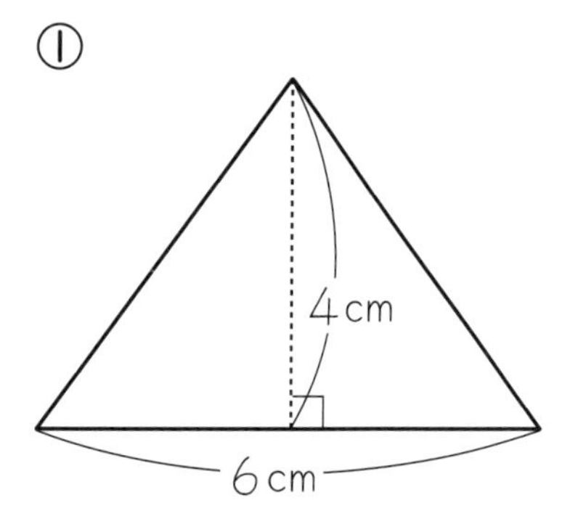

式

答え

②

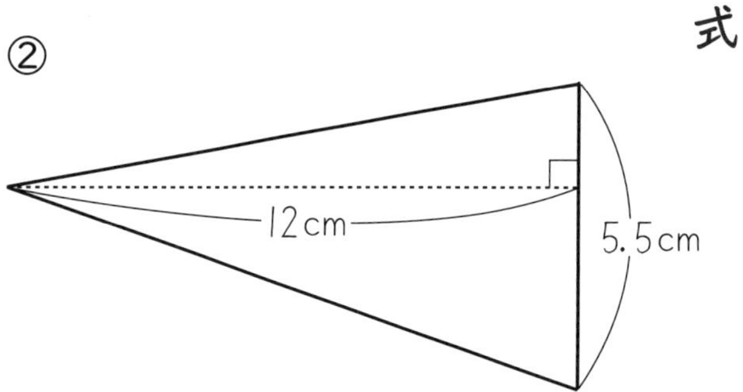

式

答え

③

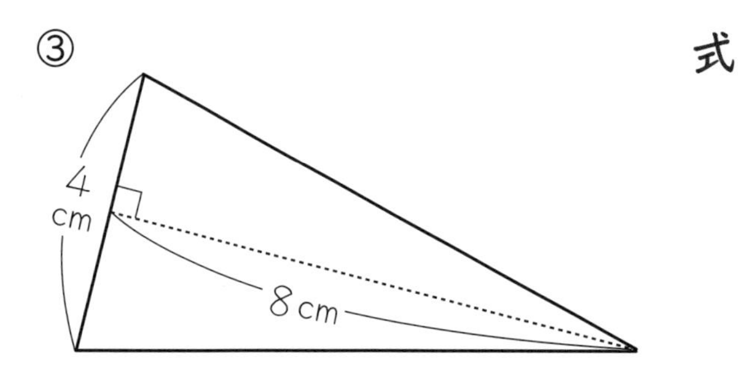

式

答え

④　底辺が8cm、高さが13cmの三角形

式

答え

⑤　底辺が16cm、高さが6.5cmの三角形

式

答え

月　　日 名前

図形の面積 ⑥
三角形

三角形の高さを求めましょう。

①

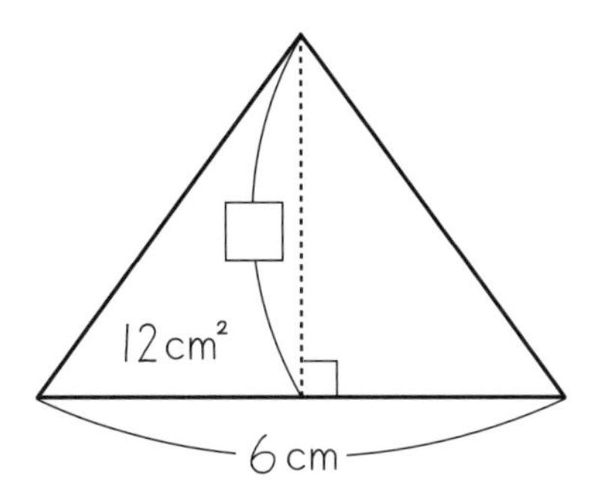

式

答え

②

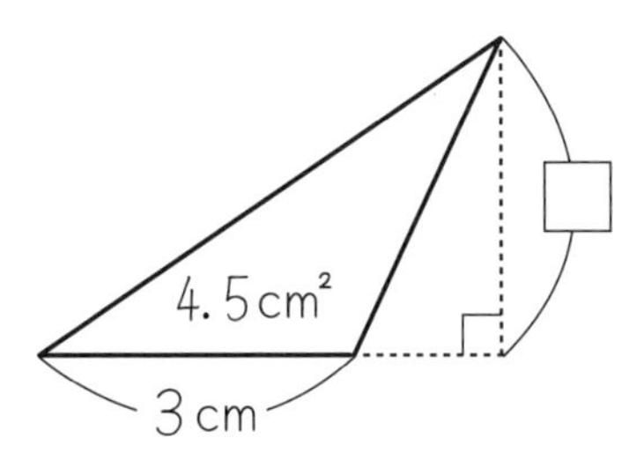

式

答え

③

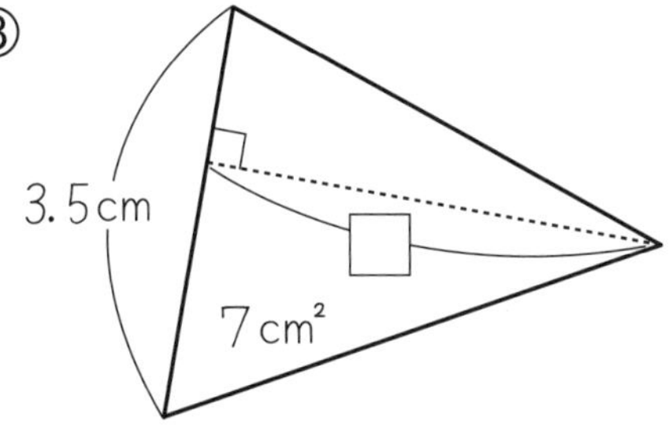

式

答え

④　底辺が8cm、面積が24cm²の三角形

式

答え

⑤　底辺が15cm、面積が90cm²の三角形

式

答え

図形の面積 ⑦

台形

台形の面積を求めましょう。

①

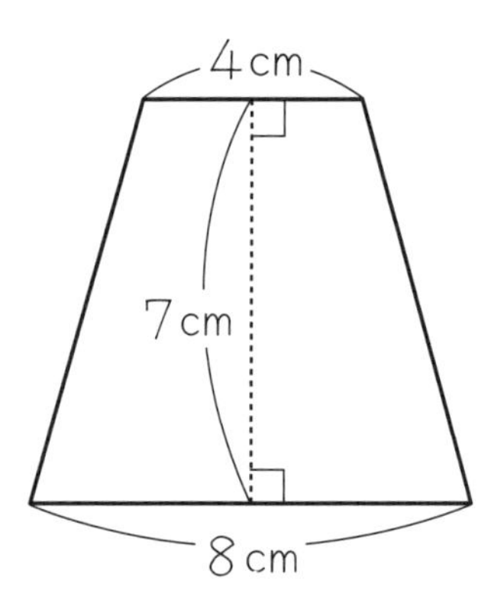

式 (4＋8)×7÷2＝

答え

②

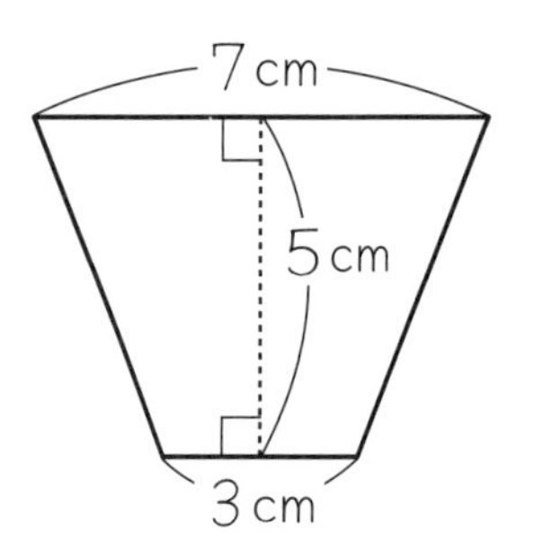

式

答え

③

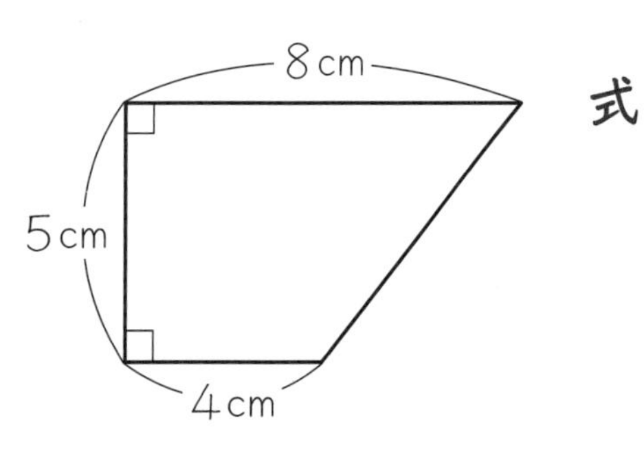

式

答え

④

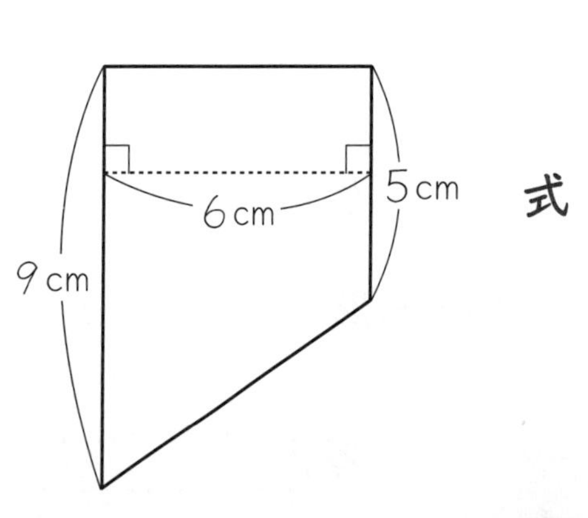

式

答え

月　　日 名前

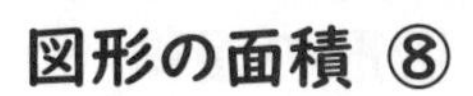

図形の面積 ⑧

ひし形

1 ひし形の面積を求めましょう。

①

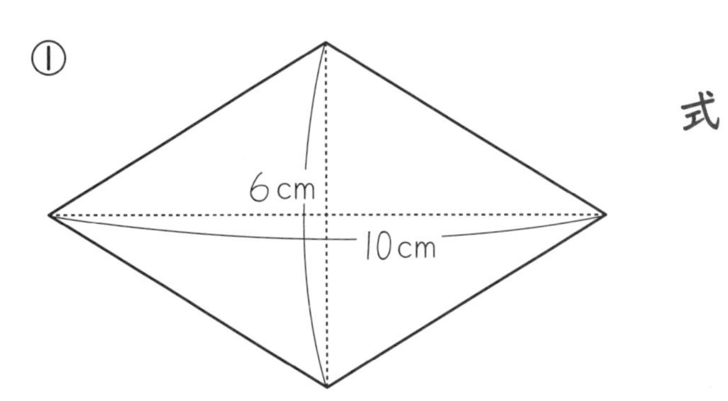

式

答え ＿＿＿＿＿＿＿＿

②

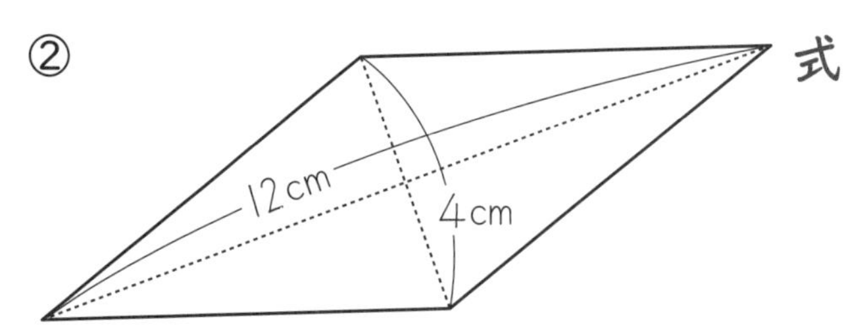

式

答え ＿＿＿＿＿＿＿＿

③

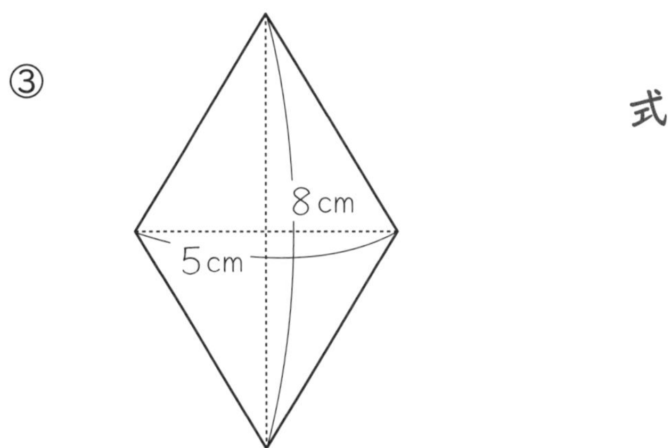

式

答え ＿＿＿＿＿＿＿＿

2 ■の部分の面積を求めましょう。

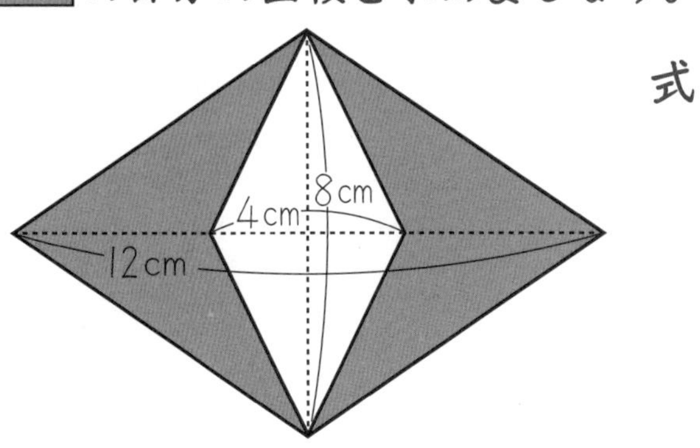

式

答え ＿＿＿＿＿＿＿＿

月　　日 名前

図形の面積 ⑨
いろいろな形

四角形の面積を求めましょう。

①

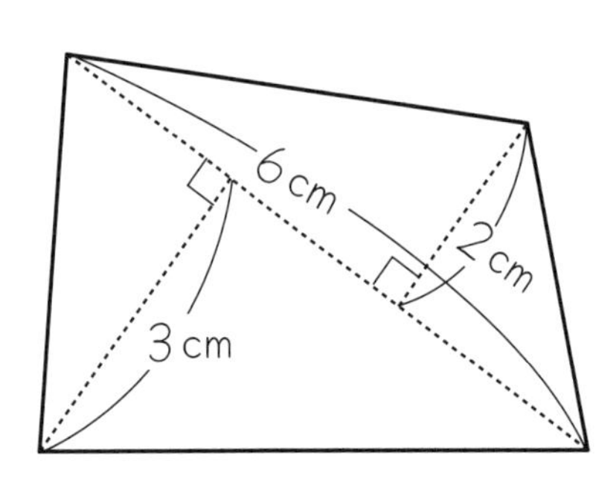

式

答え

②

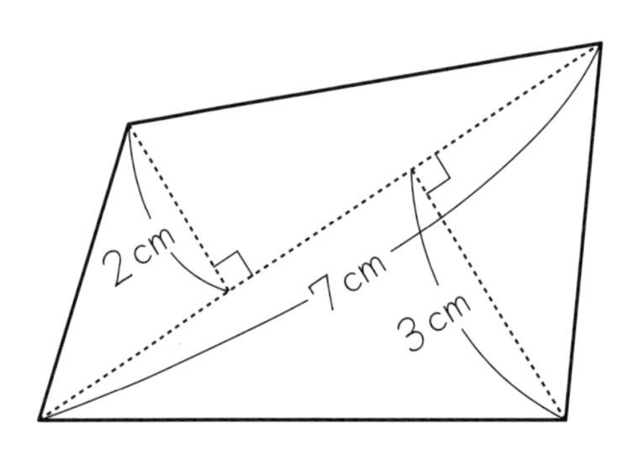

式

答え

③

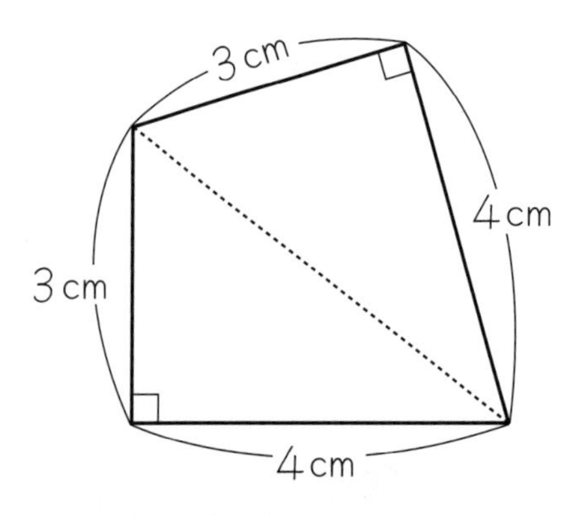

式

答え

月　　日 名前

図形の面積 ⑩

等しい面積

1 平行な２本の直線の図形について答えましょう。

① 三角形㋐、㋑、㋒の面積を求めましょう。

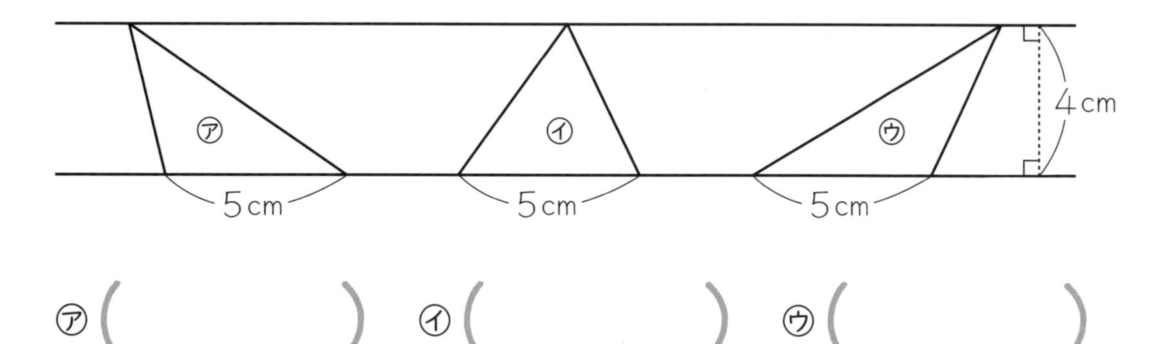

㋐（　　　　）　㋑（　　　　）　㋒（　　　　）

② ㋐、㋑、㋒の面積が等しいわけを説明しましょう。

（　　　　　　　　　　　　　　　　　　　　）

2 平行な２本の直線の図形について答えましょう。

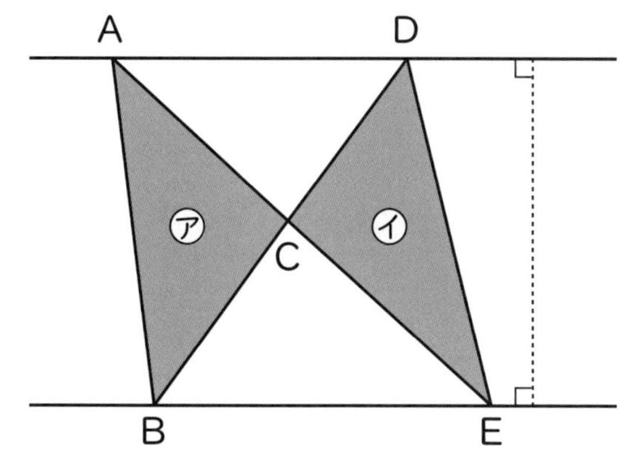

① ㋐の面積が９cm²のとき、㋑の面積はいくらですか。

答え ＿＿＿＿＿＿＿＿

② ①となるわけを説明しましょう。

（　　　　　　　　　　　　　　　　　　　　）

月　　日 名前

まとめ ㉑

図形の面積

50点

1 次の図形の面積を求めましょう。

（各10点／40点）

①

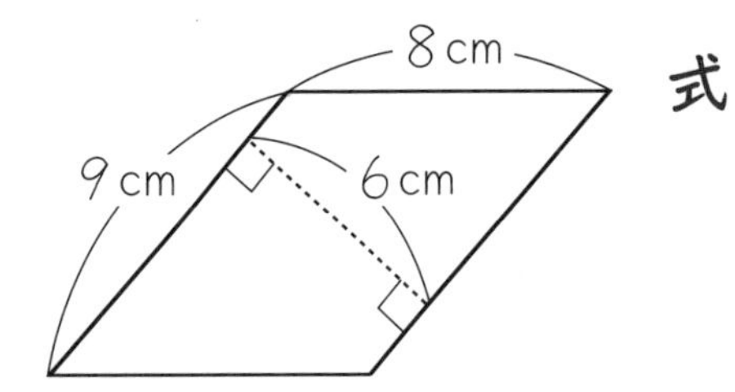

式

答え

②

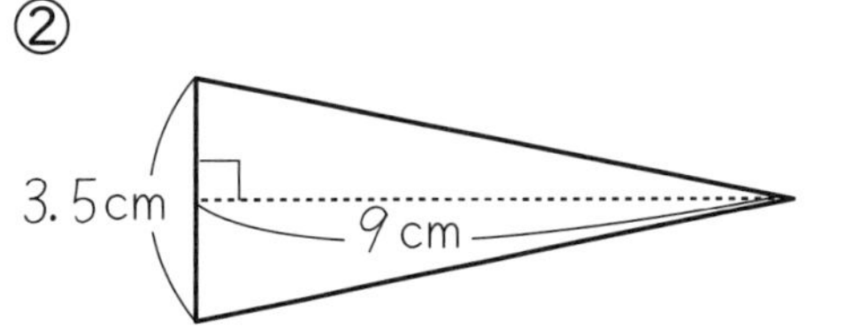

式

答え

③

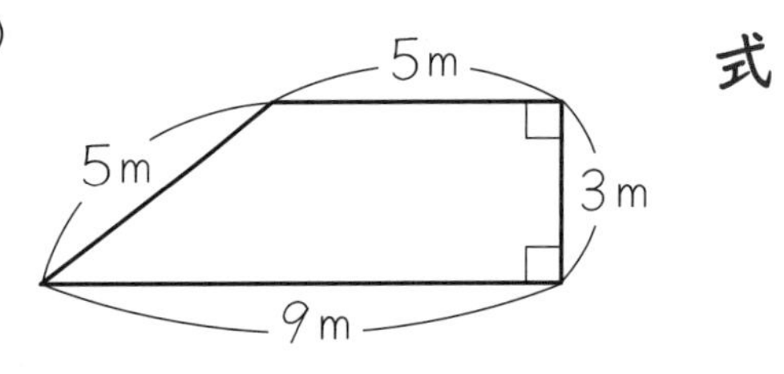

式

答え

④

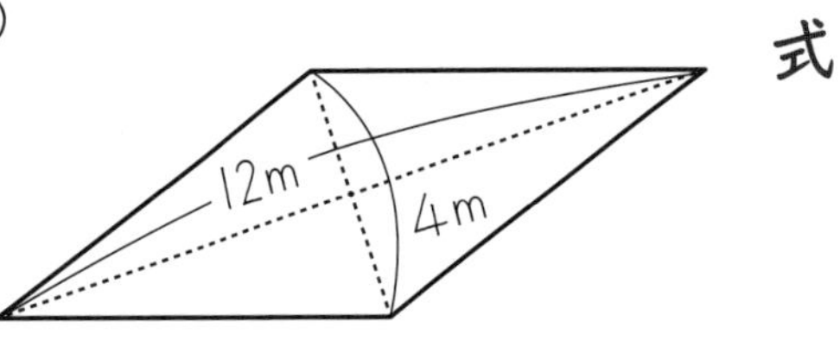

式

答え

2 次の台形の高さを求めましょう。

（10点）

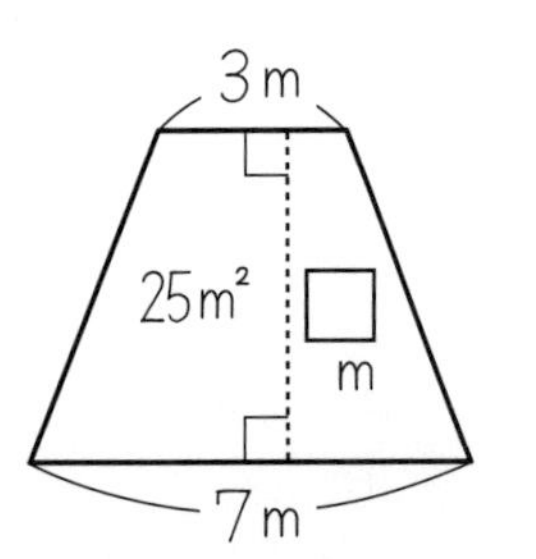

式

答え

まとめテスト

月　　日　名前

まとめ ㉒

図形の面積

1 次の図形の▭部分の面積を求めましょう。

(各10点／20点)

①

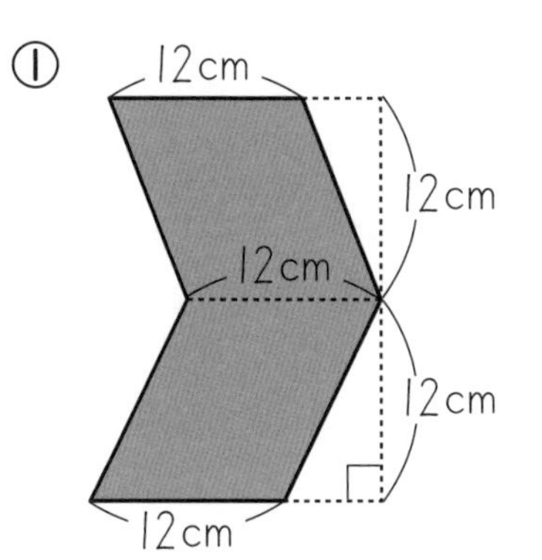

式

答え

②

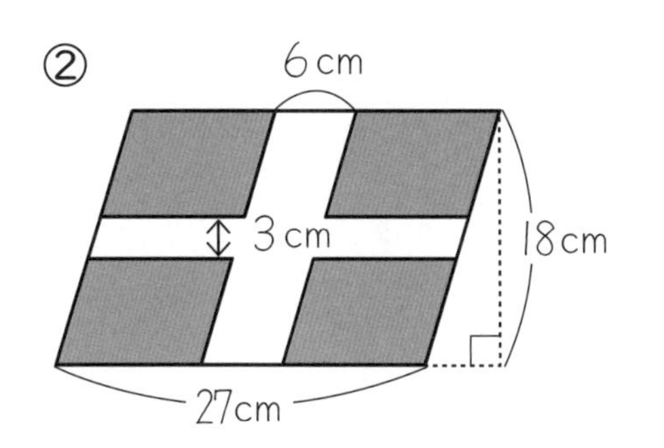

式

答え

2

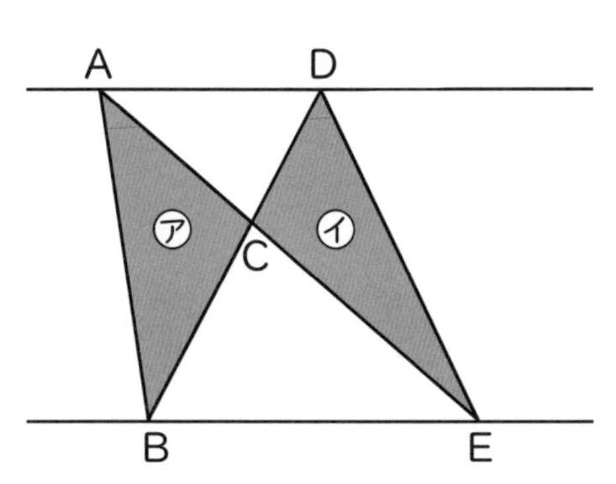

平行な２本の直線に高さを合わせて三角形ABEと三角形DBEをかきました。

(各15点／30点)

① ㋐の部分の面積が$5cm^2$のとき、㋑の面積は何cm^2ですか。

答え

② ㋐、㋑の面積が等しいわけを説明しましょう。

(　　　　　　　　　　　　　　　　)

月　　日 名前

割合とグラフ ①

歩合と小数

① 次の小数を歩合(ぶあい)で表しましょう。

① 0.2 （ 2割 ）　② 0.5 （　　）

③ 0.4 （　　）　④ 0.7 （　　）

⑤ 0.3 （　　）　⑥ 0.9 （　　）

⑦ 1 （　　）　⑧ 0.8 （　　）

⑨ 0.1 （　　）　⑩ 0.6 （　　）

② 次の歩合を小数または整数で表しましょう。

① 6割(わり) （ 0.6 ）　② 2割 （　　）

③ 1割 （　　）　④ 4割 （　　）

⑤ 9割 （　　）　⑥ 8割 （　　）

⑦ 10割 （　　）　⑧ 3割 （　　）

⑨ 5割 （　　）　⑩ 7割 （　　）

月　　日 名前

割合とグラフ ②

百分率と小数

1 次の小数を百分率(ひゃくぶんりつ)で表しましょう。

① 0.03 (　　%)　② 0.07 (　　)

③ 0.05 (　　)　④ 0.09 (　　)

⑤ 0.93 (　　)　⑥ 0.28 (　　)

⑦ 0.64 (　　)　⑧ 0.96 (　　)

⑨ 0.17 (　　)　⑩ 0.34 (　　)

2 次の百分率を小数で表しましょう。

① 5% (0.05)　② 6% (　　)

③ 2% (　　)　④ 8% (　　)

⑤ 19% (　　)　⑥ 45% (　　)

⑦ 96% (　　)　⑧ 52% (　　)

⑨ 61% (　　)　⑩ 38% (　　)

月　日 名前

割合とグラフ ③

百分率を求める

□にあてはまる数を求めましょう。

① 72人は90人の□%です。

② 69mは300mの□%です。

③ 35円は700円の□%です。

④ 14Lは280Lの□%です。

⑤ 170は425の□%です。

⑥ 500人の8%は□人です。

⑦ 800円の30%は□円です。

⑧ 200gの120%は□gです。

⑨ 500円の110%は□円です。

⑩ 1600m^2の27%は□m^2です。

月　日 名前

割合とグラフ ④

歩合を求める

□にあてはまる数を求めましょう。

① 21人は70人の□割(わり)です。

② 200mは500mの□割です。

③ 240円は800円の□割です。

④ 17cmは425cmの□分です。

⑤ 600は300の□割です。

⑥ 500円の1割は□円です。

⑦ 2400円の2割は□円です。

⑧ 300kgの4割は□kgです。

⑨ 1850本の4割8分は□本です。

⑩ 84の10割は□です。

割合とグラフ ⑤
割合を使う問題

① アサガオの種を120個まいて、96個芽が出ました。芽が出た割合を、百分率で求めましょう。

式

答え

② たけしさんの家の今月の支出（使ったお金）は30万円で、そのうち食費は6万円でした。支出にしめる食費の割合を、歩合で求めましょう。

式

答え

③ 先月は水道料金が7800円で、今月は5460円でした。今月の水道料金は、先月の何割でしたか。

式

答え

④ 電車に乗ったら、定員1100人のところに1980人も乗っていました。混みぐあいは何%ですか。

式

答え

月　　日　名前

割合とグラフ ⑥

割合を使う問題

① 1280人乗りの新幹線(しんかんせん)でお正月にいなかに帰ったら、130%の混雑(こんざつ)ぶりでした。何人乗っていましたか。

式

答え

② 98000円のテレビを、5%引きで買いました。何円で買いましたか。

式

答え

③ 定価(ていか)2900円の服を、25%引きで買いました。何円で買いましたか。

式

答え

④ 今年のサツマイモは、去年より2割多くとれました。去年は30kgとれたそうです。今年は、何kgとれましたか。

式

答え

月　　日 名前

割合とグラフ ⑦

割合を使う問題

① かぜで８人も休みました。これは、学級全体の20%にあたります。学級の人数は何人ですか。

式

答え

② かなさんは6000円貯金(ちょきん)しています。これは、目標の25%です。いくら貯金しようとしていますか。

式

答え

③ 150Lのごみがあります。これは１家族が１年間に出すごみの３%にあたるそうです。１家族で１年間にどのくらいのごみを出しますか。

式

答え

④ 定価(ていか)の３割引(わりび)きで買って、420円はらいました。定価はいくらですか。

式

答え

割合とグラフ ⑧

割合を使う問題

① ゴロー選手は、打数が150のときの打率（だりつ）が３割８分でした。ヒットを何本打ちましたか。

式

答え ＿＿＿＿＿＿

② 海水には約３％の塩がふくまれています。塩180ｇをつくるには、約何ｇの海水がいりますか。

式

答え ＿＿＿＿＿＿

③ 720円の絵の具をバーゲンで504円で買いました。何割引きでしたか。

式

答え ＿＿＿＿＿＿

④ 定価500円のくつ下を、Ａ店では80円引き、Ｂ店では12％引きで売りました。どちらが何円安いですか。

式

答え ＿＿＿＿＿＿

割合とグラフ ⑨

割合を表すグラフ

① 次の円グラフは、まさとさんの学校の地区別人数の割合（わりあい）です。

（地区別児童数）

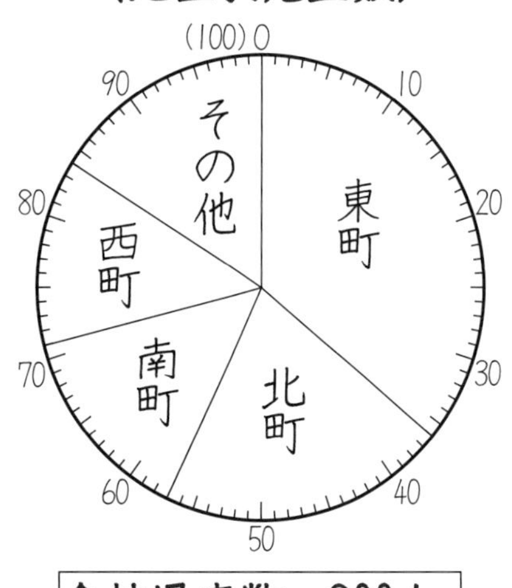

全校児童数＝800人

① 東町は何%ですか。

答え

② 北町は21%です。何人になりますか。

式

答え

② 次の表はピーナッツの成分を表した表です。表に割合を百分率（ひゃくぶんりつ）でかき入れましょう。また、円グラフをかきましょう。

ピーナッツの成分

成　分	重さ(g)	割合(%)	求める式
し　質	127.5		
たん白質	65		
炭水化物	45		
そ の 他	12.5	5	

〔全体＝250g〕

（計算）

（ピーナッツの成分）

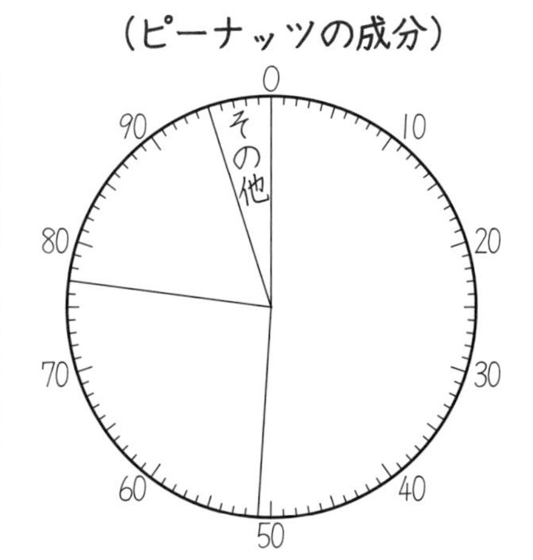

割合とグラフ ⑩

割合を表すグラフ

1 表は、A町の家ちくの頭数を調べたものです。割合を多いものから円グラフに表しましょう。

A町の家ちくの頭数

種　類	頭数(頭)	割合(%)
肉　牛	156	13
にゅう牛	204	17
ぶ　た	600	50
そ の 他	240	20

〔全体＝1200頭〕

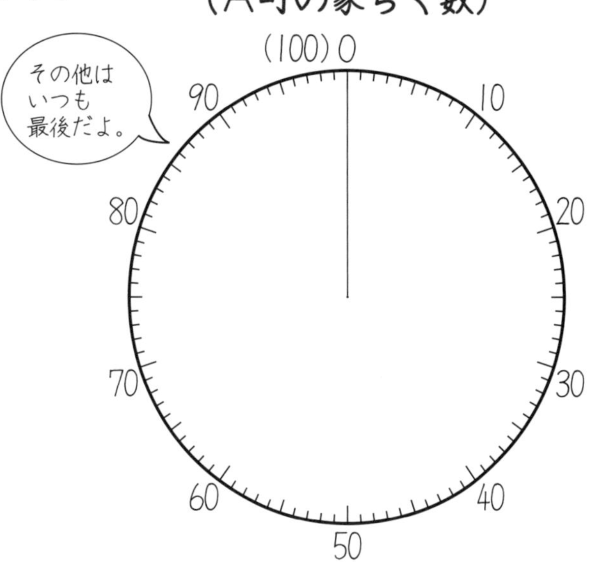

2 次の表はまさとさんの１日の時間の過(す)ごし方を表したものです。

① 割合を百分率で求めましょう。(小数第３位を四捨五入(ししゃごにゅう)します。)

まさとさんの１日

過ごし方	時間(時間)	割合(%)
すいみん	9	
学　校	7	
家庭学習	2	
そ の 他	6	25

〔１日＝24時間〕

(計算)

② 円グラフに表しましょう。

〔まさとさんの１日〕

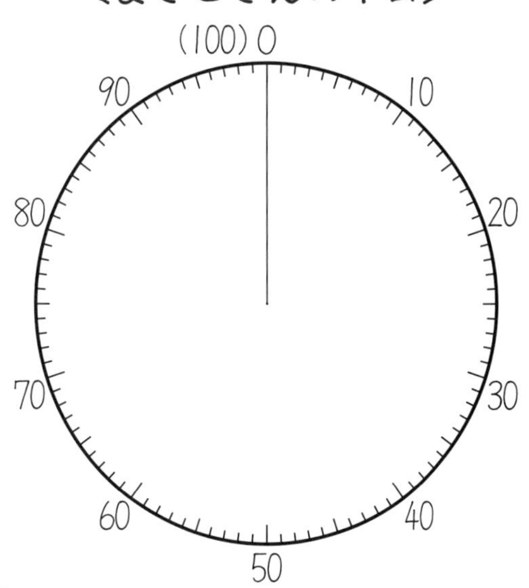

月　　日 名前

割合とグラフ ⑪

割合を表すグラフ

1 グラフは、なつおさんの家の１か月の生活費450000円の使い道について、その割合(わりあい)を表したものです。

〔なつおさんの家の１か月の生活費〕

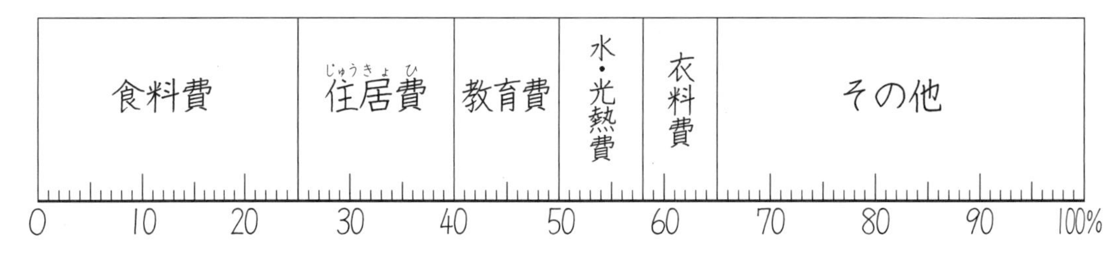

① 食料費を求めましょう。

式

答え

② 住居費を求めましょう。

式

答え

2 表は、１月中に保健室(ほけんしつ)に来た人を理由別にまとめたものです。表と帯グラフを仕上げましょう。

理　由	人数(人)	割合(%)
け　が	31	
はらいた	7	
発　熱	5	
はき気	4	
頭つう	3	6
合　計	50	100

〔１月中に保健室に来た理由〕

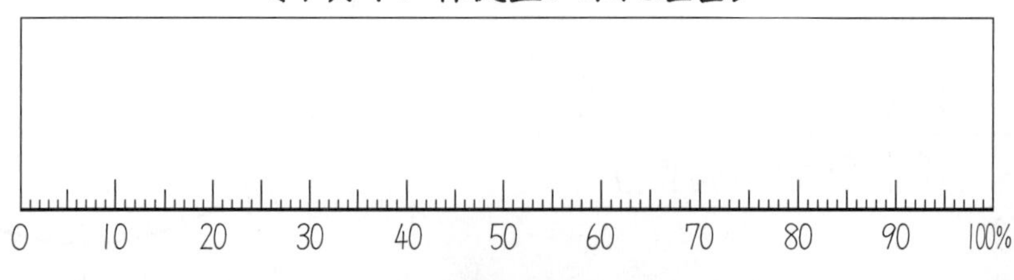

月　　日 名前

割合とグラフ ⑫

割合を表すグラフ

表は、熱帯林が10年間に減った面積を表しています。

〔熱帯林の減少面積〕（1980年～1990年国連食りょう農業機関）

地　域	10年間に減った面積（単位：万km²）	減った合計に対する割合（%）
アフリカ	41	
アジア・太平洋	39	
ラテンアメリカ	74	
合　計	154	100

減った合計でわるんだよ。

（計算）

① 各地域で10年間に減った面積の合計（154万km²）に対する割合を、百分率で求めて表にかきましょう。（小数第３位を四捨五入）

② ①で求めた割合を帯グラフに表しましょう。

〔熱帯林の減少面積〕（1980年～1990年）

0　10　20　30　40　50　60　70　80　90　100%

③ 世界の熱帯林の中で、どの地域の熱帯林が最も多く失われていますか。

（　　　　　）

まとめテスト　　月　　日　名前

まとめ ㉓

割合とグラフ

1 小数や整数で表した割合を、百分率で表しましょう。（各4点／16点）

① 0.08（　　　　）　② 0.72（　　　　）

③ 4.9（　　　　）　④ 1.56（　　　　）

2 百分率で表した割合を、小数で表しましょう。（各4点／16点）

① 6%（　　　　）　② 13%（　　　　）

③ 140%（　　　　）　④ 275%（　　　　）

3 インゲンマメの種を96個まいたら、72個芽が出ました。
芽が出た割合は何%ですか。（式4点、答え5点／9点）

式

答え

4 450g入りのビスケットが、20%増量で売られていました。
ビスケットは何g入りになっていますか。（式4点、答え5点／9点）

式

答え

まとめテスト　　月　　日 名前

まとめ ㉔

割合とグラフ

/50点

右の表は、学校の図書室で、11月に貸し出した本の数と割合を、種類別に表したものです。

次の問題に答えましょう。

〔図書室で貸し出した本の数と割合（11月）〕

種類	数（さつ）	百分率（%）
物語	90	
科学		20
伝記	30	15
図かん		
その他	24	
合計	200	100

① 右の表のあいているところに、あてはまる数をかきましょう。（各5点／25点）

② 科学は、全体の何分の1ですか。（5点）

答え

③ 本の種類での割合を、円グラフにかきましょう。（20点）

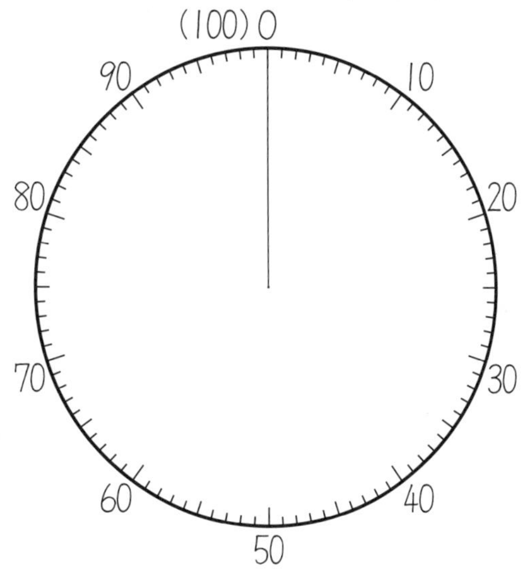

月　　日 名前

かんたんな比例 ①

比例とは

1 次の表のあいているところに数をかきましょう。

① じゃ口から一定の水を出したときの、時間とたまった水の深さ

時　間（分）	0	1	2	3	4	5	
深　さ（cm）	0	4	8				

② 1個80円のチョコレートの、買った数と代金

チョコレートの数（個）	0	1	2	3	4	
代　金　（円）	0	80				

このように、ともなって変わる2つの量の、一方が2倍、3倍…となると、もう一方も2倍、3倍…となるとき、2つの量は 比例する といいます。

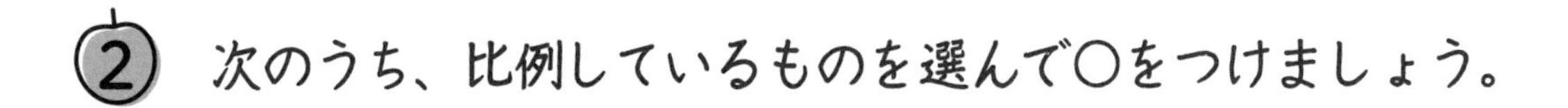

2 次のうち、比例しているものを選んで○をつけましょう。

① （　　）12才の兄の年令と、9才の弟の年令
② （　　）1ふくろ10個入りのあめの、ふくろの数とあめの数
③ （　　）正三角形の1辺の長さと周りの長さ
④ （　　）1日の昼の長さと夜の長さ
⑤ （　　）1個50円の消しゴムを買ったときの個数と代金

月　　日 名前

かんたんな比例 ②

比例とは

石けんを買ったときの個数と代金の関係を表にしました。

石けんの数（個）	1	2	3	4	5	
代　金（円）	60	120	180	240	300	

① 石けんの個数と代金は、どんな関係になっていますか。

答え

② 代金を個数でわったあたいは、いつもどんな数になっていますか。

答え

③ 石けんの個数を○、代金を△として、○と△の関係を式に表しましょう。

(　　　　　　　　　　　　)

④ この石けんを25個買ったときの代金を求めましょう。

式

答え

月　　日 名前

考える力をつける ①

仮平均の考え方

算数のテストを５回したとします。100点満点で

78点 、80点 、76点 、82点 、84点

とします。

今までは、５回のテストの点を合計して、５でわって

$$(78+80+76+82+84)\div5=400\div5$$
$$=80$$

平均(へいきん)点80点と出しました。

ここでは、もっと計算を楽にすることを考えます。

５回のテストで最も低いのが３回目の76点です。

それぞれのテストの点が76点より何点高いか考えます。

78点 、80点 、76点 、82点 、84点

２点 、4点 、０点 、６点 、８点

$$(2+4+0+6+8)\div5=20\div5$$
$$=4$$

$$76+4=80$$ （平均点）

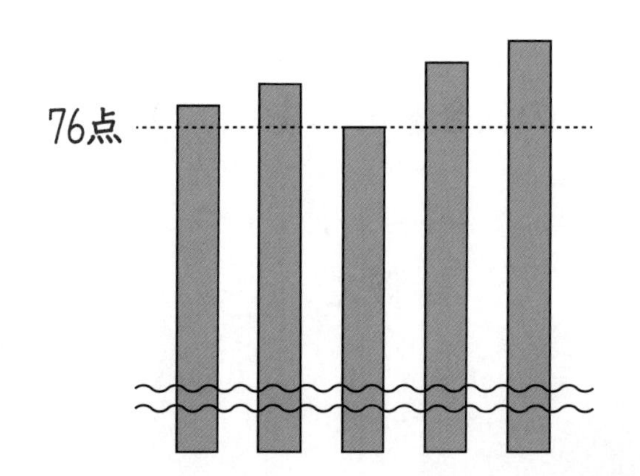

これは、左の図のように76点より上の部分の平均を求め、76点にたした結果だとわかります。

月　　日 名前

考える力をつける ②

仮平均の考え方

① 6個のたまごがあります。仮平均を58gとして、たまご1個の重さの平均を求めましょう。

58g　68g　70g　63g　65g　60g
0g

式

答え

② 表は、漢字と計算テストの結果です。平均点を求めましょう。

漢字テスト	90	85	95	92	93
仮平均85					

計算テスト	100	80	85	90	85
仮平均80					

式

答え　漢字　　　，計算

月　　日 名前

考える力をつける ③

正多角形をかく

１辺の長さ４cmの正方形をかくプログラムを考えます。

プログラムA：４cm直進し、線を引く

プログラムB：反時計回りに90°回転する

として、

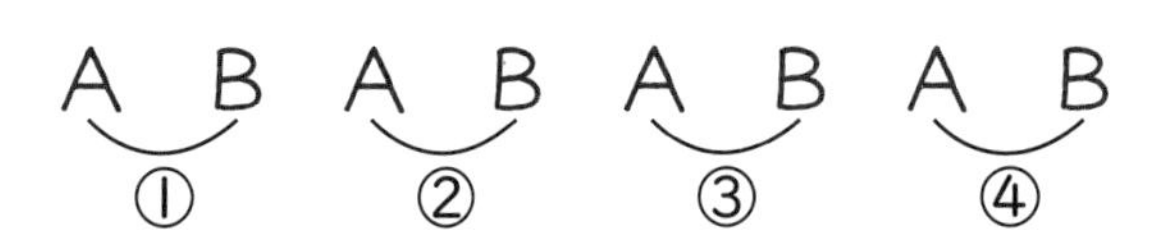

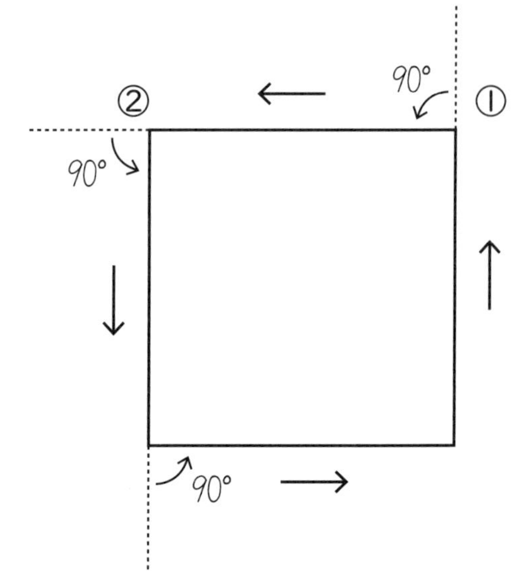

を実行すれば、右図のようになります。

次のプログラムを考えます。

プログラムA：４ｃｍ直進し、線を引く

プログラムB：反時計回りに120°回転する

として、A B　A B　A B　を実行すると、どんな図形がかけますか。

月　　日 名前

考える力をつける ④

正多角形をかく

1 次のプログラムを考えます。

プログラムA：３cm直進し、線を引く

プログラムB：反時計回りに60°回転する

として、A‿Bを６回実行して、できる図形をかきましょう。

2 １辺が３cmの正五角形があります。

① 正五角形をかくプログラムをかきましょう。

プログラムA：□cm直進し、線を引く

プログラムB：反時計回りに□°回転する

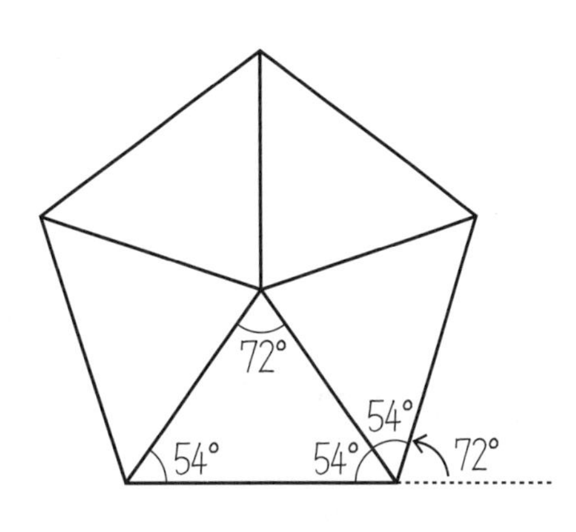

② A‿Bを何回実行しますか。

答え ＿＿＿＿＿＿

月　　日 名前

考える力をつける ⑤

倍数の見つけ方

２年生でかけ算九九を習いました。2，4，6，8…は2の倍数など九九のはんいでしたらすぐわかります。しかし、大きな数になるとどうでしょうか。大きい数について見分ける方法を考えます。

2の倍数…下(しも)1けたが2の倍数。(0，2，4，6，8)
4の倍数…下2けたが4の倍数。(00、04、08、12、…)
5の倍数…下1けたが5の倍数。(0，5)
3の倍数…各位の数字の和が3の倍数。
(例、123は1＋2＋3＝6、6は3の倍数)
9の倍数…各位の数字の和が9の倍数。
(例、783は7＋8＋3＝18、18は9の倍数)

1 次の数のうち2の倍数はどれですか。番号で答えましょう。

① 736　② 481　③ 592　④ 603

答え ＿＿＿＿＿＿＿＿

2 次の数のうち4の倍数はどれですか。番号で答えましょう。

① 424　② 521　③ 742　④ 636

答え ＿＿＿＿＿＿＿＿

月　　日 名前

考える力をつける ⑥

倍数の見つけ方

1 次の数のうち５の倍数はどれですか。番号で答えましょう。

① 531　② 200　③ 375　④ 499

答え

2 次の数のうち３の倍数はどれですか。番号で答えましょう。

① 462　② 307　③ 611　④ 531

答え

3 次の数のうち９の倍数はどれですか。番号で答えましょう。

① 558　② 207　③ 431　④ 362

答え

4 次の数のうち６の倍数はどれですか。６の倍数は、２の倍数であり、３の倍数でもあります。番号で答えましょう。

① 7581　② 4722　③ 5143　④ 6244
⑤ 3171　⑥ 9834　⑦ 4510　⑧ 7344

答え

月　　日 名前

考える力をつける ⑦

速さの問題

① １分間に50m歩く人と、１分間に60m歩く人が2200mはなれたところから、同時に向かい合って歩きます。２人は何分後に出会いますか。

式

答え

② 池のまわりの道は、１周３kmあります。１分間に55m歩く人と、１分間に45m歩く人が同じ場所から右回りと左回りで歩くとき、何分後に出会いますか。

式

答え

③ 時速50kmで走る自動車と時速60kmで走るオートバイが同時に出発して、200kmはなれたゴールに向かいました。オートバイがゴールについたとき、自動車はゴール手前何kmのところを走っていますか。

式

答え

月　　日 名前

考える力をつける ⑧

速さの問題

1 弟が分速60mでA町に向かって出発してから、15分後に、兄が分速240mの自転車で追いかけました。兄は出発後何分で弟に追いつきますか。

式

答え

2 時速72kmで走る列車が、660mの鉄橋をわたります。

① 列車の先頭車両が鉄橋をわたりはじめてから、わたり終るまでの時間を求めましょう。

式

答え

② この列車の長さは120mです。列車が鉄橋をわたりはじめてから、わたり終わるまでの時間を求めましょう。

式

答え

月　　日 名前

考える力をつける ⑨

数え方のくふう

　1＋2＋3＋4＋5＋… などのように、1つずつ大きくなる数の和を考えます。

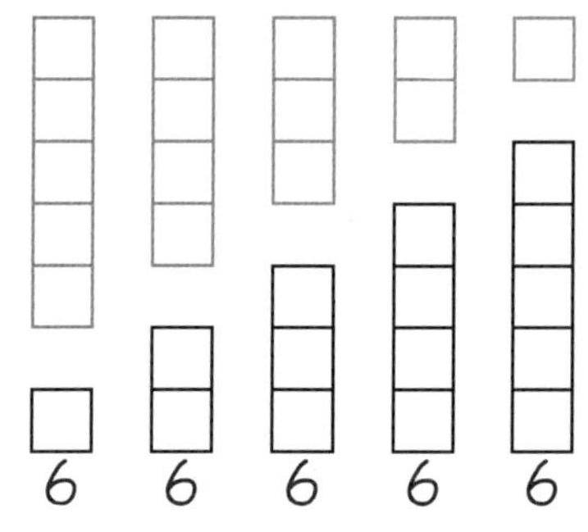

　1＋2＋3＋4＋5 の和を考えます。

　右のように黒い積木の数を求めます。赤い積木は、数を逆にならべます。

　6個(こ)の積木が5つあるので合計30個、これは1＋2＋3＋4＋5の2つ分なので、30÷2＝15

　これを式に表すと

はじめの数　終わりの数　終わりの数

(1＋5)×5÷2＝15

1＋2＋3＋4＋5＋6＋7＋8を求めましょう。

式

答え

月　　日 名前

考える力をつける ⑩

数え方のくふう

次の数を求めましょう。

① 1+2+3+4+5+6+7+8+9+10 を求めましょう。

式

答え

② 1+2+3+…+15+16+17+18+19+20 を求めましょう。

式

答え

③ ①、②を利用して、
11+12+13+14+15+16+17+18+19+20 を求めましょう。

式

答え

上級 算数 5年生
習熟プリント
答え

月　日 名前

整数と小数 ①

小数のしくみ

マラソンで走るきょりは 42.195km です。

4 2 . 1 9 5

- 10×4（十の位）
- 1×2（一の位）
- 0.1×1（$\frac{1}{10}$の位）
- 0.01×9（$\frac{1}{100}$の位）
- 0.001×5（$\frac{1}{1000}$の位）

□にあてはまる数をかきましょう。

① 6.78＝[1]×6＋[0.1]×7＋[0.01]×8

② 3.14＝1×[3]＋0.1×[1]＋0.01×[4]

③ 4.532＝[1]×4＋[0.1]×5＋[0.01]×3＋[0.001]×2

④ 2.654＝1×[2]＋0.1×[6]＋0.01×[5]＋0.001×[4]

⑤ [35.28]＝10×3＋1×5＋0.1×2＋0.01×8

⑥ [2.734]＝1×2＋0.1×7＋0.01×3＋0.001×4

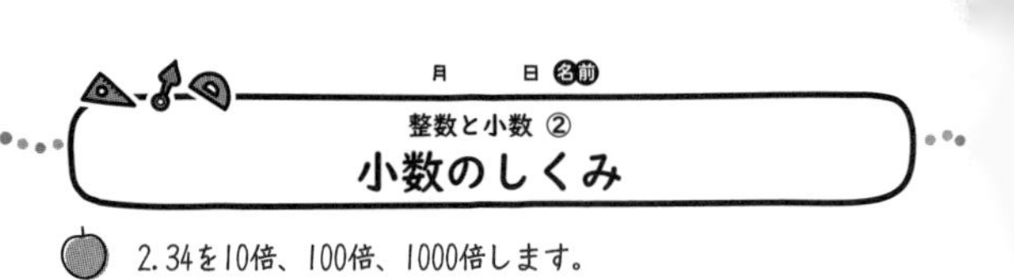

月　日 名前

整数と小数 ②

小数のしくみ

2.34を10倍、100倍、1000倍します。

千の位	百の位	十の位	一の位	$\frac{1}{10}$の位	$\frac{1}{100}$の位	
2	3	4	0			1000倍
	2	3	4			100倍
		2	3	4		10倍
			2	3	4	

① 10倍、100倍、1000倍した数を表にかきましょう。

② 2.34を10倍、100倍、1000倍した式に数や小数点をかいて完成させましょう。

2.34 × 1000 ＝ 234[0]

2.34 × 100 ＝ 23[4]

2.34 × 10 ＝ 23.4

2.34

（10倍、10倍、10倍）

月　日 名前

整数と小数 ③

小数のしくみ

357 を $\frac{1}{10}$、$\frac{1}{100}$、$\frac{1}{1000}$ にします。

百の位	十の位	一の位	$\frac{1}{10}$の位	$\frac{1}{100}$の位	$\frac{1}{1000}$の位	
3	5	7				
	3	5	7			$\frac{1}{10}$
		3	5	7		$\frac{1}{100}$
		0	3	5	7	$\frac{1}{1000}$

① $\frac{1}{10}$、$\frac{1}{100}$、$\frac{1}{1000}$ にした数を表にかきましょう。

② 357 を $\frac{1}{10}$、$\frac{1}{100}$、$\frac{1}{1000}$ にした式に数や小数点をかいて完成させましょう。

357

357 ÷ 10 ＝ 35.7

357 ÷ 100＝ [3.]57

357 ÷ 1000＝ [0.]357

（$\frac{1}{10}$、$\frac{1}{10}$、$\frac{1}{10}$）

月　日 名前

整数と小数 ④

小数のしくみ

1. 314、3140、31.4 は、それぞれ 3.14 を何倍した数ですか。

314は 100倍 、3140は 1000倍 、31.4は 10倍

2. 4.23、0.423、0.0423 は、それぞれ 42.3 を何分の一にした数ですか。

4.23は $\frac{1}{10}$ 、0.423は $\frac{1}{100}$ 、0.0423は $\frac{1}{1000}$

3. 次の数を求めましょう。

① 2.13×10＝[21.3]　② 0.49×100＝[49]

③ 0.62×1000＝[620]　④ 2.46×10＝[24.6]

⑤ 2.47×100＝[247]　⑥ 0.07×1000＝[70]

⑦ $21.5\times\frac{1}{10}$＝[2.15]　⑧ $18.9\times\frac{1}{100}$＝[0.189]

⑨ $40\times\frac{1}{1000}$＝[0.04]　⑩ $30.4\times\frac{1}{10}$＝[3.04]

⑪ $401\times\frac{1}{100}$＝[4.01]　⑫ $314\times\frac{1}{1000}$＝[0.314]

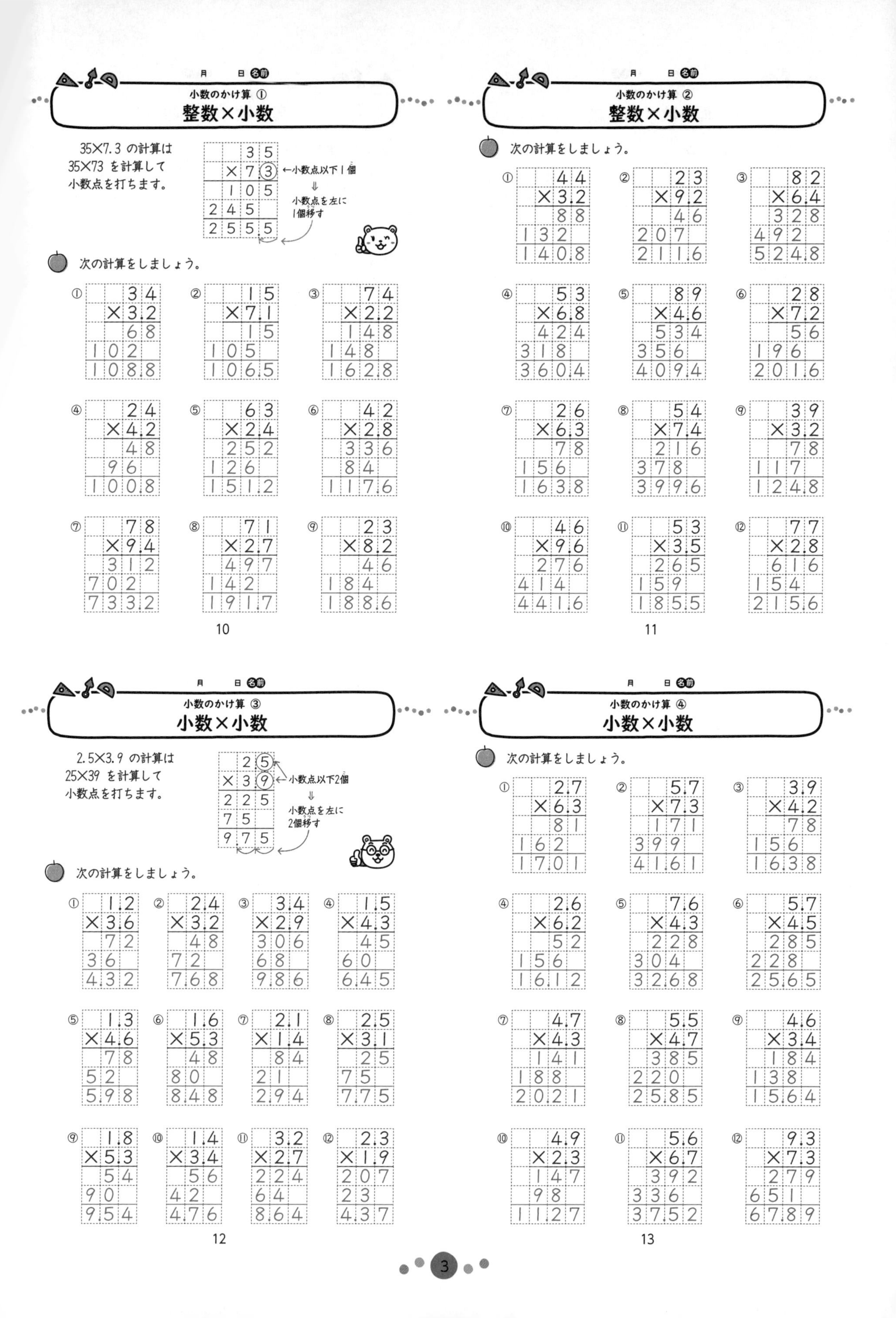

月　日 名前

小数のかけ算 ①

整数×小数

35×7.3 の計算は
35×73 を計算して
小数点を打ちます。

$35 \times 7.3 = 255.5$　←小数点以下１個 ⇒ 小数点を左に１個移す

次の計算をしましょう。

① $34 \times 3.2 = 108.8$
② $15 \times 7.1 = 106.5$
③ $74 \times 2.2 = 162.8$
④ $24 \times 4.2 = 100.8$
⑤ $63 \times 2.4 = 151.2$
⑥ $42 \times 2.8 = 117.6$
⑦ $78 \times 9.4 = 733.2$
⑧ $71 \times 2.7 = 191.7$
⑨ $23 \times 8.2 = 188.6$

月　日 名前

小数のかけ算 ②

整数×小数

次の計算をしましょう。

① $44 \times 3.2 = 140.8$
② $23 \times 9.2 = 211.6$
③ $82 \times 6.4 = 524.8$
④ $53 \times 6.8 = 360.4$
⑤ $89 \times 4.6 = 409.4$
⑥ $28 \times 7.2 = 201.6$
⑦ $26 \times 6.3 = 163.8$
⑧ $54 \times 7.4 = 399.6$
⑨ $39 \times 3.2 = 124.8$
⑩ $46 \times 9.6 = 441.6$
⑪ $53 \times 3.5 = 185.5$
⑫ $77 \times 2.8 = 215.6$

月　日 名前

小数のかけ算 ③

小数×小数

2.5×3.9 の計算は
25×39 を計算して
小数点を打ちます。

$2.5 \times 3.9 = 9.75$　←小数点以下２個 ⇒ 小数点を左に２個移す

次の計算をしましょう。

① $1.2 \times 3.6 = 4.32$
② $2.4 \times 3.2 = 7.68$
③ $3.4 \times 2.9 = 9.86$
④ $1.5 \times 4.3 = 6.45$
⑤ $1.3 \times 4.6 = 5.98$
⑥ $1.6 \times 5.3 = 8.48$
⑦ $2.1 \times 1.4 = 2.94$
⑧ $2.5 \times 3.1 = 7.75$
⑨ $1.8 \times 5.3 = 9.54$
⑩ $1.4 \times 3.4 = 4.76$
⑪ $3.2 \times 2.7 = 8.64$
⑫ $2.3 \times 1.9 = 4.37$

月　日 名前

小数のかけ算 ④

小数×小数

次の計算をしましょう。

① $2.7 \times 6.3 = 17.01$
② $5.7 \times 7.3 = 41.61$
③ $3.9 \times 4.2 = 16.38$
④ $2.6 \times 6.2 = 16.12$
⑤ $7.6 \times 4.3 = 32.68$
⑥ $5.7 \times 4.5 = 25.65$
⑦ $4.7 \times 4.3 = 20.21$
⑧ $5.5 \times 4.7 = 25.85$
⑨ $4.6 \times 3.4 = 15.64$
⑩ $4.9 \times 2.3 = 11.27$
⑪ $5.6 \times 6.7 = 37.52$
⑫ $9.3 \times 7.3 = 67.89$

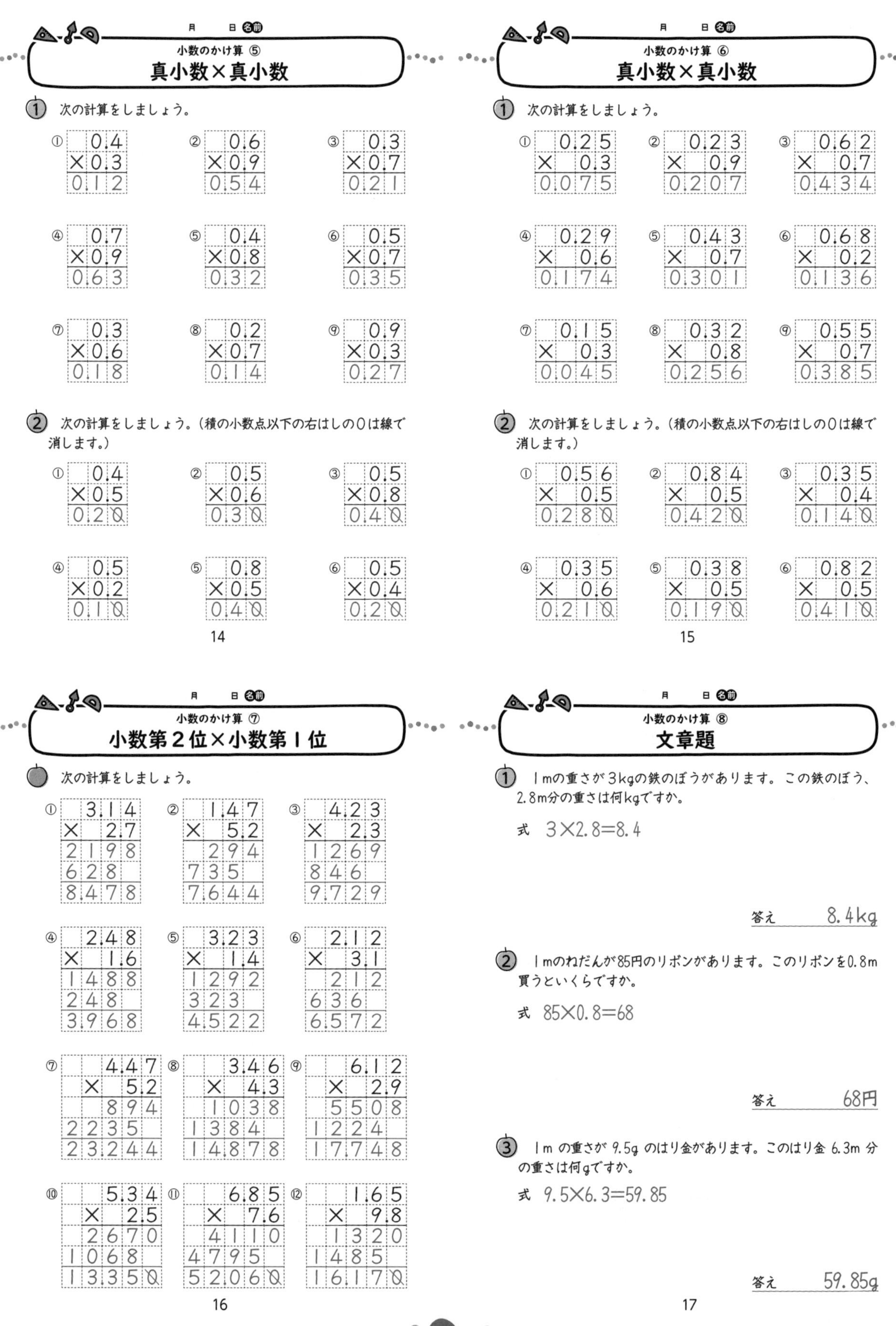

月　日 名前

小数のかけ算 ⑤

真小数×真小数

① 次の計算をしましょう。

① 0.4 × 0.3 = 0.12
② 0.6 × 0.9 = 0.54
③ 0.3 × 0.7 = 0.21
④ 0.7 × 0.9 = 0.63
⑤ 0.4 × 0.8 = 0.32
⑥ 0.5 × 0.7 = 0.35
⑦ 0.3 × 0.6 = 0.18
⑧ 0.2 × 0.7 = 0.14
⑨ 0.9 × 0.3 = 0.27

② 次の計算をしましょう。（積の小数点以下の右はしの0は線で消します。）

① 0.4 × 0.5 = 0.2~~0~~
② 0.5 × 0.6 = 0.3~~0~~
③ 0.5 × 0.8 = 0.4~~0~~
④ 0.5 × 0.2 = 0.1~~0~~
⑤ 0.8 × 0.5 = 0.4~~0~~
⑥ 0.5 × 0.4 = 0.2~~0~~

月　日 名前

小数のかけ算 ⑥

真小数×真小数

① 次の計算をしましょう。

① 0.25 × 0.3 = 0.075
② 0.23 × 0.9 = 0.207
③ 0.62 × 0.7 = 0.434
④ 0.29 × 0.6 = 0.174
⑤ 0.43 × 0.7 = 0.301
⑥ 0.68 × 0.2 = 0.136
⑦ 0.15 × 0.3 = 0.045
⑧ 0.32 × 0.8 = 0.256
⑨ 0.55 × 0.7 = 0.385

② 次の計算をしましょう。（積の小数点以下の右はしの0は線で消します。）

① 0.56 × 0.5 = 0.28~~0~~
② 0.84 × 0.5 = 0.42~~0~~
③ 0.35 × 0.4 = 0.14~~0~~
④ 0.35 × 0.6 = 0.21~~0~~
⑤ 0.38 × 0.5 = 0.19~~0~~
⑥ 0.82 × 0.5 = 0.41~~0~~

月　日 名前

小数のかけ算 ⑦

小数第２位×小数第１位

● 次の計算をしましょう。

① 3.14 × 2.7：2198 / 628 / 8.478
② 1.47 × 5.2：294 / 735 / 7.644
③ 4.23 × 2.3：1269 / 846 / 9.729
④ 2.48 × 1.6：1488 / 248 / 3.968
⑤ 3.23 × 1.4：1292 / 323 / 4.522
⑥ 2.12 × 3.1：212 / 636 / 6.572
⑦ 4.47 × 5.2：894 / 2235 / 23.244
⑧ 3.46 × 4.3：1038 / 1384 / 14.878
⑨ 6.12 × 2.9：5508 / 1224 / 17.748
⑩ 5.34 × 2.5：2670 / 1068 / 13.35~~0~~
⑪ 6.85 × 7.6：4110 / 4795 / 52.06~~0~~
⑫ 1.65 × 9.8：1320 / 1485 / 16.17~~0~~

月　日 名前

小数のかけ算 ⑧

文章題

① 1mの重さが3kgの鉄のぼうがあります。この鉄のぼう、2.8m分の重さは何kgですか。

式　3×2.8=8.4

答え　8.4kg

② 1mのねだんが85円のリボンがあります。このリボンを0.8m買うといくらですか。

式　85×0.8=68

答え　68円

③ 1mの重さが9.5gのはり金があります。このはり金6.3m分の重さは何gですか。

式　9.5×6.3=59.85

答え　59.85g

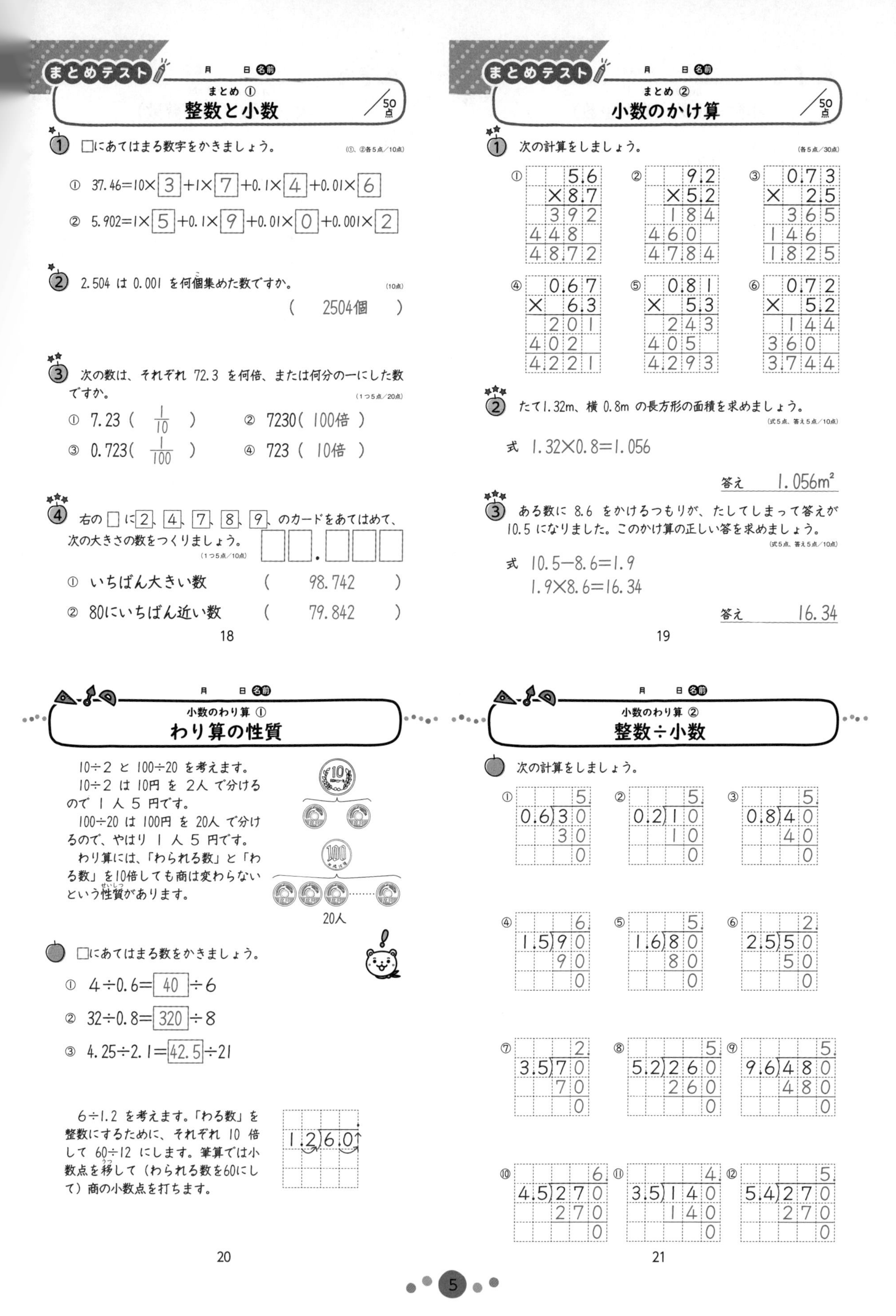

まとめテスト　月　日 名前

まとめ ①
整数と小数
／50点

1. □にあてはまる数字をかきましょう。（①、②各5点／10点）

① 37.46=10×3+1×7+0.1×4+0.01×6

② 5.902=1×5+0.1×9+0.01×0+0.001×2

2. 2.504 は 0.001 を何個集めた数ですか。（10点）

（ 2504個 ）

3. 次の数は、それぞれ 72.3 を何倍、または何分の一にした数ですか。（1つ5点／20点）

① 7.23（ $\frac{1}{10}$ ）　② 7230（ 100倍 ）

③ 0.723（ $\frac{1}{100}$ ）　④ 723（ 10倍 ）

4. 右の□に2、4、7、8、9、のカードをあてはめて、次の大きさの数をつくりましょう。（1つ5点／10点）

□□.□□□

① いちばん大きい数（ 98.742 ）

② 80にいちばん近い数（ 79.842 ）

18

まとめテスト　月　日 名前

まとめ ②
小数のかけ算
／50点

1. 次の計算をしましょう。（各5点／30点）

① 5.6×8.7 → 392, 448 → 48.72

② 9.2×5.2 → 184, 460 → 47.84

③ 0.73×2.5 → 365, 146 → 1.825

④ 0.67×6.3 → 201, 402 → 4.221

⑤ 0.81×5.3 → 243, 405 → 4.293

⑥ 0.72×5.2 → 144, 360 → 3.744

2. たて1.32m、横 0.8m の長方形の面積を求めましょう。（式5点、答え5点／10点）

式 1.32×0.8=1.056

答え 1.056m²

3. ある数に 8.6 をかけるつもりが、たしてしまって答えが 10.5 になりました。このかけ算の正しい答を求めましょう。（式5点、答え5点／10点）

式 10.5−8.6=1.9
1.9×8.6=16.34

答え 16.34

19

月　日 名前

小数のわり算 ①
わり算の性質

10÷2 と 100÷20 を考えます。
10÷2 は 10円 を 2人 で分けるので 1 人 5 円です。
100÷20 は 100円 を 20人 で分けるので、やはり 1 人 5 円です。
わり算には、「わられる数」と「わる数」を10倍しても商は変わらないという性質（せいしつ）があります。

20人

□にあてはまる数をかきましょう。

① 4÷0.6=40÷6

② 32÷0.8=320÷8

③ 4.25÷2.1=42.5÷21

6÷1.2 を考えます。「わる数」を整数にするために、それぞれ 10 倍して 60÷12 にします。筆算では小数点を移（うつ）して（わられる数を60にして）商の小数点を打ちます。

1.2)6.0

20

月　日 名前

小数のわり算 ②
整数÷小数

次の計算をしましょう。

① 0.6)30 → 5.　30, 0

② 0.2)10 → 5.　10, 0

③ 0.8)40 → 5.　40, 0

④ 1.5)90 → 6.　90, 0

⑤ 1.6)80 → 5.　80, 0

⑥ 2.5)50 → 2.　50, 0

⑦ 3.5)70 → 2.　70, 0

⑧ 5.2)260 → 5.　260, 0

⑨ 9.6)480 → 5.　480, 0

⑩ 4.5)270 → 6.　270, 0

⑪ 3.5)140 → 4.　140, 0

⑫ 5.4)270 → 5.　270, 0

21

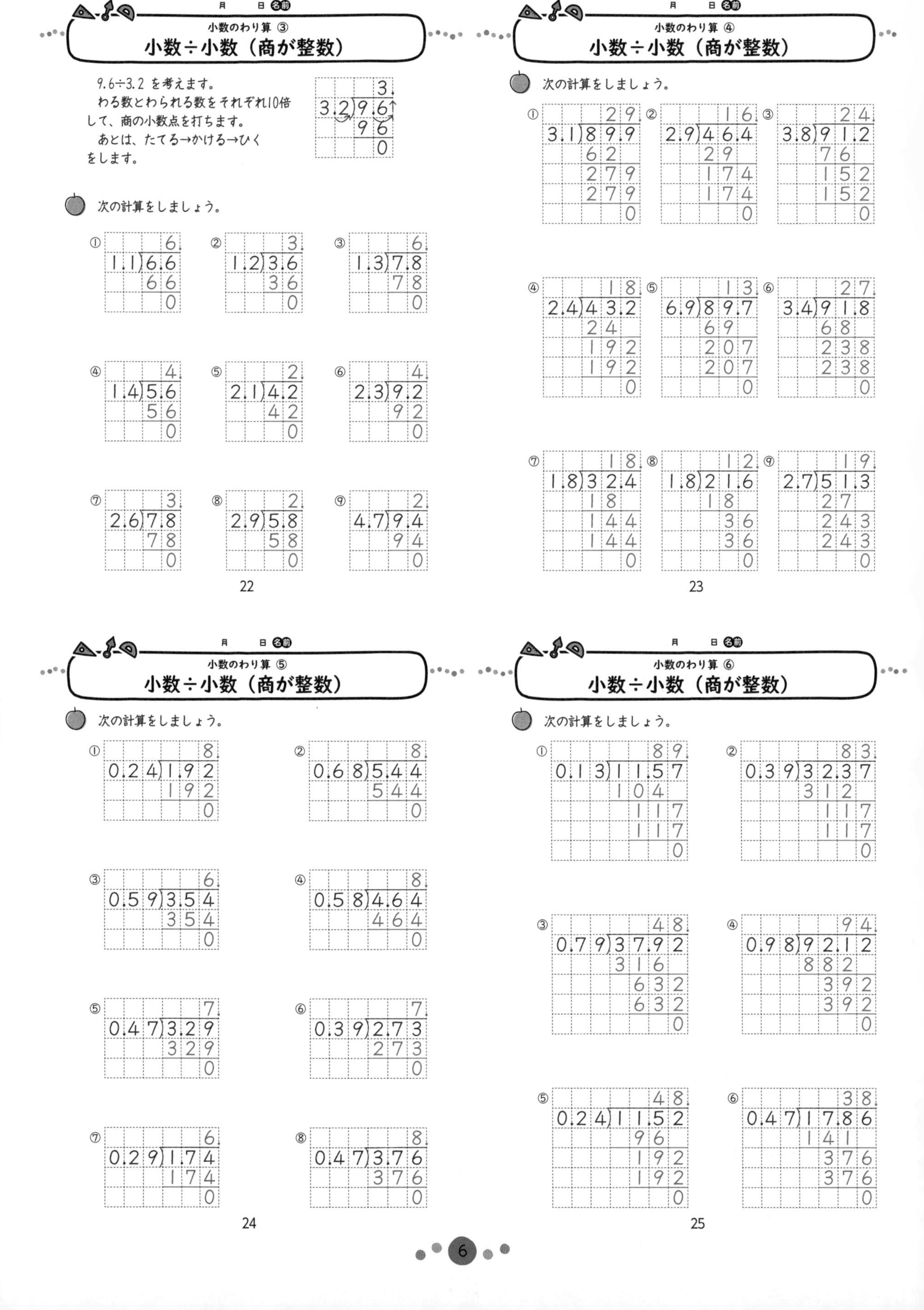

月　日 名前

小数のわり算 ③

小数÷小数（商が整数）

9.6÷3.2 を考えます。
わる数とわられる数をそれぞれ10倍して、商の小数点を打ちます。
あとは、たてる→かける→ひく をします。

3.2)9.6 → 3.　（96, 0）

次の計算をしましょう。

① 1.1)6.6 → 6.（66, 0）
② 1.2)3.6 → 3.（36, 0）
③ 1.3)7.8 → 6.（78, 0）
④ 1.4)5.6 → 4（56, 0）
⑤ 2.1)4.2 → 2.（42, 0）
⑥ 2.3)9.2 → 4.（92, 0）
⑦ 2.6)7.8 → 3.（78, 0）
⑧ 2.9)5.8 → 2.（58, 0）
⑨ 4.7)9.4 → 2.（94, 0）

月　日 名前

小数のわり算 ④

小数÷小数（商が整数）

次の計算をしましょう。

① 3.1)89.9 → 29（62, 279, 279, 0）
② 2.9)46.4 → 16.（29, 174, 174, 0）
③ 3.8)91.2 → 24.（76, 152, 152, 0）
④ 2.4)43.2 → 18（24, 192, 192, 0）
⑤ 6.9)89.7 → 13（69, 207, 207, 0）
⑥ 3.4)91.8 → 27.（68, 238, 238, 0）
⑦ 1.8)32.4 → 18.（18, 144, 144, 0）
⑧ 1.8)21.6 → 12.（18, 36, 36, 0）
⑨ 2.7)51.3 → 19.（27, 243, 243, 0）

月　日 名前

小数のわり算 ⑤

小数÷小数（商が整数）

次の計算をしましょう。

① 0.24)1.92 → 8.（192, 0）
② 0.68)5.44 → 8.（544, 0）
③ 0.59)3.54 → 6.（354, 0）
④ 0.58)4.64 → 8.（464, 0）
⑤ 0.47)3.29 → 7.（329, 0）
⑥ 0.39)2.73 → 7.（273, 0）
⑦ 0.29)1.74 → 6.（174, 0）
⑧ 0.47)3.76 → 8.（376, 0）

月　日 名前

小数のわり算 ⑥

小数÷小数（商が整数）

次の計算をしましょう。

① 0.13)11.57 → 89.（104, 117, 117, 0）
② 0.39)32.37 → 83.（312, 117, 117, 0）
③ 0.79)37.92 → 48.（316, 632, 632, 0）
④ 0.98)92.12 → 94.（882, 392, 392, 0）
⑤ 0.24)11.52 → 48（96, 192, 192, 0）
⑥ 0.47)17.86 → 38.（141, 376, 376, 0）

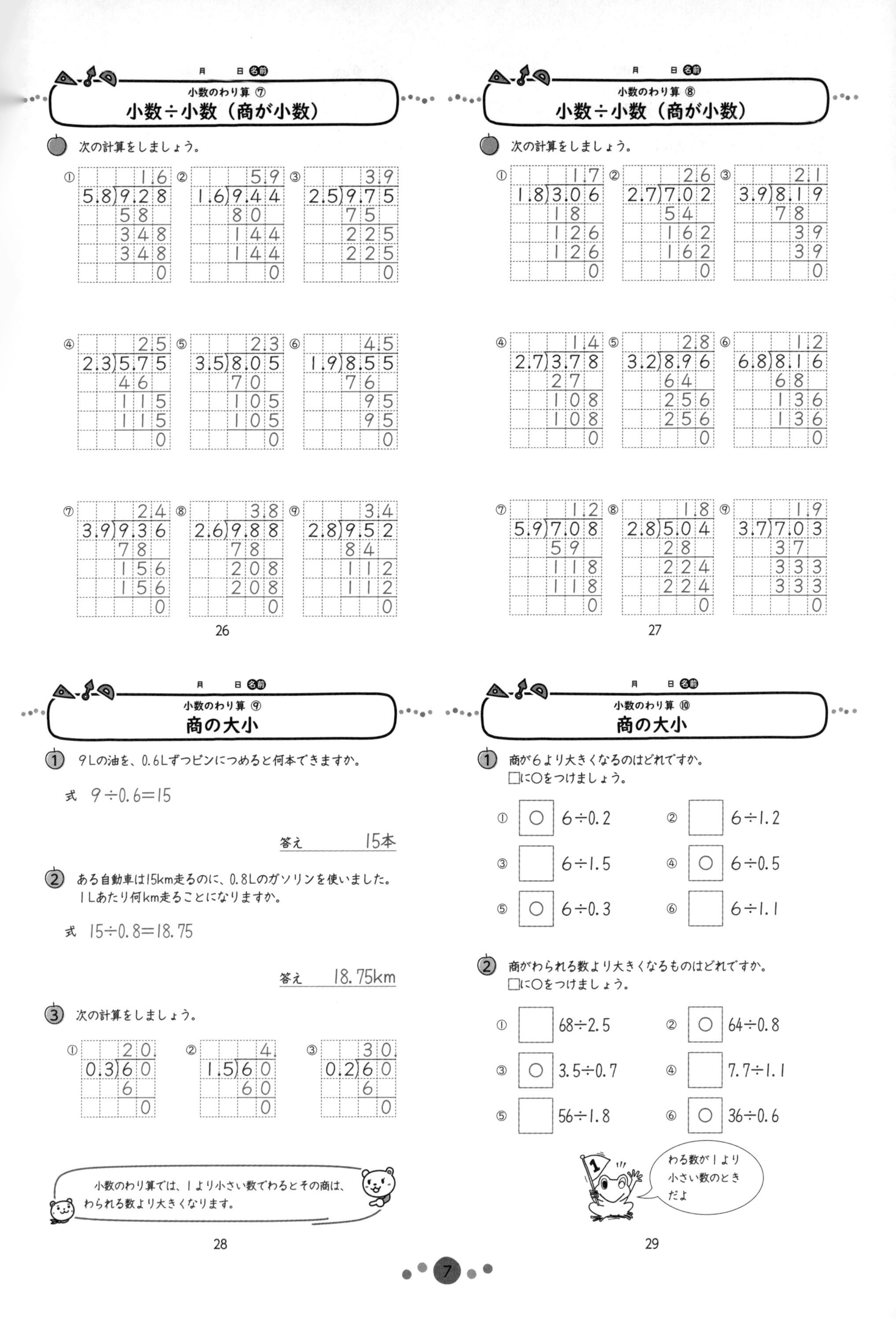

月　日 名前

小数のわり算 ⑦

小数÷小数（商が小数）

次の計算をしましょう。

① 9.28÷5.8＝1.6
58 / 348 / 348 / 0

② 9.44÷1.6＝5.9
80 / 144 / 144 / 0

③ 9.75÷2.5＝3.9
75 / 225 / 225 / 0

④ 5.75÷2.3＝2.5
46 / 115 / 115 / 0

⑤ 8.05÷3.5＝2.3
70 / 105 / 105 / 0

⑥ 8.55÷1.9＝4.5
76 / 95 / 95 / 0

⑦ 9.36÷3.9＝2.4
78 / 156 / 156 / 0

⑧ 9.88÷2.6＝3.8
78 / 208 / 208 / 0

⑨ 9.52÷2.8＝3.4
84 / 112 / 112 / 0

月　日 名前

小数のわり算 ⑧

小数÷小数（商が小数）

次の計算をしましょう。

① 3.06÷1.8＝1.7
18 / 126 / 126 / 0

② 7.02÷2.7＝2.6
54 / 162 / 162 / 0

③ 8.19÷3.9＝2.1
78 / 39 / 39 / 0

④ 3.78÷2.7＝1.4
27 / 108 / 108 / 0

⑤ 8.96÷3.2＝2.8
64 / 256 / 256 / 0

⑥ 8.16÷6.8＝1.2
68 / 136 / 136 / 0

⑦ 7.08÷5.9＝1.2
59 / 118 / 118 / 0

⑧ 5.04÷2.8＝1.8
28 / 224 / 224 / 0

⑨ 7.03÷3.7＝1.9
37 / 333 / 333 / 0

月　日 名前

小数のわり算 ⑨

商の大小

1 9Lの油を、0.6Lずつビンにつめると何本できますか。

式　9÷0.6＝15

答え　15本

2 ある自動車は15km走るのに、0.8Lのガソリンを使いました。
1Lあたり何km走ることになりますか。

式　15÷0.8＝18.75

答え　18.75km

3 次の計算をしましょう。

① 6÷0.3＝20
6 / 0

② 6÷1.5＝4
60 / 0

③ 6÷0.2＝30
6 / 0

小数のわり算では、1より小さい数でわるとその商は、わられる数より大きくなります。

月　日 名前

小数のわり算 ⑩

商の大小

1 商が6より大きくなるのはどれですか。
□に○をつけましょう。

① ○ 6÷0.2　② □ 6÷1.2
③ □ 6÷1.5　④ ○ 6÷0.5
⑤ ○ 6÷0.3　⑥ □ 6÷1.1

2 商がわられる数より大きくなるものはどれですか。
□に○をつけましょう。

① □ 68÷2.5　② ○ 64÷0.8
③ ○ 3.5÷0.7　④ □ 7.7÷1.1
⑤ □ 56÷1.8　⑥ ○ 36÷0.6

わる数が1より小さい数のときだよ

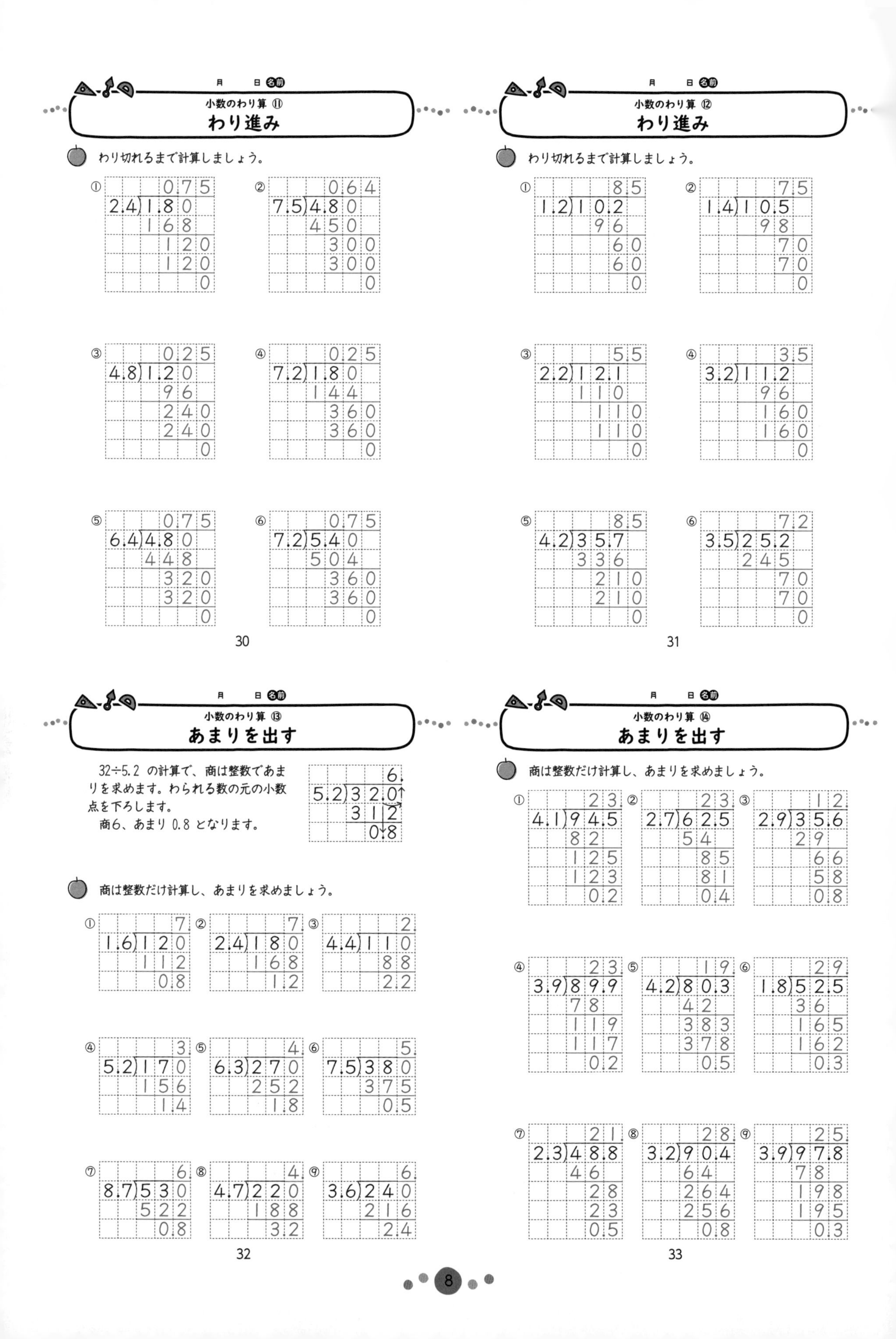

月　日 名前

小数のわり算 ⑪

わり進み

わり切れるまで計算しましょう。

① 2.4)1.80 → 0.75
168, 120, 120, 0

② 7.5)4.80 → 0.64
450, 300, 300, 0

③ 4.8)1.20 → 0.25
96, 240, 240, 0

④ 7.2)1.80 → 0.25
144, 360, 360, 0

⑤ 6.4)4.80 → 0.75
448, 320, 320, 0

⑥ 7.2)5.40 → 0.75
504, 360, 360, 0

月　日 名前

小数のわり算 ⑫

わり進み

わり切れるまで計算しましょう。

① 1.2)10.2 → 8.5
96, 60, 60, 0

② 1.4)10.5 → 7.5
98, 70, 70, 0

③ 2.2)12.1 → 5.5
110, 110, 110, 0

④ 3.2)11.2 → 3.5
96, 160, 160, 0

⑤ 4.2)35.7 → 8.5
336, 210, 210, 0

⑥ 3.5)25.2 → 7.2
245, 70, 70, 0

月　日 名前

小数のわり算 ⑬

あまりを出す

32÷5.2 の計算で、商は整数であまりを求めます。わられる数の元の小数点を下ろします。
商6、あまり 0.8 となります。

5.2)32.0 → 6.
312, 0.8

商は整数だけ計算し、あまりを求めましょう。

① 1.6)12.0 → 7.
112, 0.8

② 2.4)18.0 → 7.
168, 1.2

③ 4.4)11.0 → 2.
88, 2.2

④ 5.2)17.0 → 3.
156, 1.4

⑤ 6.3)27.0 → 4.
252, 1.8

⑥ 7.5)38.0 → 5.
375, 0.5

⑦ 8.7)53.0 → 6.
522, 0.8

⑧ 4.7)22.0 → 4.
188, 3.2

⑨ 3.6)24.0 → 6.
216, 2.4

月　日 名前

小数のわり算 ⑭

あまりを出す

商は整数だけ計算し、あまりを求めましょう。

① 4.1)94.5 → 23.
82, 125, 123, 0.2

② 2.7)62.5 → 23.
54, 85, 81, 0.4

③ 2.9)35.6 → 12.
29, 66, 58, 0.8

④ 3.9)89.9 → 23.
78, 119, 117, 0.2

⑤ 4.2)80.3 → 19.
42, 383, 378, 0.5

⑥ 1.8)52.5 → 29.
36, 165, 162, 0.3

⑦ 2.3)48.8 → 21.
46, 28, 23, 0.5

⑧ 3.2)90.4 → 28.
64, 264, 256, 0.8

⑨ 3.9)97.8 → 25.
78, 198, 195, 0.3

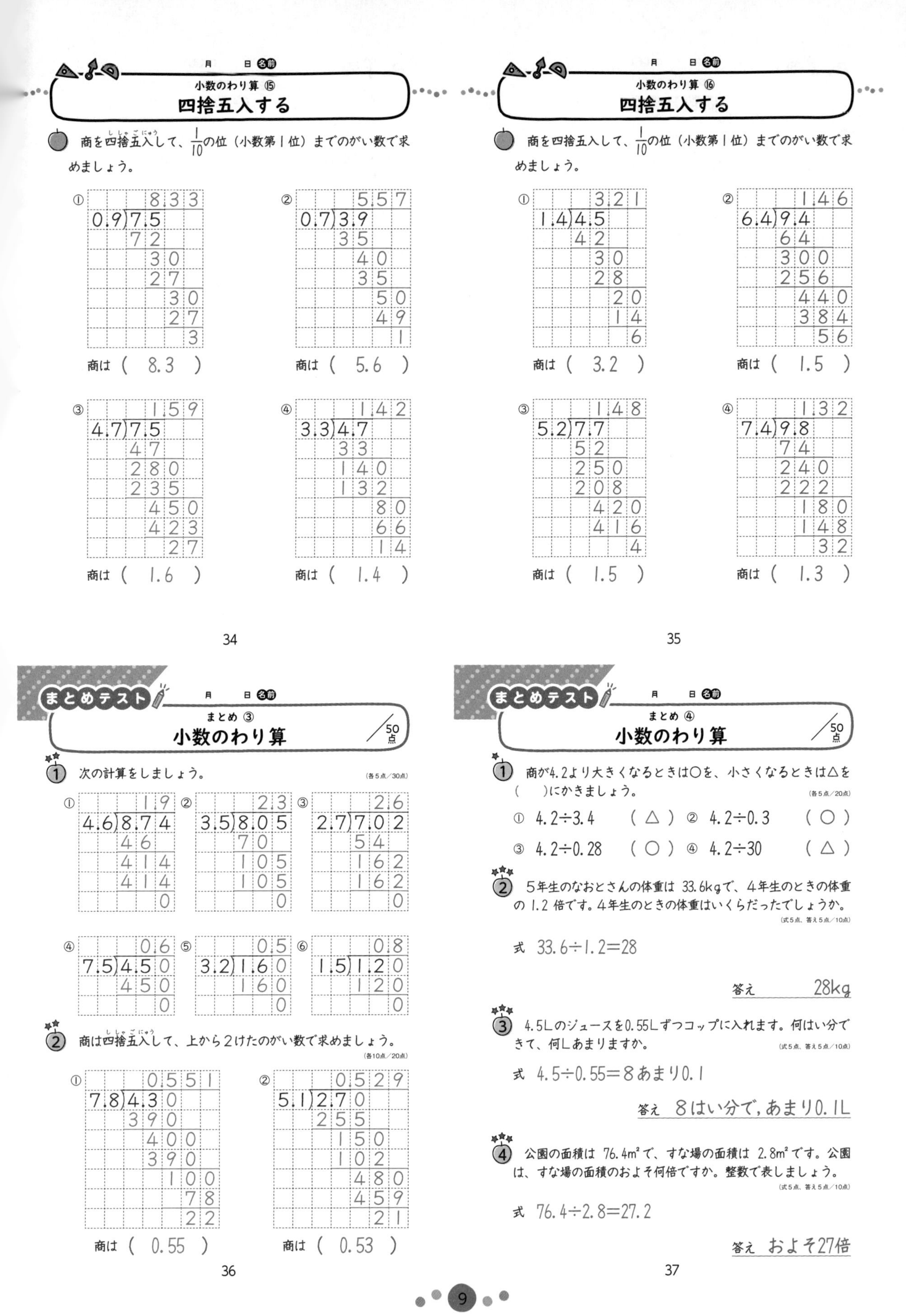

月　日 名前

小数のわり算 ⑮

四捨五入する

商を四捨五入して、$\frac{1}{10}$の位（小数第１位）までのがい数で求めましょう。

① 0.9)7.5 → 8.33（72, 30, 27, 30, 27, 3）　商は（ 8.3 ）

② 0.7)3.9 → 5.57（35, 40, 35, 50, 49, 1）　商は（ 5.6 ）

③ 4.7)7.5 → 1.59（47, 280, 235, 450, 423, 27）　商は（ 1.6 ）

④ 3.3)4.7 → 1.42（33, 140, 132, 80, 66, 14）　商は（ 1.4 ）

34

月　日 名前

小数のわり算 ⑯

四捨五入する

商を四捨五入して、$\frac{1}{10}$の位（小数第１位）までのがい数で求めましょう。

① 1.4)4.5 → 3.21（42, 30, 28, 20, 14, 6）　商は（ 3.2 ）

② 6.4)9.4 → 1.46（64, 300, 256, 440, 384, 56）　商は（ 1.5 ）

③ 5.2)7.7 → 1.48（52, 250, 208, 420, 416, 4）　商は（ 1.5 ）

④ 7.4)9.8 → 1.32（74, 240, 222, 180, 148, 32）　商は（ 1.3 ）

35

まとめテスト　月　日 名前

まとめ ③

小数のわり算　／50点

1 次の計算をしましょう。（各5点／30点）

① 4.6)8.74 → 1.9（46, 414, 414, 0）

② 3.5)8.05 → 2.3（70, 105, 105, 0）

③ 2.7)7.02 → 2.6（54, 162, 162, 0）

④ 7.5)4.50 → 0.6（450, 0）

⑤ 3.2)1.60 → 0.5（160, 0）

⑥ 1.5)1.20 → 0.8（120, 0）

2 商は四捨五入して、上から２けたのがい数で求めましょう。（各10点／20点）

① 7.8)4.30 → 0.551（390, 400, 390, 100, 78, 22）　商は（ 0.55 ）

② 5.1)2.70 → 0.529（255, 150, 102, 480, 459, 21）　商は（ 0.53 ）

36

まとめテスト　月　日 名前

まとめ ④

小数のわり算　／50点

1 商が4.2より大きくなるときは○を、小さくなるときは△を（　）にかきましょう。（各5点／20点）

① 4.2÷3.4　（ △ ）　② 4.2÷0.3　（ ○ ）

③ 4.2÷0.28　（ ○ ）　④ 4.2÷30　（ △ ）

2 5年生のなおとさんの体重は 33.6kgで、4年生のときの体重の 1.2 倍です。4年生のときの体重はいくらだったでしょうか。（式5点、答え5点／10点）

式 33.6÷1.2=28

答え　28kg

3 4.5Lのジュースを0.55Lずつコップに入れます。何はい分できて、何Lあまりますか。（式5点、答え5点／10点）

式 4.5÷0.55=8あまり0.1

答え　8はい分で、あまり0.1L

4 公園の面積は 76.4m²で、すな場の面積は 2.8m²です。公園は、すな場の面積のおよそ何倍ですか。整数で表しましょう。（式5点、答え5点／10点）

式 76.4÷2.8=27.2

答え　およそ27倍

37

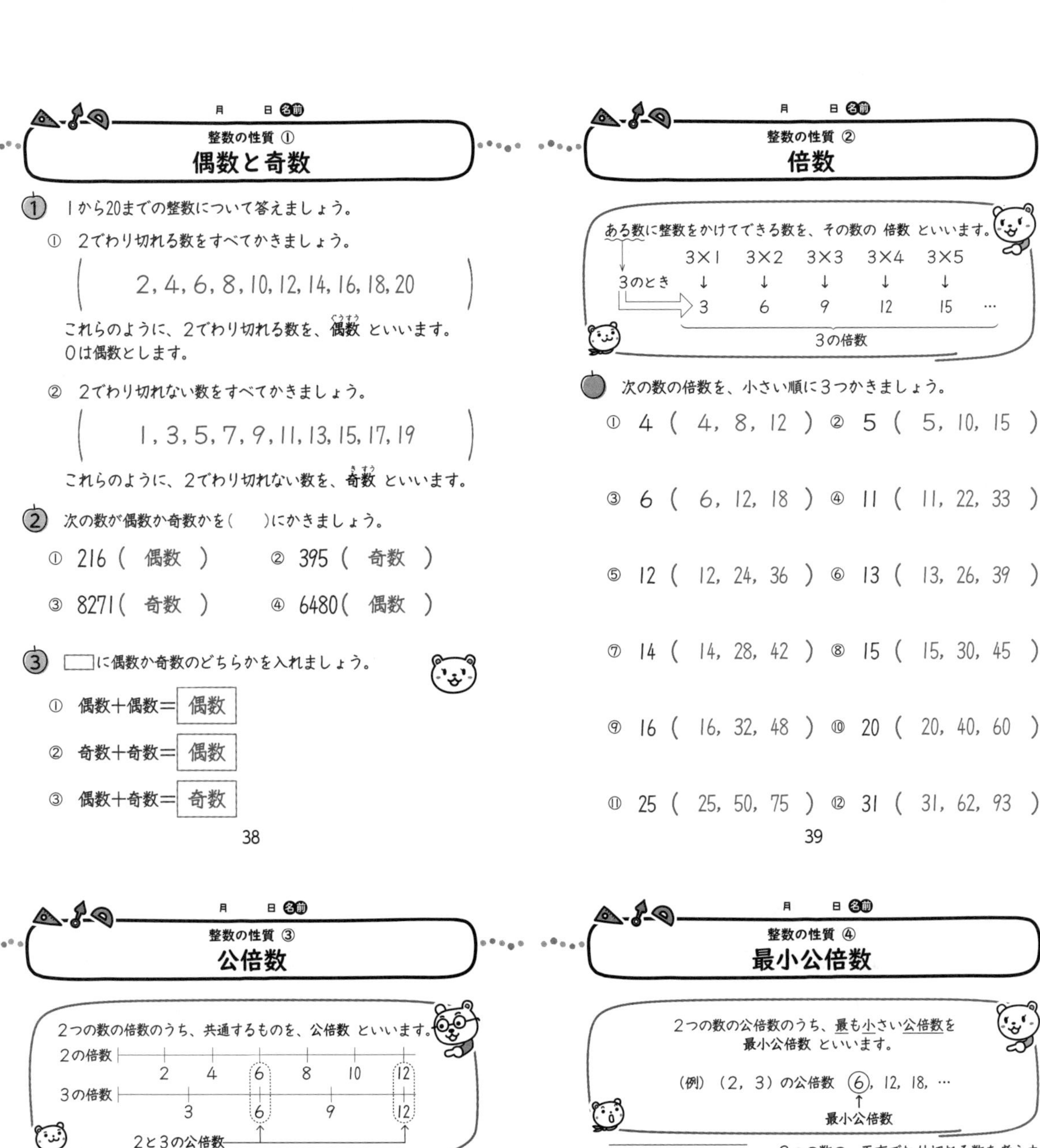

月　日　名前

整数の性質 ①

偶数と奇数

① 1から20までの整数について答えましょう。

① 2でわり切れる数をすべてかきましょう。

（ 2, 4, 6, 8, 10, 12, 14, 16, 18, 20 ）

これらのように、2でわり切れる数を、偶数（ぐうすう） といいます。
0は偶数とします。

② 2でわり切れない数をすべてかきましょう。

（ 1, 3, 5, 7, 9, 11, 13, 15, 17, 19 ）

これらのように、2でわり切れない数を、奇数（きすう） といいます。

② 次の数が偶数か奇数かを（　）にかきましょう。

① 216（ 偶数 ）　② 395（ 奇数 ）

③ 8271（ 奇数 ）　④ 6480（ 偶数 ）

③ □に偶数か奇数のどちらかを入れましょう。

① 偶数＋偶数＝ 偶数

② 奇数＋奇数＝ 偶数

③ 偶数＋奇数＝ 奇数

月　日　名前

整数の性質 ②

倍数

ある数に整数をかけてできる数を、その数の 倍数 といいます。

3のとき　3×1 → 3　3×2 → 6　3×3 → 9　3×4 → 12　3×5 → 15　…
3の倍数

● 次の数の倍数を、小さい順に3つかきましょう。

① 4（ 4, 8, 12 ）　② 5（ 5, 10, 15 ）

③ 6（ 6, 12, 18 ）　④ 11（ 11, 22, 33 ）

⑤ 12（ 12, 24, 36 ）　⑥ 13（ 13, 26, 39 ）

⑦ 14（ 14, 28, 42 ）　⑧ 15（ 15, 30, 45 ）

⑨ 16（ 16, 32, 48 ）　⑩ 20（ 20, 40, 60 ）

⑪ 25（ 25, 50, 75 ）　⑫ 31（ 31, 62, 93 ）

月　日　名前

整数の性質 ③

公倍数

2つの数の倍数のうち、共通するものを、公倍数 といいます。

2の倍数　2　4　6　8　10　12
3の倍数　3　6　9　12
2と3の公倍数

① 公倍数を見つけましょう。

① 3の倍数を、小さいものから8つかきましょう。

（ 3, 6, 9, 12, 15, 18, 21, 24 ）

② 4の倍数を、小さいものから6つかきましょう。

（ 4, 8, 12, 16, 20, 24 ）

③ ①と②を見て、3と4の公倍数を2つ見つけましょう。

（ 12 , 24 ）

② 次の数の公倍数を、小さいものから2つ求めましょう。

① 2の倍数（ 2, 4, 6, 8, 10, 12, 14, 16, 18, 20 ）
5の倍数（ 5, 10, 15, 20 ）
2と5の公倍数→ 公倍数（ 10 , 20 ）

② 6の倍数（ 6, 12, 18, 24, 30, 36, 42, 48 ）
8の倍数（ 8, 16, 24, 32, 40, 48 ）
6と8の公倍数→ 公倍数（ 24 , 48 ）

月　日　名前

整数の性質 ④

最小公倍数

2つの数の公倍数のうち、最も小さい公倍数を
最小公倍数 といいます。

（例）（2, 3）の公倍数 ⑥, 12, 18, …
↑ 最小公倍数

最小公倍数の求め方　2つの数の、両方でわり切れる数を考えます。

〈2つの数をかける型〉（例）〔2, 3〕

2と3のどちらもわり切ることのできる数は、1しかありません。この場合は2つの数をかけます。

答えの 6 が最小公倍数です。

$2 \times 3 = \boxed{6}$

〈一方の数に合わせる型〉（例）〔2, 6〕

2と6のように、一方がもう一方の倍数になっているとき、大きい方の 6 が両方の最小公倍数です。

2　6（2の倍数）→ 6

〈その他の型〉（例）〔6, 9〕

6と9のどちらもわり切ることのできる数は、3です。右のように3をかいて、6と9をわった答えを下にかきます。

最小公倍数は、点線にそって3つの数をかけた答え 18 です。

3）6　9
　　2　3

$3 \times 2 \times 3 = \boxed{18}$

※両方ともわり切れる数がさらにあるときは続けていきます。

月　日 名前

整数の性質 ⑤

最小公倍数

最小公倍数を求めましょう。〈2つの数をかける型〉

① 5 7 → (35)　② 8 3 → (24)

③ 2 9 → (18)　④ 4 7 → (28)

⑤ 3 10 → (30)　⑥ 9 8 → (72)

⑦ 2 11 → (22)　⑧ 13 2 → (26)

⑨ 6 5 → (30)　⑩ 20 3 → (60)

⑪ 11 7 → (77)　⑫ 5 12 → (60)

⑬ 8 11 → (88)　⑭ 9 5 → (45)

⑮ 13 3 → (39)　⑯ 15 4 → (60)

⑰ 17 2 → (34)　⑱ 19 3 → (57)

⑲ 20 7 → (140)　⑳ 7 9 → (63)

月　日 名前

整数の性質 ⑥

最小公倍数

最小公倍数を求めましょう。〈一方の数に合わせる型〉

① 2 4 → (4)　② 3 9 → (9)

③ 4 16 → (16)　④ 15 5 → (15)

⑤ 6 3 → (6)　⑥ 7 14 → (14)

⑦ 16 8 → (16)　⑧ 9 3 → (9)

⑨ 9 18 → (18)　⑩ 10 5 → (10)

⑪ 20 4 → (20)　⑫ 18 6 → (18)

⑬ 12 4 → (12)　⑭ 3 15 → (15)

⑮ 15 30 → (30)　⑯ 10 20 → (20)

⑰ 30 60 → (60)　⑱ 11 22 → (22)

⑲ 2 20 → (20)　⑳ 100 20 → (100)

月　日 名前

整数の性質 ⑦

最小公倍数

最小公倍数を求めましょう。〈その他の型〉

① 4 6 → (12)　② 6 9 → (18)

③ 10 12 → (60)　④ 18 15 → (90)

⑤ 12 9 → (36)　⑥ 20 15 → (60)

⑦ 16 12 → (48)　⑧ 20 18 → (180)

⑨ 10 8 → (40)　⑩ 15 9 → (45)

⑪ 12 15 → (60)　⑫ 14 16 → (112)

⑬ 8 14 → (56)　⑭ 4 10 → (20)

⑮ 15 6 → (30)　⑯ 4 14 → (28)

⑰ 18 14 → (126)　⑱ 16 20 → (80)

⑲ 14 21 → (42)　⑳ 18 16 → (144)

月　日 名前

整数の性質 ⑧

最小公倍数

最小公倍数を求めましょう。

① 2 7 → (14)　② 2 6 → (6)

③ 6 7 → (42)　④ 9 4 → (36)

⑤ 8 2 → (8)　⑥ 2 15 → (30)

⑦ 5 15 → (15)　⑧ 17 3 → (51)

⑨ 18 6 → (18)　⑩ 10 3 → (30)

⑪ 9 10 → (90)　⑫ 4 12 → (12)

⑬ 2 14 → (14)　⑭ 14 3 → (42)

⑮ 3 18 → (18)　⑯ 20 4 → (20)

⑰ 6 3 → (6)　⑱ 2 19 → (38)

⑲ 20 9 → (180)　⑳ 5 20 → (20)

月　日 名前

整数の性質 ⑨

約数

ある数をわって、わり切ることのできる数を、その数の 約数 といいます。(あまりがなく、わり切れる数)

8のとき　8÷①=8　8÷②=4　8÷④=2　8÷⑧=1

1　2　4　8

8の約数

約数が1つ見つかれば、その数でわった答えも、必ず約数になっています。

(例)　8÷②=④ ⟶ [4]も8の約数

⟶ [2]は8の約数

次の数の約数を求めましょう。

① 4 (1, 2, 4)　② 5 (1, 5)

③ 9 (1, 3, 9)

④ 16 (1, 2, 4, 8, 16)

⑤ 24 (1, 2, 3, 4, 6, 8, 12, 24)

⑥ 60 (1, 2, 3, 4, 5, 6, 10, 12, 15, 20, 30, 60)

46

月　日 名前

整数の性質 ⑩

公約数

2つの数の約数のうち、共通するものを、公約数 といいます。

12の約数　1　2　3　4　6　12

18の約数　1　2　3　6　9　18

12と18の公約数

1 公約数を見つけましょう。

① 6の約数をかきましょう。(1, 2, 3, 6)

② 8の約数をかきましょう。(1, 2, 4, 8)

③ ①と②を見て、6と8の公約数を2つ見つけましょう。

(1, 2)

2 次の数の公約数を求めましょう。

① 10の約数 (1, 2, 5, 10)

15の約数 (1, 3, 5, 15)

10と15の公約数 → 公約数 (1, 5)

② 6の約数 (1, 2, 3, 6)

18の約数 (1, 2, 3, 6, 9, 18)

6と18の公約数 → 公約数 (1, 2, 3, 6)

47

月　日 名前

整数の性質 ⑪

最大公約数

2つの数の公約数のうち、最も大きい公約数を 最大公約数 といいます。

(例)　(12, 18) の公約数　1, 2, 3, ⑥

↑

最大公約数

最大公約数の求め方　　2つの数を見て、両方をわり切ることのできる数を考えます。

〈公約数が1しかない型〉 (例) 〔4, 7〕

4と7のように1しかない場合、最大公約数も[1]になります。

1はすべての整数(0をのぞく)の約数です。

〈一方が他方の倍数である型〉 (例) 〔4, 8〕

一方が他方の倍数になっている場合、小さい方の数の約数がすべて公約数になります。4の約数は、1, 2, 4。

4と8の公約数は1, 2, 4です。

つまり、小さい方の数自身が最大公約数です。最大公約数は[4]。

〈その他の型〉 (例) 〔16, 24〕

16と24の場合、1以外に2や4も約数になるので、その中の最も小さい数でわり、答えを下にかきます。

わることのできる数が1しかなくなるまでわり続けて、点線にそって数をかけます。

2×2×2=[8] が最大公約数です。

2) 16　24
2) 8　12
2) 4　6
1) 2　3

48

月　日 名前

整数の性質 ⑫

最大公約数

最大公約数を求めましょう。〈公約数が1しかない型〉

① 2　3 → (1)　② 4　5 → (1)

③ 6　11 → (1)　④ 7　10 → (1)

⑤ 11　20 → (1)　⑥ 12　19 → (1)

⑦ 16　3 → (1)　⑧ 9　20 → (1)

⑨ 19　4 → (1)　⑩ 18　5 → (1)

⑪ 8　3 → (1)　⑫ 7　13 → (1)

⑬ 14　15 → (1)　⑭ 17　7 → (1)

⑮ 5　7 → (1)　⑯ 6　7 → (1)

⑰ 14　3 → (1)　⑱ 8　13 → (1)

⑲ 20　51 → (1)　⑳ 59　100 → (1)

49

月　日 名前

整数の性質 ⑬

最大公約数

最大公約数を求めましょう。〈一方が他方の倍数である型〉

① 2 4 → (2)　② 2 16 → (2)

③ 3 9 → (3)　④ 4 8 → (4)

⑤ 5 20 → (5)　⑥ 6 36 → (6)

⑦ 5 45 → (5)　⑧ 20 10 → (10)

⑨ 18 3 → (3)　⑩ 18 9 → (9)

⑪ 15 3 → (3)　⑫ 14 2 → (2)

⑬ 12 60 → (12)　⑭ 33 11 → (11)

⑮ 11 22 → (11)　⑯ 16 4 → (4)

⑰ 9 36 → (9)　⑱ 24 6 → (6)

⑲ 2 18 → (2)　⑳ 51 3 → (3)

月　日 名前

整数の性質 ⑭

最大公約数

最大公約数を求めましょう。〈その他の型〉

① 4 6 → (2)　② 6 9 → (3)

③ 8 6 → (2)　④ 4 10 → (2)

⑤ 25 15 → (5)　⑥ 20 8 → (4)

⑦ 4 14 → (2)　⑧ 16 6 → (2)

⑨ 12 18 → (6)　⑩ 15 9 → (3)

⑪ 15 20 → (5)　⑫ 10 14 → (2)

⑬ 12 9 → (3)　⑭ 8 18 → (2)

⑮ 12 15 → (3)　⑯ 15 18 → (3)

⑰ 18 14 → (2)　⑱ 14 20 → (2)

⑲ 16 18 → (2)　⑳ 20 16 → (4)

月　日 名前

整数の性質 ⑮

最大公約数

最大公約数を求めましょう。

① 4 16 → (4)　② 18 11 → (1)

③ 11 55 → (11)　④ 9 18 → (9)

⑤ 7 12 → (1)　⑥ 32 9 → (1)

⑦ 6 48 → (6)　⑧ 57 20 → (1)

⑨ 9 27 → (9)　⑩ 5 12 → (1)

⑪ 12 3 → (3)　⑫ 16 15 → (1)

⑬ 52 26 → (26)　⑭ 48 16 → (16)

⑮ 16 9 → (1)　⑯ 9 19 → (1)

⑰ 72 48 → (24)　⑱ 96 56 → (8)

⑲ 32 48 → (16)　⑳ 54 36 → (18)

月　日 名前

整数の性質 ⑯

文章題

1 ある駅から、電車は6分おきに、バスは15分おきに出発します。午後1時に同時に出発しました。次に同時に出発する時こくを求めましょう。

3) 6 15
　 2 5　　$3\times2\times5=30$

答え 午後1時30分

2 たて6cm、横8cmのタイルを下のようにしきつめて正方形をつくるとき、1番小さくできるのは1辺が何cmですか。また、タイルは何まいいりますか。

2) 6 8
　 3 4　　$2\times3\times4=24$　$3\times4=12$

答え 1辺が24cm, タイル12まい

3 たて24cm、横32cmの紙を同じ大きさの正方形に切ります。はんぱがでないようにしたとき、1番大きくできるのは1辺が何cmの正方形ですか。

24cm
32cm

2) 24 32
4) 12 16
　 3 4　　$2\times4=8$

答え 1辺が8cm

4 男の子が9人、女の子が15人います。それぞれのグループごとに男女の数が同じになるようにグループをつくります。それは何グループにしたときですか。また、そのときの男女の数は、何人と何人ですか。

3) 9 15
　 3 5

答え 3グループ, 男3人, 女5人

まとめテスト　月　日 名前

まとめ ⑤

整数の性質

/50点

1 □にあてはまる言葉をかきましょう。（各5点／10点）

① 奇数＋奇数＝ 偶数

② 偶数＋偶数＝ 偶数

2 次の数の倍数を、小さい方から３つかきましょう。（各5点／10点）

① 7 （ 7, 14, 21 ）

② 11 （ 11, 22, 33 ）

3 次の２つの数の、最小公倍数を求めましょう。（各5点／20点）

① 3　14 → （ 42 ）　② 6　10 → （ 30 ）

③ 8　20 → （ 40 ）　④ 9　21 → （ 63 ）

4 次の数の約数を、すべてかきましょう。（各5点／10点）

① 24 （ 1, 2, 3, 4, 6, 8, 12, 24 ）

② 80 （ 1, 2, 4, 5, 8, 10, 16, 20, 40, 80 ）

まとめテスト　月　日 名前

まとめ ⑥

整数の性質

/50点

1 次の数の、最小公倍数と最大公約数を求めましょう。（（ ）1つ5点／20点）

		最小公倍数	最大公約数
①	12　16 →	（ 48 ）	（ 4 ）
②	30　36 →	（ 180 ）	（ 6 ）

2)30　36
3)15　18
　5　6

2 A駅から上り電車は9分おきに、下り電車は15分おきに発車します。午前10時に同時に発車しました。次に同時に発車するのは、何時何分ですか。（式5点、答え10点／15点）

3)9　15
　3　5

$3 \times 3 \times 5 = 45$

答え 午前10時45分

3 たて36cm、横54cmの長方形の画用紙があります。同じ大きさの正方形に、あまりが出ないように切り分けます。いちばん大きい正方形の１辺の長さは何cmですか。（式5点、答え10点／15点）

2)36　54
9)18　27
　2　3

$2 \times 9 = 18$

答え １辺の長さ18cm

月　日 名前

分数 ①

約分

約分とは、分数の分母と分子を、同じ数でわって、かんたんな分数にすることをいいます。約分をするときは、次のようにします。

（例）

$\frac{12}{18} = \frac{6}{9} = \frac{2}{3}$（÷2、÷3） → $\frac{\cancel{12}^{\cancel{6}^{2}}}{\cancel{18}_{\cancel{9}_{3}}} = \frac{2}{3}$

約分をしましょう。

① $\frac{4}{6} = \frac{2}{3}$　② $\frac{6}{9} = \frac{2}{3}$　③ $\frac{3}{12} = \frac{1}{4}$

④ $\frac{18}{24} = \frac{3}{4}$　⑤ $\frac{9}{12} = \frac{3}{4}$　⑥ $\frac{12}{28} = \frac{3}{7}$

⑦ $\frac{6}{18} = \frac{1}{3}$　⑧ $\frac{16}{32} = \frac{1}{2}$　⑨ $\frac{24}{36} = \frac{2}{3}$

⑩ $\frac{15}{25} = \frac{3}{5}$　⑪ $\frac{16}{18} = \frac{8}{9}$　⑫ $\frac{36}{48} = \frac{3}{4}$

⑬ $\frac{44}{55} = \frac{4}{5}$　⑭ $\frac{30}{42} = \frac{5}{7}$　⑮ $\frac{45}{54} = \frac{5}{6}$

月　日 名前

分数 ②

約分の練習

約分をしましょう。

① $\frac{6}{10} = \frac{3}{5}$　② $\frac{6}{9} = \frac{2}{3}$　③ $\frac{6}{14} = \frac{3}{7}$

④ $\frac{9}{12} = \frac{3}{4}$　⑤ $\frac{14}{21} = \frac{2}{3}$　⑥ $\frac{8}{12} = \frac{2}{3}$

⑦ $\frac{4}{10} = \frac{2}{5}$　⑧ $\frac{6}{15} = \frac{2}{5}$　⑨ $\frac{21}{28} = \frac{3}{4}$

⑩ $\frac{15}{25} = \frac{3}{5}$　⑪ $\frac{12}{20} = \frac{3}{5}$　⑫ $\frac{12}{30} = \frac{2}{5}$

⑬ $\frac{12}{18} = \frac{2}{3}$　⑭ $\frac{18}{24} = \frac{3}{4}$　⑮ $\frac{18}{45} = \frac{2}{5}$

⑯ $\frac{18}{30} = \frac{3}{5}$　⑰ $\frac{36}{63} = \frac{4}{7}$　⑱ $\frac{28}{49} = \frac{4}{7}$

⑲ $\frac{36}{72} = \frac{1}{2}$　⑳ $\frac{32}{56} = \frac{4}{7}$　㉑ $\frac{21}{28} = \frac{3}{4}$

㉒ $\frac{15}{60} = \frac{1}{4}$　㉓ $\frac{12}{36} = \frac{1}{3}$　㉔ $\frac{35}{42} = \frac{5}{6}$

月　日 名前

分数 ③

通分

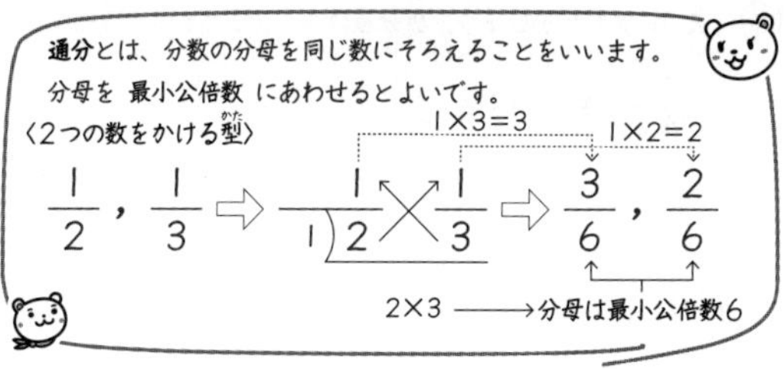

通分とは、分数の分母を同じ数にそろえることをいいます。
分母を 最小公倍数 にあわせるとよいです。
〈2つの数をかける型〉
1×3=3
1×2=2
2×3 ──→分母は最小公倍数6

次の数を通分しましょう。

① $\frac{1}{3}$，$\frac{1}{5}$ → $\frac{5}{15}$，$\frac{3}{15}$　② $\frac{1}{9}$，$\frac{1}{5}$ → $\frac{5}{45}$，$\frac{9}{45}$

③ $\frac{2}{5}$，$\frac{1}{3}$ → $\frac{6}{15}$，$\frac{5}{15}$　④ $\frac{1}{2}$，$\frac{4}{7}$ → $\frac{7}{14}$，$\frac{8}{14}$

⑤ $\frac{5}{6}$，$\frac{3}{5}$ → $\frac{25}{30}$，$\frac{18}{30}$　⑥ $\frac{3}{4}$，$\frac{2}{5}$ → $\frac{15}{20}$，$\frac{8}{20}$

⑦ $\frac{2}{9}$，$\frac{3}{4}$ → $\frac{8}{36}$，$\frac{27}{36}$　⑧ $\frac{3}{11}$，$\frac{2}{3}$ → $\frac{9}{33}$，$\frac{22}{33}$

⑨ $\frac{2}{3}$，$\frac{7}{10}$ → $\frac{20}{30}$，$\frac{21}{30}$　⑩ $\frac{7}{15}$，$\frac{1}{4}$ → $\frac{28}{60}$，$\frac{15}{60}$

月　日 名前

分数 ④

通分

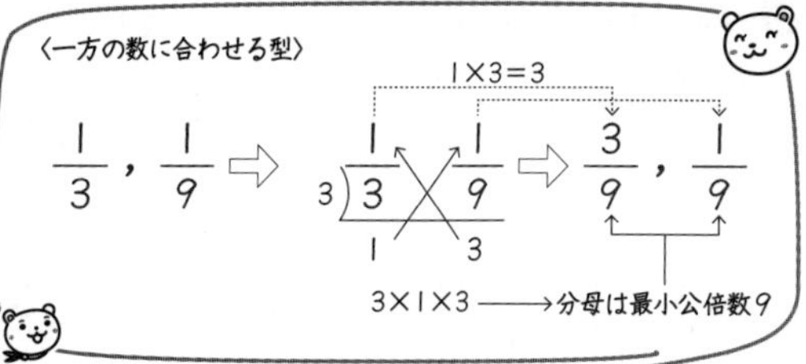

〈一方の数に合わせる型〉
1×3=3
3×1×3 ──→分母は最小公倍数9

次の数を通分しましょう。

① $\frac{1}{4}$，$\frac{1}{8}$ → $\frac{2}{8}$，$\frac{1}{8}$　② $\frac{1}{2}$，$\frac{1}{6}$ → $\frac{3}{6}$，$\frac{1}{6}$

③ $\frac{1}{3}$，$\frac{2}{9}$ → $\frac{3}{9}$，$\frac{2}{9}$　④ $\frac{3}{5}$，$\frac{8}{15}$ → $\frac{9}{15}$，$\frac{8}{15}$

⑤ $\frac{5}{6}$，$\frac{2}{3}$ → $\frac{5}{6}$，$\frac{4}{6}$　⑥ $\frac{7}{8}$，$\frac{3}{4}$ → $\frac{7}{8}$，$\frac{6}{8}$

⑦ $\frac{4}{9}$，$\frac{2}{3}$ → $\frac{4}{9}$，$\frac{6}{9}$　⑧ $\frac{5}{12}$，$\frac{7}{48}$ → $\frac{20}{48}$，$\frac{7}{48}$

⑨ $\frac{17}{18}$，$\frac{2}{3}$ → $\frac{17}{18}$，$\frac{12}{18}$　⑩ $\frac{14}{15}$，$\frac{43}{45}$ → $\frac{42}{45}$，$\frac{43}{45}$

月　日 名前

分数 ⑤

通分

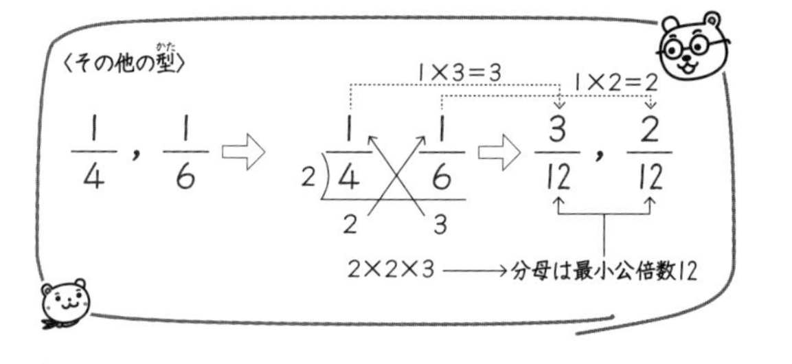

〈その他の型〉
1×3=3
1×2=2
2×2×3 ──→分母は最小公倍数12

次の数を通分しましょう。

① $\frac{1}{6}$，$\frac{1}{9}$ → $\frac{3}{18}$，$\frac{2}{18}$　② $\frac{1}{10}$，$\frac{1}{15}$ → $\frac{3}{30}$，$\frac{2}{30}$

③ $\frac{1}{8}$，$\frac{5}{14}$ → $\frac{7}{56}$，$\frac{20}{56}$　④ $\frac{3}{10}$，$\frac{5}{12}$ → $\frac{18}{60}$，$\frac{25}{60}$

⑤ $\frac{5}{6}$，$\frac{2}{9}$ → $\frac{15}{18}$，$\frac{4}{18}$　⑥ $\frac{5}{16}$，$\frac{7}{12}$ → $\frac{15}{48}$，$\frac{28}{48}$

⑦ $\frac{5}{12}$，$\frac{7}{8}$ → $\frac{10}{24}$，$\frac{21}{24}$　⑧ $\frac{9}{12}$，$\frac{5}{18}$ → $\frac{27}{36}$，$\frac{10}{36}$

⑨ $\frac{9}{20}$，$\frac{8}{15}$ → $\frac{27}{60}$，$\frac{32}{60}$　⑩ $\frac{5}{12}$，$\frac{13}{20}$ → $\frac{25}{60}$，$\frac{39}{60}$

月　日 名前

分数 ⑥

通分の練習

次の数を通分しましょう。

① $\frac{1}{3}$，$\frac{1}{5}$ → $\frac{5}{15}$，$\frac{3}{15}$　② $\frac{1}{2}$，$\frac{1}{8}$ → $\frac{4}{8}$，$\frac{1}{8}$

③ $\frac{1}{9}$，$\frac{1}{6}$ → $\frac{2}{18}$，$\frac{3}{18}$　④ $\frac{1}{9}$，$\frac{1}{5}$ → $\frac{5}{45}$，$\frac{9}{45}$

⑤ $\frac{1}{2}$，$\frac{1}{4}$ → $\frac{2}{4}$，$\frac{1}{4}$　⑥ $\frac{1}{10}$，$\frac{1}{15}$ → $\frac{3}{30}$，$\frac{2}{30}$

⑦ $\frac{2}{5}$，$\frac{1}{3}$ → $\frac{6}{15}$，$\frac{5}{15}$　⑧ $\frac{1}{18}$，$\frac{2}{9}$ → $\frac{1}{18}$，$\frac{4}{18}$

⑨ $\frac{1}{8}$，$\frac{3}{10}$ → $\frac{5}{40}$，$\frac{12}{40}$　⑩ $\frac{1}{3}$，$\frac{4}{7}$ → $\frac{7}{21}$，$\frac{12}{21}$

⑪ $\frac{3}{5}$，$\frac{8}{15}$ → $\frac{9}{15}$，$\frac{8}{15}$　⑫ $\frac{3}{10}$，$\frac{5}{12}$ → $\frac{18}{60}$，$\frac{25}{60}$

⑬ $\frac{5}{8}$，$\frac{3}{5}$ → $\frac{25}{40}$，$\frac{24}{40}$　⑭ $\frac{5}{12}$，$\frac{2}{3}$ → $\frac{5}{12}$，$\frac{8}{12}$

月　日 名前

分数のたし算 ①

２つの数をかける型

次の計算をしましょう。

① $\frac{1}{2}+\frac{1}{5}=\frac{5}{10}+\frac{2}{10}=\frac{7}{10}$

② $\frac{2}{7}+\frac{3}{5}=\frac{10}{35}+\frac{21}{35}=\frac{31}{35}$

③ $\frac{3}{8}+\frac{3}{7}=\frac{21}{56}+\frac{24}{56}=\frac{45}{56}$

④ $\frac{2}{5}+\frac{4}{9}=\frac{18}{45}+\frac{20}{45}=\frac{38}{45}$

⑤ $\frac{2}{9}+\frac{3}{8}=\frac{16}{72}+\frac{27}{72}=\frac{43}{72}$

⑥ $\frac{2}{5}+\frac{2}{9}=\frac{18}{45}+\frac{10}{45}=\frac{28}{45}$

⑦ $\frac{1}{2}+\frac{1}{3}=\frac{3}{6}+\frac{2}{6}=\frac{5}{6}$

⑧ $\frac{5}{11}+\frac{2}{5}=\frac{25}{55}+\frac{22}{55}=\frac{47}{55}$

⑨ $\frac{2}{9}+\frac{8}{11}=\frac{22}{99}+\frac{72}{99}=\frac{94}{99}$

⑩ $\frac{2}{3}+\frac{4}{13}=\frac{26}{39}+\frac{12}{39}=\frac{38}{39}$

月　日 名前

分数のたし算 ②

２つの数をかける型

次の計算をしましょう。仮分数はそのままでかまいません。

① $\frac{3}{4}+\frac{2}{9}=\frac{27}{36}+\frac{8}{36}=\frac{35}{36}$

② $\frac{3}{7}+\frac{5}{9}=\frac{27}{63}+\frac{35}{63}=\frac{62}{63}$

③ $\frac{2}{3}+\frac{7}{8}=\frac{16}{24}+\frac{21}{24}=\frac{37}{24}$

④ $\frac{5}{7}+\frac{3}{4}=\frac{20}{28}+\frac{21}{28}=\frac{41}{28}$

⑤ $\frac{5}{8}+\frac{7}{9}=\frac{45}{72}+\frac{56}{72}=\frac{101}{72}$

⑥ $\frac{7}{11}+\frac{3}{5}=\frac{35}{55}+\frac{33}{55}=\frac{68}{55}$

⑦ $\frac{5}{9}+\frac{5}{11}=\frac{55}{99}+\frac{45}{99}=\frac{100}{99}$

⑧ $\frac{2}{13}+\frac{4}{9}=\frac{18}{117}+\frac{52}{117}=\frac{70}{117}$

⑨ $\frac{11}{13}+\frac{5}{8}=\frac{88}{104}+\frac{65}{104}=\frac{153}{104}$

⑩ $\frac{6}{11}+\frac{9}{13}=\frac{78}{143}+\frac{99}{143}=\frac{177}{143}$

月　日 名前

分数のたし算 ③

一方の数に合わせる型

次の計算をしましょう。

① $\frac{1}{3}+\frac{7}{12}=\frac{4}{12}+\frac{7}{12}=\frac{11}{12}$

② $\frac{2}{5}+\frac{7}{30}=\frac{12}{30}+\frac{7}{30}=\frac{19}{30}$

③ $\frac{1}{13}+\frac{3}{26}=\frac{2}{26}+\frac{3}{26}=\frac{5}{26}$

④ $\frac{7}{11}+\frac{2}{33}=\frac{21}{33}+\frac{2}{33}=\frac{23}{33}$

⑤ $\frac{9}{14}+\frac{2}{7}=\frac{9}{14}+\frac{4}{14}=\frac{13}{14}$

⑥ $\frac{3}{4}+\frac{3}{16}=\frac{12}{16}+\frac{3}{16}=\frac{15}{16}$

⑦ $\frac{2}{3}+\frac{5}{18}=\frac{12}{18}+\frac{5}{18}=\frac{17}{18}$

⑧ $\frac{3}{10}+\frac{2}{5}=\frac{3}{10}+\frac{4}{10}=\frac{7}{10}$

⑨ $\frac{3}{7}+\frac{8}{21}=\frac{9}{21}+\frac{8}{21}=\frac{17}{21}$

⑩ $\frac{4}{15}+\frac{7}{45}=\frac{12}{45}+\frac{7}{45}=\frac{19}{45}$

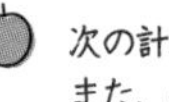

月　日 名前

分数のたし算 ④

一方の数に合わせる型

次の計算をしましょう。約分できるものは約分します。
また、仮分数はそのままでかまいません。

① $\frac{1}{4}+\frac{5}{12}=\frac{3}{12}+\frac{5}{12}=\frac{8}{12}=\frac{2}{3}$

② $\frac{4}{15}+\frac{2}{5}=\frac{4}{15}+\frac{6}{15}=\frac{10}{15}=\frac{2}{3}$

③ $\frac{2}{9}+\frac{5}{18}=\frac{4}{18}+\frac{5}{18}=\frac{9}{18}=\frac{1}{2}$

④ $\frac{1}{5}+\frac{7}{15}=\frac{3}{15}+\frac{7}{15}=\frac{10}{15}=\frac{2}{3}$

⑤ $\frac{11}{24}+\frac{1}{6}=\frac{11}{24}+\frac{4}{24}=\frac{15}{24}=\frac{5}{8}$

⑥ $\frac{9}{10}+\frac{3}{5}=\frac{9}{10}+\frac{6}{10}=\frac{15}{10}=\frac{3}{2}$

⑦ $\frac{13}{14}+\frac{4}{7}=\frac{13}{14}+\frac{8}{14}=\frac{21}{14}=\frac{3}{2}$

⑧ $\frac{11}{20}+\frac{5}{4}=\frac{11}{20}+\frac{25}{20}=\frac{36}{20}=\frac{9}{5}$

⑨ $\frac{5}{18}+\frac{11}{9}=\frac{5}{18}+\frac{22}{18}=\frac{27}{18}=\frac{3}{2}$

⑩ $\frac{8}{7}+\frac{5}{14}=\frac{16}{14}+\frac{5}{14}=\frac{21}{14}=\frac{3}{2}$

月　日 名前

分数のたし算 ⑤

その他の型

次の計算をしましょう。

① $\frac{1}{6}+\frac{2}{9}=\frac{3}{18}+\frac{4}{18}=\frac{7}{18}$

② $\frac{3}{4}+\frac{1}{18}=\frac{27}{36}+\frac{2}{36}=\frac{29}{36}$

③ $\frac{1}{12}+\frac{7}{9}=\frac{3}{36}+\frac{28}{36}=\frac{31}{36}$

④ $\frac{1}{6}+\frac{8}{21}=\frac{7}{42}+\frac{16}{42}=\frac{23}{42}$

⑤ $\frac{1}{15}+\frac{3}{10}=\frac{2}{30}+\frac{9}{30}=\frac{11}{30}$

⑥ $\frac{3}{10}+\frac{1}{4}=\frac{6}{20}+\frac{5}{20}=\frac{11}{20}$

⑦ $\frac{4}{9}+\frac{1}{6}=\frac{8}{18}+\frac{3}{18}=\frac{11}{18}$

⑧ $\frac{3}{8}+\frac{1}{6}=\frac{9}{24}+\frac{4}{24}=\frac{13}{24}$

⑨ $\frac{7}{20}+\frac{1}{6}=\frac{21}{60}+\frac{10}{60}=\frac{31}{60}$

⑩ $\frac{2}{9}+\frac{5}{12}=\frac{8}{36}+\frac{15}{36}=\frac{23}{36}$

月　日 名前

分数のたし算 ⑥

その他の型

次の計算をしましょう。約分できるものは約分します。
また、仮分数はそのままでかまいません。

① $\frac{1}{15}+\frac{1}{10}=\frac{2}{30}+\frac{3}{30}=\frac{5}{30}=\frac{1}{6}$

② $\frac{3}{10}+\frac{1}{6}=\frac{9}{30}+\frac{5}{30}=\frac{14}{30}=\frac{7}{15}$

③ $\frac{3}{20}+\frac{13}{30}=\frac{9}{60}+\frac{26}{60}=\frac{35}{60}=\frac{7}{12}$

④ $\frac{2}{15}+\frac{5}{12}=\frac{8}{60}+\frac{25}{60}=\frac{33}{60}=\frac{11}{20}$

⑤ $\frac{5}{22}+\frac{20}{33}=\frac{15}{66}+\frac{40}{66}=\frac{55}{66}=\frac{5}{6}$

⑥ $\frac{17}{20}+\frac{5}{12}=\frac{51}{60}+\frac{25}{60}=\frac{76}{60}=\frac{19}{15}$

⑦ $\frac{4}{15}+\frac{9}{10}=\frac{8}{30}+\frac{27}{30}=\frac{35}{30}=\frac{7}{6}$

⑧ $\frac{9}{14}+\frac{5}{6}=\frac{27}{42}+\frac{35}{42}=\frac{62}{42}=\frac{31}{21}$

⑨ $\frac{17}{20}+\frac{7}{12}=\frac{51}{60}+\frac{35}{60}=\frac{86}{60}=\frac{43}{30}$

⑩ $\frac{9}{10}+\frac{14}{15}=\frac{27}{30}+\frac{28}{30}=\frac{55}{30}=\frac{11}{6}$

月　日 名前

分数のたし算 ⑦

たし算の練習

次の計算をしましょう。約分できるものは約分します。
また、答えが仮分数はそのままでかまいません。

① $\frac{2}{5}+\frac{3}{8}=\frac{16}{40}+\frac{15}{40}=\frac{31}{40}$

② $\frac{2}{9}+\frac{4}{27}=\frac{6}{27}+\frac{4}{27}=\frac{10}{27}$

③ $\frac{5}{24}+\frac{1}{16}=\frac{10}{48}+\frac{3}{48}=\frac{13}{48}$

④ $\frac{2}{9}+\frac{1}{4}=\frac{8}{36}+\frac{9}{36}=\frac{17}{36}$

⑤ $\frac{3}{14}+\frac{19}{21}=\frac{9}{42}+\frac{38}{42}=\frac{47}{42}$

⑥ $\frac{1}{6}+\frac{15}{16}=\frac{8}{48}+\frac{45}{48}=\frac{53}{48}$

⑦ $\frac{2}{3}+\frac{1}{7}=\frac{14}{21}+\frac{3}{21}=\frac{17}{21}$

⑧ $\frac{8}{15}+\frac{1}{3}=\frac{8}{15}+\frac{5}{15}=\frac{13}{15}$

⑨ $\frac{4}{15}+\frac{13}{20}=\frac{16}{60}+\frac{39}{60}=\frac{55}{60}=\frac{11}{12}$

⑩ $\frac{7}{30}+\frac{5}{18}=\frac{21}{90}+\frac{25}{90}=\frac{46}{90}=\frac{23}{45}$

月　日 名前

分数のたし算 ⑧

たし算の練習

次の計算をしましょう。約分できるものは約分します。
また、答えが仮分数はそのままでかまいません。

① $\frac{1}{3}+\frac{3}{8}=\frac{8}{24}+\frac{9}{24}=\frac{17}{24}$

② $\frac{3}{10}+\frac{7}{18}=\frac{27}{90}+\frac{35}{90}=\frac{62}{90}=\frac{31}{45}$

③ $\frac{7}{12}+\frac{17}{20}=\frac{35}{60}+\frac{51}{60}=\frac{86}{60}=\frac{43}{30}$

④ $\frac{11}{21}+\frac{9}{14}=\frac{22}{42}+\frac{27}{42}=\frac{49}{42}=\frac{7}{6}$

⑤ $\frac{5}{8}+\frac{1}{4}=\frac{5}{8}+\frac{2}{8}=\frac{7}{8}$

⑥ $\frac{4}{15}+\frac{1}{12}=\frac{16}{60}+\frac{5}{60}=\frac{21}{60}=\frac{7}{20}$

⑦ $\frac{1}{15}+\frac{1}{10}=\frac{2}{30}+\frac{3}{30}=\frac{5}{30}=\frac{1}{6}$

⑧ $\frac{9}{20}+\frac{1}{5}=\frac{9}{20}+\frac{4}{20}=\frac{13}{20}$

⑨ $\frac{3}{10}+\frac{1}{6}=\frac{9}{30}+\frac{5}{30}=\frac{14}{30}=\frac{7}{15}$

⑩ $\frac{2}{9}+\frac{5}{18}=\frac{4}{18}+\frac{5}{18}=\frac{9}{18}=\frac{1}{2}$

月　日 名前

分数のたし算 ⑨

帯分数

次の計算をしましょう。

① $1\frac{1}{3}+1\frac{1}{3}=2\frac{2}{3}$　② $1\frac{2}{7}+1\frac{4}{7}=2\frac{6}{7}$

③ $1\frac{4}{15}+1\frac{7}{15}=2\frac{11}{15}$　④ $2\frac{1}{7}+3\frac{3}{7}=5\frac{4}{7}$

⑤ $4\frac{1}{5}+3\frac{2}{5}=7\frac{3}{5}$　⑥ $3\frac{5}{6}+1=4\frac{5}{6}$

⑦ $1\frac{4}{6}+1\frac{2}{6}=2\frac{6}{6}=3$　⑧ $1\frac{5}{7}+1\frac{3}{7}=2\frac{8}{7}=3\frac{1}{7}$

⑨ $2\frac{2}{4}+3\frac{3}{4}=5\frac{5}{4}=6\frac{1}{4}$　⑩ $1\frac{9}{13}+2\frac{7}{13}=3\frac{16}{13}=4\frac{3}{13}$

月　日 名前

分数のたし算 ⑩

帯分数

次の計算をしましょう。約分できるものは約分します。

① $2\frac{2}{3}+\frac{1}{15}=2\frac{10}{15}+\frac{1}{15}=2\frac{11}{15}$　② $6\frac{7}{12}+\frac{1}{6}=6\frac{7}{12}+\frac{2}{12}=6\frac{9}{12}=6\frac{3}{4}$

③ $4\frac{1}{2}+\frac{3}{8}=4\frac{4}{8}+\frac{3}{8}=4\frac{7}{8}$　④ $\frac{1}{8}+3\frac{6}{7}=\frac{7}{56}+3\frac{48}{56}=3\frac{55}{56}$

⑤ $\frac{2}{9}+7\frac{5}{8}=\frac{16}{72}+7\frac{45}{72}=7\frac{61}{72}$　⑥ $\frac{5}{6}+2\frac{2}{21}=\frac{35}{42}+2\frac{4}{42}=2\frac{39}{42}=2\frac{13}{14}$

⑦ $1\frac{4}{5}+\frac{7}{15}=1\frac{12}{15}+\frac{7}{15}=1\frac{19}{15}=2\frac{4}{15}$　⑧ $2\frac{7}{15}+\frac{7}{10}=2\frac{14}{30}+\frac{21}{30}=2\frac{35}{30}=3\frac{5}{30}=3\frac{1}{6}$

⑨ $3\frac{5}{6}+\frac{3}{14}=3\frac{35}{42}+\frac{9}{42}=3\frac{44}{42}=4\frac{2}{42}=4\frac{1}{21}$　⑩ $\frac{7}{12}+4\frac{5}{8}=\frac{14}{24}+4\frac{15}{24}=4\frac{29}{24}=5\frac{5}{24}$

まとめテスト　月　日 名前

まとめ ⑦

分数のたし算

／50点

1 次の計算をしましょう。（各5点／30点）

① $\frac{1}{2}+\frac{1}{5}=\frac{5}{10}+\frac{2}{10}=\frac{7}{10}$　② $\frac{1}{3}+\frac{7}{12}=\frac{4}{12}+\frac{7}{12}=\frac{11}{12}$

③ $\frac{1}{6}+\frac{2}{9}=\frac{3}{18}+\frac{4}{18}=\frac{7}{18}$　④ $\frac{3}{10}+\frac{1}{4}=\frac{6}{20}+\frac{5}{20}=\frac{11}{20}$

⑤ $\frac{2}{5}+\frac{2}{9}=\frac{18}{45}+\frac{10}{45}=\frac{28}{45}$　⑥ $\frac{3}{4}+\frac{1}{16}=\frac{12}{16}+\frac{1}{16}=\frac{13}{16}$

2 きのう$3\frac{2}{7}$km 歩き、今日は$2\frac{7}{9}$km 歩きました。全部で何km 歩きましたか。（式10点、答え10点／20点）

式 $3\frac{2}{7}+2\frac{7}{9}=3\frac{18}{63}+2\frac{49}{63}$

$=5\frac{67}{63}=6\frac{4}{63}$

答え $6\frac{4}{63}$km

まとめテスト　月　日 名前

まとめ ⑧

分数のたし算

／50点

1 次の計算をしましょう。（各5点／30点）

① $\frac{2}{15}+\frac{5}{12}=\frac{8}{60}+\frac{25}{60}=\frac{33}{60}=\frac{11}{20}$　② $\frac{9}{14}+\frac{5}{6}=\frac{27}{42}+\frac{35}{42}=\frac{62}{42}=\frac{31}{21}\left(1\frac{10}{21}\right)$

③ $\frac{3}{4}+\frac{2}{9}=\frac{27}{36}+\frac{8}{36}=\frac{35}{36}$　④ $\frac{1}{4}+\frac{5}{12}=\frac{3}{12}+\frac{5}{12}=\frac{8}{12}=\frac{2}{3}$

⑤ $1\frac{1}{3}+1\frac{1}{3}=2\frac{2}{3}$　⑥ $2\frac{2}{3}+\frac{1}{15}=2\frac{10}{15}+\frac{1}{15}=2\frac{11}{15}$

2 ある本をきのう全体の$\frac{1}{4}$読み、今日は全体の$\frac{1}{5}$を読みました。2日間で全体のどれだけを読みましたか。（式10点、答え10点／20点）

式 $\frac{1}{4}+\frac{1}{5}=\frac{5}{20}+\frac{4}{20}$

$=\frac{9}{20}$

答え 全体の$\frac{9}{20}$読んだ

月　日 名前

分数のひき算 ①

２つの数をかける型

次の計算をしましょう。

① $\frac{1}{2}-\frac{2}{7}=\frac{7}{14}-\frac{4}{14}=\frac{3}{14}$　② $\frac{4}{5}-\frac{1}{3}=\frac{12}{15}-\frac{5}{15}=\frac{7}{15}$

③ $\frac{2}{3}-\frac{1}{8}=\frac{16}{24}-\frac{3}{24}=\frac{13}{24}$　④ $\frac{3}{5}-\frac{2}{7}=\frac{21}{35}-\frac{10}{35}=\frac{11}{35}$

⑤ $\frac{4}{5}-\frac{1}{4}=\frac{16}{20}-\frac{5}{20}=\frac{11}{20}$　⑥ $\frac{6}{7}-\frac{2}{3}=\frac{18}{21}-\frac{14}{21}=\frac{4}{21}$

⑦ $\frac{3}{4}-\frac{2}{3}=\frac{9}{12}-\frac{8}{12}=\frac{1}{12}$　⑧ $\frac{1}{2}-\frac{2}{5}=\frac{5}{10}-\frac{4}{10}=\frac{1}{10}$

⑨ $\frac{3}{4}-\frac{5}{9}=\frac{27}{36}-\frac{20}{36}=\frac{7}{36}$　⑩ $\frac{3}{8}-\frac{1}{7}=\frac{21}{56}-\frac{8}{56}=\frac{13}{56}$

月　日 名前

分数のひき算 ②

２つの数をかける型

次の計算をしましょう。

① $\frac{2}{3}-\frac{1}{4}=\frac{8}{12}-\frac{3}{12}=\frac{5}{12}$　② $\frac{4}{5}-\frac{2}{3}=\frac{12}{15}-\frac{10}{15}=\frac{2}{15}$

③ $\frac{2}{7}-\frac{1}{5}=\frac{10}{35}-\frac{7}{35}=\frac{3}{35}$　④ $\frac{5}{7}-\frac{1}{3}=\frac{15}{21}-\frac{7}{21}=\frac{8}{21}$

⑤ $\frac{2}{3}-\frac{5}{8}=\frac{16}{24}-\frac{15}{24}=\frac{1}{24}$　⑥ $\frac{1}{2}-\frac{1}{5}=\frac{5}{10}-\frac{2}{10}=\frac{3}{10}$

⑦ $\frac{5}{6}-\frac{5}{7}=\frac{35}{42}-\frac{30}{42}=\frac{5}{42}$　⑧ $\frac{4}{5}-\frac{3}{4}=\frac{16}{20}-\frac{15}{20}=\frac{1}{20}$

⑨ $\frac{7}{8}-\frac{3}{5}=\frac{35}{40}-\frac{24}{40}=\frac{11}{40}$　⑩ $\frac{9}{11}-\frac{2}{3}=\frac{27}{33}-\frac{22}{33}=\frac{5}{33}$

月　日 名前

分数のひき算 ③

一方の数に合わせる型

次の計算をしましょう。

① $\frac{1}{2}-\frac{1}{4}=\frac{2}{4}-\frac{1}{4}=\frac{1}{4}$　② $\frac{3}{4}-\frac{1}{8}=\frac{6}{8}-\frac{1}{8}=\frac{5}{8}$

③ $\frac{1}{5}-\frac{1}{15}=\frac{3}{15}-\frac{1}{15}=\frac{2}{15}$　④ $\frac{1}{3}-\frac{1}{9}=\frac{3}{9}-\frac{1}{9}=\frac{2}{9}$

⑤ $\frac{2}{5}-\frac{3}{10}=\frac{4}{10}-\frac{3}{10}=\frac{1}{10}$　⑥ $\frac{5}{6}-\frac{5}{12}=\frac{10}{12}-\frac{5}{12}=\frac{5}{12}$

⑦ $\frac{7}{16}-\frac{3}{8}=\frac{7}{16}-\frac{6}{16}=\frac{1}{16}$　⑧ $\frac{7}{10}-\frac{2}{5}=\frac{7}{10}-\frac{4}{10}=\frac{3}{10}$

⑨ $\frac{4}{9}-\frac{7}{18}=\frac{8}{18}-\frac{7}{18}=\frac{1}{18}$　⑩ $\frac{10}{21}-\frac{3}{7}=\frac{10}{21}-\frac{9}{21}=\frac{1}{21}$

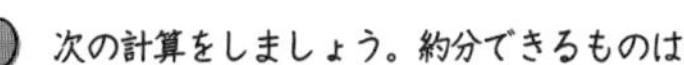

月　日 名前

分数のひき算 ④

一方の数に合わせる型

次の計算をしましょう。約分できるものは約分します。

① $\frac{1}{2}-\frac{3}{8}=\frac{4}{8}-\frac{3}{8}=\frac{1}{8}$　② $\frac{2}{3}-\frac{7}{12}=\frac{8}{12}-\frac{7}{12}=\frac{1}{12}$

③ $\frac{7}{8}-\frac{1}{4}=\frac{7}{8}-\frac{2}{8}=\frac{5}{8}$　④ $\frac{9}{10}-\frac{3}{5}=\frac{9}{10}-\frac{6}{10}=\frac{3}{10}$

⑤ $\frac{8}{9}-\frac{2}{3}=\frac{8}{9}-\frac{6}{9}=\frac{2}{9}$　⑥ $\frac{8}{13}-\frac{9}{26}=\frac{16}{26}-\frac{9}{26}=\frac{7}{26}$

⑦ $\frac{7}{9}-\frac{5}{18}=\frac{14}{18}-\frac{5}{18}=\frac{9}{18}=\frac{1}{2}$　⑧ $\frac{5}{12}-\frac{1}{4}=\frac{5}{12}-\frac{3}{12}=\frac{2}{12}=\frac{1}{6}$

⑨ $\frac{23}{24}-\frac{3}{8}=\frac{23}{24}-\frac{9}{24}=\frac{14}{24}=\frac{7}{12}$　⑩ $\frac{7}{30}-\frac{2}{15}=\frac{7}{30}-\frac{4}{30}=\frac{3}{30}=\frac{1}{10}$

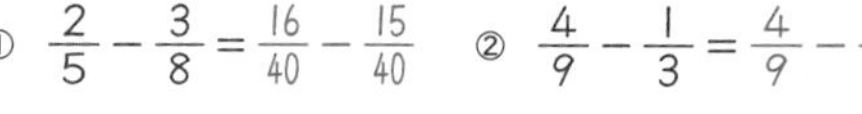

月　日 名前

分数のひき算 ⑤
その他の型

次の計算をしましょう。

① $\frac{1}{4}-\frac{1}{6}=\frac{3}{12}-\frac{2}{12}=\frac{1}{12}$

② $\frac{3}{8}-\frac{1}{6}=\frac{9}{24}-\frac{4}{24}=\frac{5}{24}$

③ $\frac{5}{6}-\frac{1}{4}=\frac{10}{12}-\frac{3}{12}=\frac{7}{12}$

④ $\frac{2}{9}-\frac{1}{6}=\frac{4}{18}-\frac{3}{18}=\frac{1}{18}$

⑤ $\frac{1}{9}-\frac{1}{15}=\frac{5}{45}-\frac{3}{45}=\frac{2}{45}$

⑥ $\frac{3}{10}-\frac{1}{4}=\frac{6}{20}-\frac{5}{20}=\frac{1}{20}$

⑦ $\frac{5}{12}-\frac{1}{8}=\frac{10}{24}-\frac{3}{24}=\frac{7}{24}$

⑧ $\frac{3}{8}-\frac{3}{10}=\frac{15}{40}-\frac{12}{40}=\frac{3}{40}$

⑨ $\frac{9}{16}-\frac{5}{12}=\frac{27}{48}-\frac{20}{48}=\frac{7}{48}$

⑩ $\frac{10}{21}-\frac{3}{14}=\frac{20}{42}-\frac{9}{42}=\frac{11}{42}$

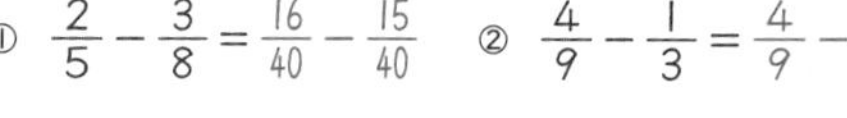
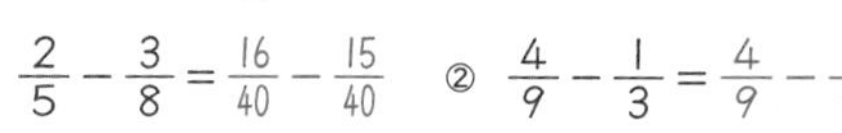

月　日 名前

分数のひき算 ⑥
その他の型

次の計算をしましょう。約分できるものは約分します。

① $\frac{9}{8}-\frac{7}{12}=\frac{27}{24}-\frac{14}{24}=\frac{13}{24}$

② $\frac{19}{18}-\frac{5}{12}=\frac{38}{36}-\frac{15}{36}=\frac{23}{36}$

③ $\frac{13}{10}-\frac{5}{8}=\frac{52}{40}-\frac{25}{40}=\frac{27}{40}$

④ $\frac{7}{4}-\frac{13}{14}=\frac{49}{28}-\frac{26}{28}=\frac{23}{28}$

⑤ $\frac{16}{15}-\frac{3}{10}=\frac{32}{30}-\frac{9}{30}=\frac{23}{30}$

⑥ $\frac{7}{12}-\frac{8}{15}=\frac{35}{60}-\frac{32}{60}=\frac{3}{60}=\frac{1}{20}$

⑦ $\frac{5}{6}-\frac{7}{10}=\frac{25}{30}-\frac{21}{30}=\frac{4}{30}=\frac{2}{15}$

⑧ $\frac{5}{12}-\frac{4}{15}=\frac{25}{60}-\frac{16}{60}=\frac{9}{60}=\frac{3}{20}$

⑨ $\frac{13}{15}-\frac{1}{6}=\frac{26}{30}-\frac{5}{30}=\frac{21}{30}=\frac{7}{10}$

⑩ $\frac{14}{15}-\frac{7}{12}=\frac{56}{60}-\frac{35}{60}=\frac{21}{60}=\frac{7}{20}$

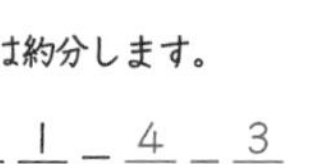

月　日 名前

分数のひき算 ⑦
ひき算の練習

次の計算をしましょう。約分できるものは約分します。

① $\frac{2}{5}-\frac{3}{8}=\frac{16}{40}-\frac{15}{40}=\frac{1}{40}$

② $\frac{4}{9}-\frac{1}{3}=\frac{4}{9}-\frac{3}{9}=\frac{1}{9}$

③ $\frac{2}{3}-\frac{7}{15}=\frac{10}{15}-\frac{7}{15}=\frac{3}{15}=\frac{1}{5}$

④ $\frac{11}{12}-\frac{3}{4}=\frac{11}{12}-\frac{9}{12}=\frac{2}{12}=\frac{1}{6}$

⑤ $\frac{9}{14}-\frac{1}{2}=\frac{9}{14}-\frac{7}{14}=\frac{2}{14}=\frac{1}{7}$

⑥ $\frac{11}{15}-\frac{2}{3}=\frac{11}{15}-\frac{10}{15}=\frac{1}{15}$

⑦ $\frac{3}{5}-\frac{4}{7}=\frac{21}{35}-\frac{20}{35}=\frac{1}{35}$

⑧ $\frac{17}{24}-\frac{3}{8}=\frac{17}{24}-\frac{9}{24}=\frac{8}{24}=\frac{1}{3}$

⑨ $\frac{3}{4}-\frac{1}{20}=\frac{15}{20}-\frac{1}{20}=\frac{14}{20}=\frac{7}{10}$

⑩ $\frac{3}{10}-\frac{3}{14}=\frac{21}{70}-\frac{15}{70}=\frac{6}{70}=\frac{3}{35}$

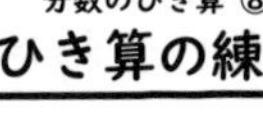
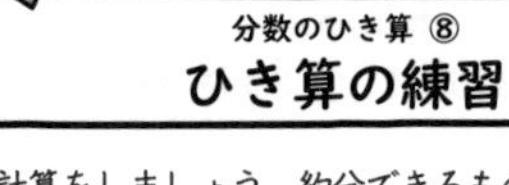
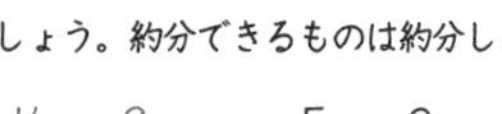
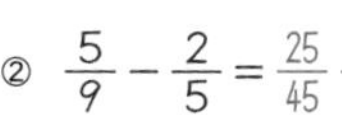
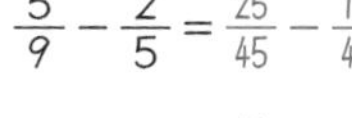
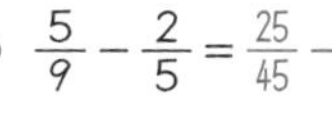
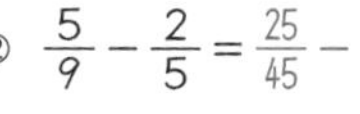
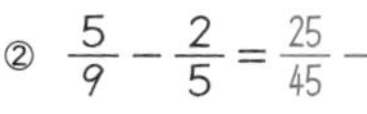
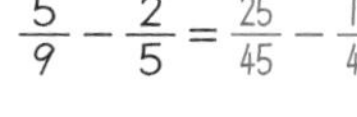
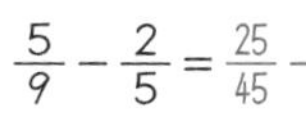

月　日 名前

分数のひき算 ⑧
ひき算の練習

次の計算をしましょう。約分できるものは約分します。

① $\frac{7}{9}-\frac{1}{2}=\frac{14}{18}-\frac{9}{18}=\frac{5}{18}$

② $\frac{5}{9}-\frac{2}{5}=\frac{25}{45}-\frac{18}{45}=\frac{7}{45}$

③ $\frac{4}{5}-\frac{9}{20}=\frac{16}{20}-\frac{9}{20}=\frac{7}{20}$

④ $\frac{3}{5}-\frac{1}{10}=\frac{6}{10}-\frac{1}{10}=\frac{5}{10}=\frac{1}{2}$

⑤ $\frac{5}{6}-\frac{3}{10}=\frac{25}{30}-\frac{9}{30}=\frac{16}{30}=\frac{8}{15}$

⑥ $\frac{5}{7}-\frac{2}{9}=\frac{45}{63}-\frac{14}{63}=\frac{31}{63}$

⑦ $\frac{8}{15}-\frac{1}{12}=\frac{32}{60}-\frac{5}{60}=\frac{27}{60}=\frac{9}{20}$

⑧ $\frac{4}{7}-\frac{3}{28}=\frac{16}{28}-\frac{3}{28}=\frac{13}{28}$

⑨ $\frac{13}{15}-\frac{1}{6}=\frac{26}{30}-\frac{5}{30}=\frac{21}{30}=\frac{7}{10}$

⑩ $\frac{13}{18}-\frac{1}{2}=\frac{13}{18}-\frac{9}{18}=\frac{4}{18}=\frac{2}{9}$

月　日 名前

分数のひき算 ⑨

帯分数

次の計算をしましょう。約分できるものは約分します。

① $3\frac{2}{3}-2\frac{1}{3}=1\frac{1}{3}$

② $2\frac{2}{5}-1\frac{1}{5}=1\frac{1}{5}$

③ $1\frac{3}{8}-1\frac{1}{8}=\frac{2}{8}=\frac{1}{4}$

④ $1\frac{7}{10}-1\frac{1}{10}=\frac{6}{10}=\frac{3}{5}$

⑤ $2\frac{4}{6}-1\frac{4}{6}=1$

⑥ $8\frac{4}{6}-1\frac{5}{6}=7\frac{10}{6}-1\frac{5}{6}=6\frac{5}{6}$

⑦ $2\frac{6}{11}-\frac{8}{11}=1\frac{17}{11}-\frac{8}{11}=1\frac{9}{11}$

⑧ $8\frac{5}{17}-7\frac{10}{17}=7\frac{22}{17}-7\frac{10}{17}=\frac{12}{17}$

⑨ $2\frac{1}{5}-1\frac{4}{5}=1\frac{6}{5}-1\frac{4}{5}=\frac{2}{5}$

⑩ $7\frac{8}{13}-6\frac{8}{13}=1$

月　日 名前

分数のひき算 ⑩

帯分数

次の計算をしましょう。約分できるものは約分します。

① $4\frac{3}{4}-1\frac{5}{8}=4\frac{6}{8}-1\frac{5}{8}=3\frac{1}{8}$

② $2\frac{5}{6}-1\frac{2}{5}=2\frac{25}{30}-1\frac{12}{30}=1\frac{13}{30}$

③ $3\frac{7}{20}-2\frac{1}{3}=3\frac{21}{60}-2\frac{20}{60}=1\frac{1}{60}$

④ $7\frac{1}{2}-3\frac{4}{9}=7\frac{9}{18}-3\frac{8}{18}=4\frac{1}{18}$

⑤ $5\frac{4}{5}-2\frac{5}{9}=5\frac{36}{45}-2\frac{25}{45}=3\frac{11}{45}$

⑥ $1\frac{4}{5}-\frac{4}{7}=1\frac{28}{35}-\frac{20}{35}=1\frac{8}{35}$

⑦ $5\frac{3}{10}-\frac{4}{5}=5\frac{3}{10}-\frac{8}{10}=4\frac{13}{10}-\frac{8}{10}=4\frac{5}{10}=4\frac{1}{2}$

⑧ $1\frac{1}{2}-\frac{5}{8}=1\frac{4}{8}-\frac{5}{8}=\frac{12}{8}-\frac{5}{8}=\frac{7}{8}$

⑨ $3\frac{3}{4}-\frac{11}{12}=3\frac{9}{12}-\frac{11}{12}=2\frac{21}{12}-\frac{11}{12}=2\frac{10}{12}=2\frac{5}{6}$

⑩ $3\frac{3}{8}-\frac{7}{12}=3\frac{9}{24}-\frac{14}{24}=2\frac{33}{24}-\frac{14}{24}=2\frac{19}{24}$

まとめテスト　月　日 名前

まとめ ⑨

分数のひき算

／50点

1 次の計算をしましょう。（各5点／30点）

① $\frac{1}{2}-\frac{2}{7}=\frac{7}{14}-\frac{4}{14}=\frac{3}{14}$

② $\frac{5}{6}-\frac{5}{12}=\frac{10}{12}-\frac{5}{12}=\frac{5}{12}$

③ $\frac{1}{4}-\frac{1}{6}=\frac{3}{12}-\frac{2}{12}=\frac{1}{12}$

④ $\frac{3}{10}-\frac{1}{4}=\frac{6}{20}-\frac{5}{20}=\frac{1}{20}$

⑤ $2\frac{2}{5}-1\frac{1}{10}=2\frac{4}{10}-1\frac{1}{10}=1\frac{3}{10}$

⑥ $1\frac{2}{5}-\frac{4}{7}=1\frac{14}{35}-\frac{20}{35}=\frac{49}{35}-\frac{20}{35}=\frac{29}{35}$

2 $\frac{4}{5}$Lの油のうち、$\frac{1}{2}$Lを使いました。残りは何Lですか。（式10点、答え10点／20点）

式 $\frac{4}{5}-\frac{1}{2}=\frac{8}{10}-\frac{5}{10}=\frac{3}{10}$

答え $\frac{3}{10}$L

まとめテスト　月　日 名前

まとめ ⑩

分数のひき算

／50点

1 次の計算をしましょう。約分できるものは約分します。（各5点／30点）

① $\frac{9}{8}-\frac{7}{12}=\frac{27}{24}-\frac{14}{24}=\frac{13}{24}$

② $\frac{7}{12}-\frac{8}{15}=\frac{35}{60}-\frac{32}{60}=\frac{3}{60}=\frac{1}{20}$

③ $\frac{2}{3}-\frac{1}{4}=\frac{8}{12}-\frac{3}{12}=\frac{5}{12}$

④ $\frac{2}{3}-\frac{7}{12}=\frac{8}{12}-\frac{7}{12}=\frac{1}{12}$

⑤ $\frac{11}{12}-\frac{4}{15}=\frac{55}{60}-\frac{16}{60}=\frac{39}{60}=\frac{13}{20}$

⑥ $\frac{5}{6}-\frac{7}{10}=\frac{25}{30}-\frac{21}{30}=\frac{4}{30}=\frac{2}{15}$

2 学校から北に$1\frac{7}{10}$km のところに図書館があり、学校から南に$1\frac{1}{4}$km のところに公園があります。学校からのきょりはどれだけちがいますか。（式10点、答え10点／20点）

式 $1\frac{7}{10}-1\frac{1}{4}=1\frac{14}{20}-1\frac{5}{20}=\frac{9}{20}$

答え $\frac{9}{20}$km

月　日 名前

分数・小数・整数 ①

わり算と分数

商を分数で表しましょう。

① $2 \div 3 = \frac{2}{3}$　② $1 \div 6 = \frac{1}{6}$

③ $4 \div 7 = \frac{4}{7}$　④ $6 \div 13 = \frac{6}{13}$

⑤ $3 \div 7 = \frac{3}{7}$　⑥ $2 \div 5 = \frac{2}{5}$

⑦ $4 \div 9 = \frac{4}{9}$　⑧ $5 \div 7 = \frac{5}{7}$

⑨ $8 \div 9 = \frac{8}{9}$　⑩ $3 \div 5 = \frac{3}{5}$

⑪ $5 \div 11 = \frac{5}{11}$　⑫ $6 \div 7 = \frac{6}{7}$

⑬ $3 \div 4 = \frac{3}{4}$　⑭ $1 \div 2 = \frac{1}{2}$

月　日 名前

分数・小数・整数 ②

わり算と分数

分数を小数で表すための、わり算の式に直しましょう。

① $\frac{3}{5} = 3 \div 5$　② $\frac{5}{8} = 5 \div 8$

③ $\frac{5}{9} = 5 \div 9$　④ $\frac{3}{7} = 3 \div 7$

⑤ $\frac{1}{4} = 1 \div 4$　⑥ $\frac{2}{9} = 2 \div 9$

⑦ $\frac{8}{9} = 8 \div 9$　⑧ $\frac{2}{7} = 2 \div 7$

⑨ $\frac{1}{6} = 1 \div 6$　⑩ $\frac{2}{5} = 2 \div 5$

⑪ $\frac{10}{11} = 10 \div 11$　⑫ $\frac{1}{12} = 1 \div 12$

⑬ $\frac{7}{3} = 7 \div 3$　⑭ $\frac{9}{2} = 9 \div 2$

月　日 名前

分数・小数・整数 ③

分数と小数

次の分数を小数で表しましょう。

① $\frac{2}{5} = 0.4$　② $\frac{1}{2} = 0.5$

③ $\frac{1}{5} = 0.2$　④ $\frac{4}{5} = 0.8$

⑤ $\frac{1}{4} = 0.25$　⑥ $\frac{1}{10} = 0.1$

⑦ $\frac{3}{4} = 0.75$　⑧ $\frac{3}{5} = 0.6$

⑨ $\frac{1}{8} = 0.125$　⑩ $\frac{5}{8} = 0.625$

⑪ $\frac{3}{10} = 0.3$　⑫ $\frac{3}{8} = 0.375$

月　日 名前

分数・小数・整数 ④

分数と小数

次の小数を分数で表しましょう。

① $0.4 = \frac{4}{10} = \frac{2}{5}$　② $0.2 = \frac{2}{10} = \frac{1}{5}$

③ $0.6 = \frac{6}{10} = \frac{3}{5}$　④ $0.1 = \frac{1}{10}$

⑤ $0.8 = \frac{8}{10} = \frac{4}{5}$　⑥ $0.7 = \frac{7}{10}$

⑦ $0.01 = \frac{1}{100}$　⑧ $0.03 = \frac{3}{100}$

⑨ $0.12 = \frac{12}{100} = \frac{3}{25}$　⑩ $0.24 = \frac{24}{100} = \frac{6}{25}$

⑪ $0.48 = \frac{48}{100} = \frac{12}{25}$　⑫ $0.36 = \frac{36}{100} = \frac{9}{25}$

月　日 名前

分数・小数・整数 ⑤

分数と小数

● 次の計算をしましょう。小数は分数に直して計算しましょう。

① $0.3+\frac{1}{5}=\frac{3}{10}+\frac{1}{5}=\frac{3}{10}+\frac{2}{10}$
$=\frac{5}{10}=\frac{1}{2}$

② $\frac{1}{4}+0.2=\frac{1}{4}+\frac{2}{10}=\frac{5}{20}+\frac{4}{20}$
$=\frac{9}{20}$

③ $\frac{1}{8}+0.6=\frac{1}{8}+\frac{6}{10}=\frac{5}{40}+\frac{24}{40}$
$=\frac{29}{40}$

④ $0.7-\frac{1}{5}=\frac{7}{10}-\frac{1}{5}=\frac{7}{10}-\frac{2}{10}$
$=\frac{5}{10}=\frac{1}{2}$

⑤ $0.6-\frac{3}{5}=\frac{6}{10}-\frac{3}{5}=\frac{6}{10}-\frac{6}{10}$
$=0$

⑥ $\frac{4}{5}-0.7=\frac{4}{5}-\frac{7}{10}=\frac{8}{10}-\frac{7}{10}$
$=\frac{1}{10}$

月　日 名前

分数・小数・整数 ⑥

分数と整数

1 次の時間を分に直しましょう。

① $\frac{1}{2}$時間=30分　② $\frac{1}{5}$時間=12分
③ $\frac{1}{4}$時間=15分　④ $\frac{1}{6}$時間=10分
⑤ $\frac{1}{12}$時間=5分　⑥ $\frac{1}{15}$時間=4分

2 次の分を時間に直しましょう。

① 5分=$\frac{5}{60}$時間 $=\frac{1}{12}$時間　② 10分=$\frac{10}{60}$時間 $=\frac{1}{6}$時間
③ 15分=$\frac{15}{60}$時間 $=\frac{1}{4}$時間　④ 4分=$\frac{4}{60}$時間 $=\frac{1}{15}$時間
⑤ 45分=$\frac{45}{60}$時間 $=\frac{3}{4}$時間　⑥ 30分=$\frac{30}{60}$時間 $=\frac{1}{2}$時間

まとめテスト　月　日 名前

まとめ ⑪

分数・小数・整数

50点

1 わり算の商を、分数で表しましょう。（各5点／10点）

① 5÷9 $\left(\frac{5}{9}\right)$　② 8÷3 $\left(\frac{8}{3}\right)$

2 次の分数を、わり算の式で表しましょう。（各5点／10点）

① $\frac{2}{7}$ （ 2÷7 ）　② $\frac{5}{14}$ （ 5÷14 ）

3 分数で答えましょう。（各5点／10点）

① 30Lは、20Lの何倍ですか。 $\left(\frac{3}{2}倍\right)$
② 6mを1とみると、9mはいくつにあたりますか。 $\left(\frac{3}{2}\right)$

4 次の分数を、小数で表しましょう。（各5点／10点）

① $\frac{11}{4}$ （ 2.75 ）　② $3\frac{7}{8}$ （ 3.875 ）

5 次の小数を、分数で表しましょう。（各5点／10点）

① 2.7 $\left(2\frac{7}{10}\right)$　② 5.64 $\left(5\frac{16}{25}\right)$

まとめテスト　月　日 名前

まとめ ⑫

分数・小数・整数

50点

1 次の計算をしましょう。（各5点／20点）

① $\frac{9}{10}+0.87=\frac{90}{100}+\frac{87}{100}$ $=\frac{177}{100}$
② $\frac{7}{8}+0.25=\frac{7}{8}+\frac{1}{4}$ $=\frac{7}{8}+\frac{2}{8}=\frac{9}{8}$
③ $0.75-\frac{23}{100}=\frac{75}{100}-\frac{23}{100}$ $=\frac{52}{100}=\frac{13}{25}$
④ $2.45-\frac{12}{25}=2\frac{45}{100}-\frac{48}{100}$ $=1\frac{145}{100}-\frac{48}{100}=1\frac{97}{100}$

2 □にあてはまる分数をかきましょう。（各5点／20点）

① 27分=$\frac{9}{20}$時間　② 75分=$\frac{5}{4}$時間
③ 1秒=$\frac{1}{60}$分　④ 66秒=$\frac{11}{10}$分

3 水とうにお茶が$1\frac{11}{15}$L 入っています。お昼に$\frac{5}{6}$L 飲み、夕方0.75L 飲みました。何L残っていますか。（式5点、答え5点／10点）

式 $1\frac{11}{15}-\frac{5}{6}=1\frac{22}{30}-\frac{25}{30}=\frac{52}{30}-\frac{25}{30}=\frac{27}{30}=\frac{9}{10}$
$\frac{9}{10}-0.75=\frac{9}{10}-\frac{3}{4}=\frac{18}{20}-\frac{15}{20}=\frac{3}{20}$

答え $\frac{3}{20}$L

月　日 名前

図形の合同 ①

合同とは

1 百人一首やしおりを重ねたらどうなりますか。正しい方に○をつけましょう。

① （重なる・重ならない）　② （重なる・重ならない）

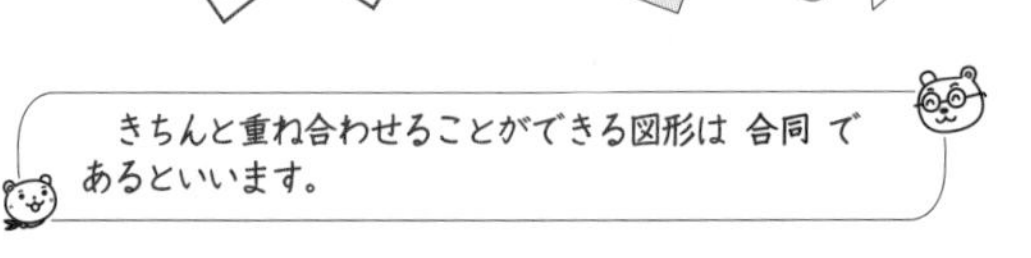

きちんと重ね合わせることができる図形は 合同 であるといいます。

百人一首の形は（ 合同 ）です。しおりの形は合同ではありません。

2 ㋐や㋑と合同な図形を見つけて記号をかきましょう。

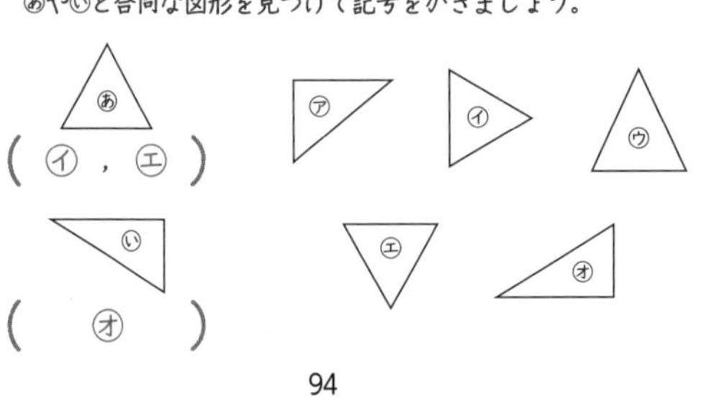

㋐（ ㋑ ， ㋓ ）

㋑（ ㋔ ）

月　日 名前

図形の合同 ②

合同とは

1 合同な図形の組を（　）にかきましょう。

（ ㋐ ， ㋕ ）（ ㋑ ， ㋖ ）（ ㋒ ， ㋓ ）

2 2つの三角形は合同です。

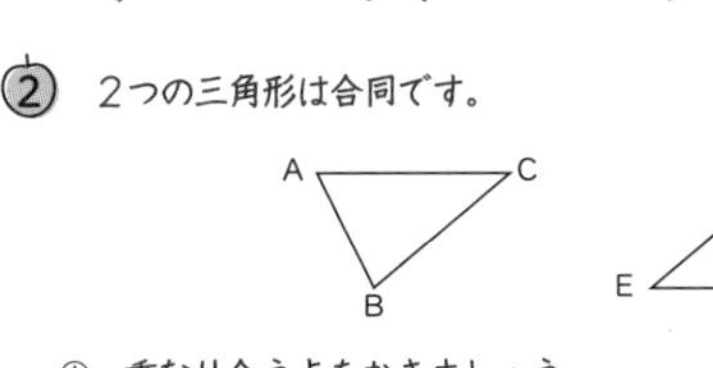

① 重なり合う点をかきましょう。

（ 点Aと 点F ）（ 点Bと 点G ）（ 点Cと 点E ）

② 重なり合う辺の組をかきましょう。

（辺ABと辺FG）（辺BCと辺GE）（辺CAと辺EF）

③ 重なり合う角の組をかきましょう。

（ 角Aと 角F ）（ 角Bと 角G ）（ 角Cと 角E ）

月　日 名前

図形の合同 ③

対応する辺、ちょう点、角

合同な図形を重ねたとき、重なり合うちょう点や辺や角を対応(たいおう)するちょう点、対応する辺、対応する角 といいます。

● 二等辺三角形を、図のように合同な直角三角形ができるように切りました。（　）に言葉や辺、角の名前をかきましょう。
※もとの三角形ABFは二等辺三角形です。

① 辺ABと対応する（辺 DF ）の長さは（ 等しい ）。

② 辺BCと対応する（ 辺FE ）の長さは（ 等しい ）。

③ 角Bと対応する（角 F ）の大きさは（ 等しい ）。

④ 角Aと角Dは（ 等しい ）角です。

⑤ 角Cと角Eの大きさは（ 90 度）です。

合同な図形では、対応する辺の長さは等しく、対応する角の大きさも等しくなっています。

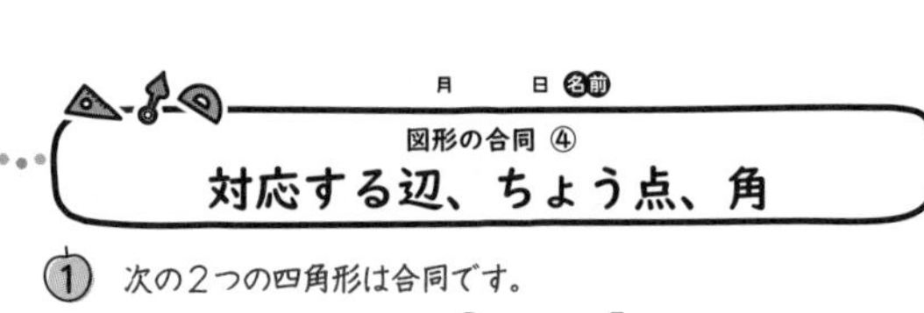

月　日 名前

図形の合同 ④

対応する辺、ちょう点、角

1 次の2つの四角形は合同です。

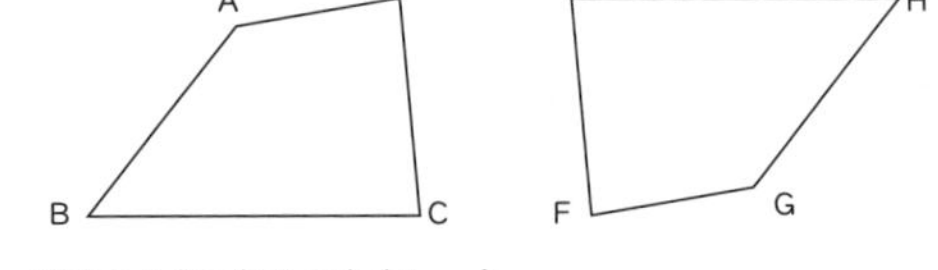

① 対応する点の組をかきましょう。

（点Aと点G）（点Bと点H）（点Cと点E）（点Dと点F）

② 対応する辺の組をかきましょう。

（ 辺AB と 辺GH ）（ 辺BC と 辺HE ）

（ 辺CD と 辺EF ）（ 辺DA と 辺FG ）

③ 対応する角の組をかきましょう。

（角Aと角G）（角Bと角H）（角Cと角E）（角Dと角F）

2 四角形を対角線で4つの三角形に分けました。それぞれの四角形で合同な三角形に同じ印をつけましょう。

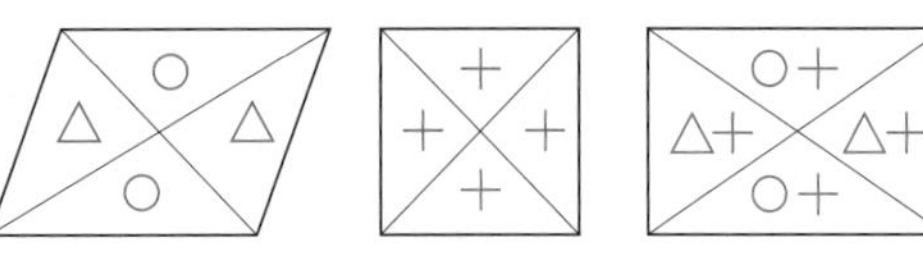

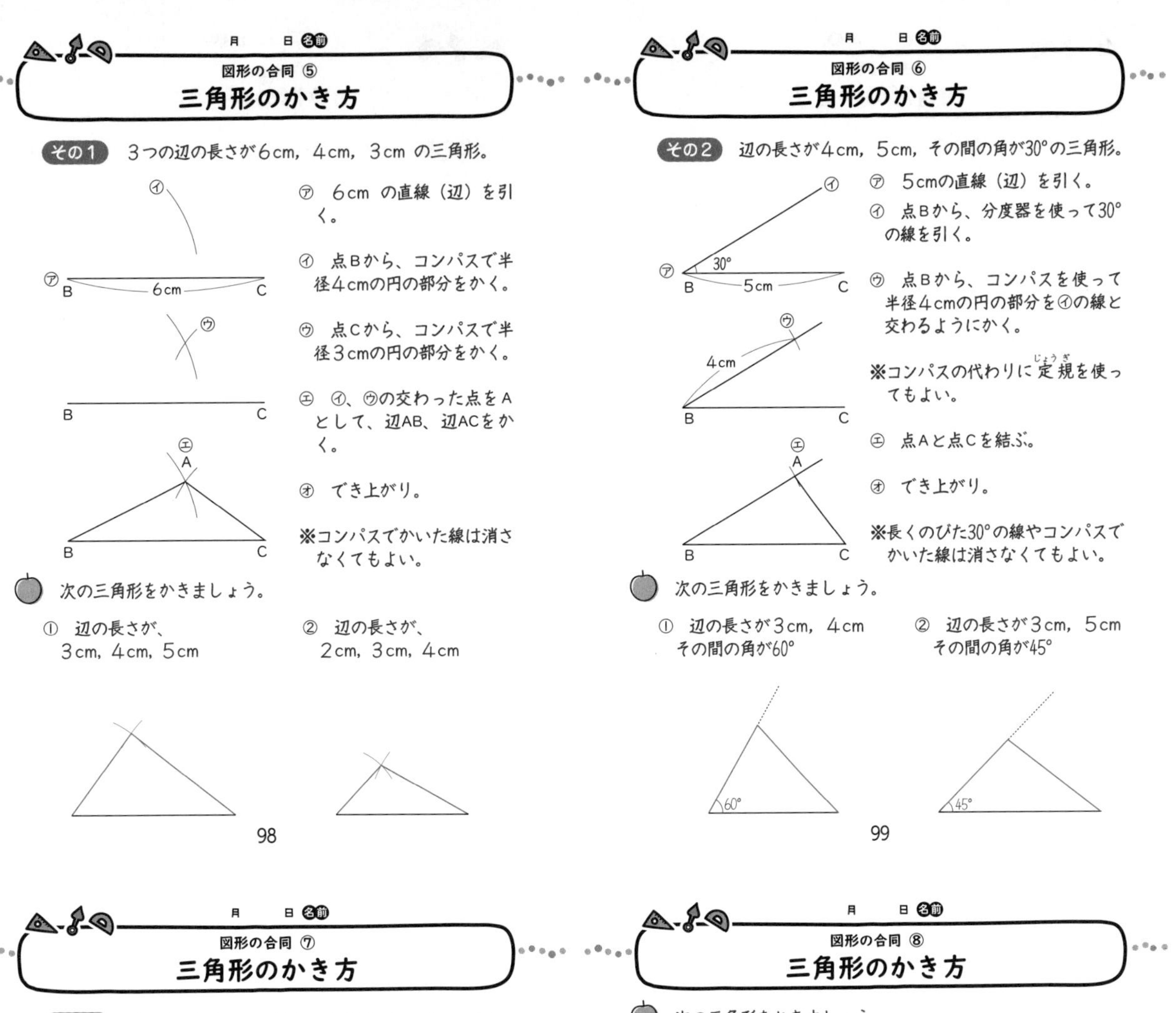

月　日 名前

図形の合同 ⑤

三角形のかき方

その1　3つの辺の長さが6cm，4cm，3cm の三角形。

㋐　6cm の直線（辺）を引く。

㋑　点Bから、コンパスで半径4cmの円の部分をかく。

㋒　点Cから、コンパスで半径3cmの円の部分をかく。

㋓　㋑、㋒の交わった点をAとして、辺AB、辺ACをかく。

㋔　でき上がり。

※コンパスでかいた線は消さなくてもよい。

次の三角形をかきましょう。

①　辺の長さが、
3cm，4cm，5cm

②　辺の長さが、
2cm，3cm，4cm

月　日 名前

図形の合同 ⑥

三角形のかき方

その2　辺の長さが4cm，5cm，その間の角が30°の三角形。

㋐　5cmの直線（辺）を引く。

㋑　点Bから、分度器を使って30°の線を引く。

㋒　点Bから、コンパスを使って半径4cmの円の部分を㋑の線と交わるようにかく。

※コンパスの代わりに定規（じょうぎ）を使ってもよい。

㋓　点Aと点Cを結ぶ。

㋔　でき上がり。

※長くのびた30°の線やコンパスでかいた線は消さなくてもよい。

次の三角形をかきましょう。

①　辺の長さが3cm，4cm
その間の角が60°

②　辺の長さが3cm，5cm
その間の角が45°

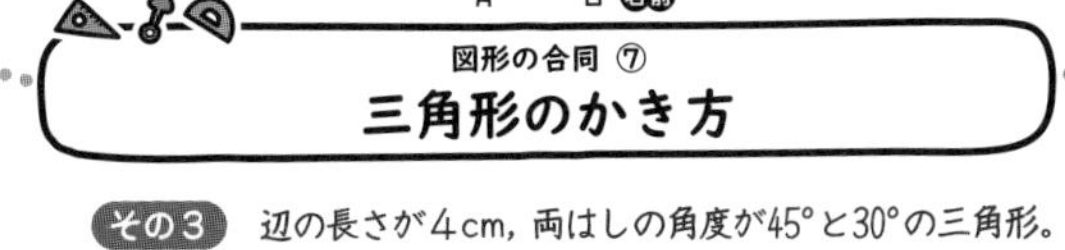

月　日 名前

図形の合同 ⑦

三角形のかき方

その3　辺の長さが4cm，両はしの角度が45°と30°の三角形。

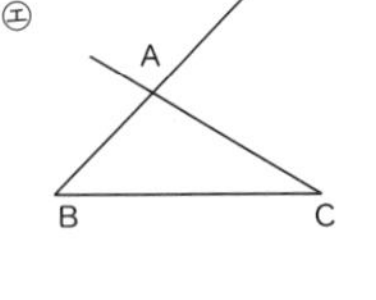

㋐　4cmの直線（辺）を引く。

㋑　角Bが45°になるように印をつける。

㋒　角Cが30°になるように印をつける。

㋓　Bと㋑でつけた印を直線で結び、Cと㋒でつけた印を直線で結ぶ。

㋔　でき上がり。

※三角形の外までのびている線は消さなくてもよい。

次の三角形をかきましょう。

①　辺の長さが5cm，
両はしの角度が50°と40°

②　辺の長さが4cm，
両はしの角度が30°と60°

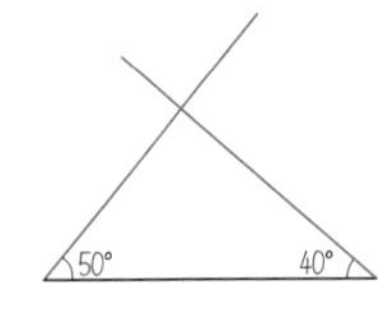

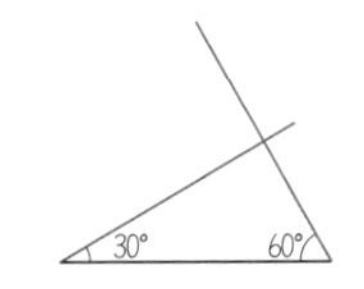

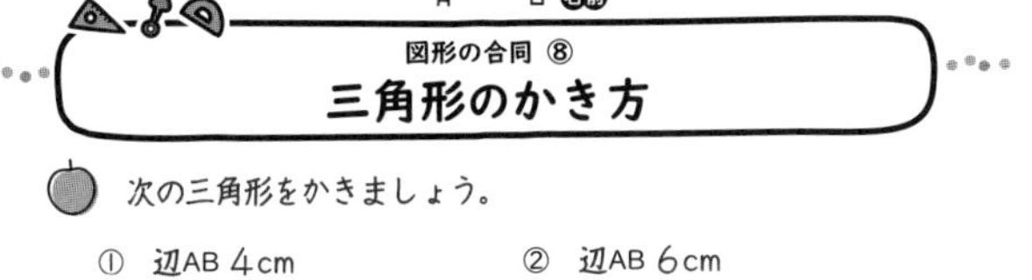

月　日 名前

図形の合同 ⑧

三角形のかき方

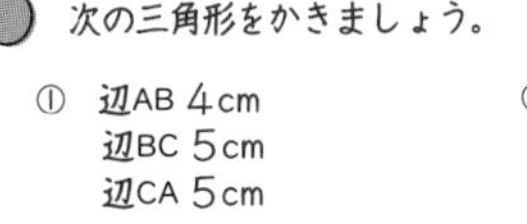

次の三角形をかきましょう。

①　辺AB 4cm
辺BC 5cm
辺CA 5cm

②　辺AB 6cm
辺BC 5cm
角B 40°

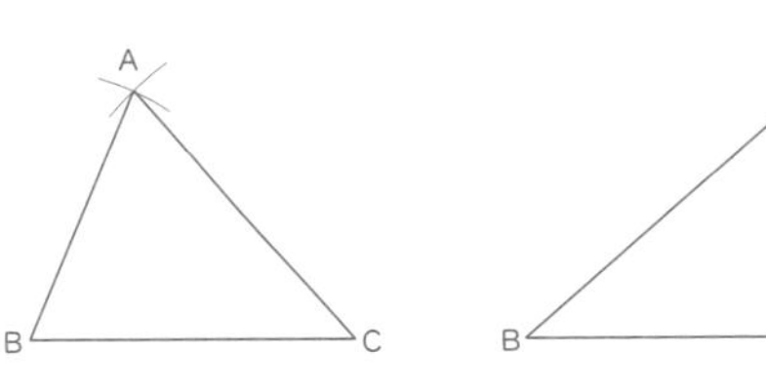

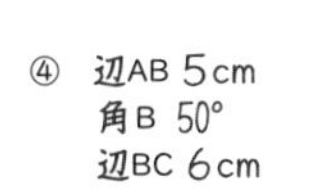

③　辺BC 5cm
角B 60°
角C 50°

④　辺AB 5cm
角B 50°
辺BC 6cm

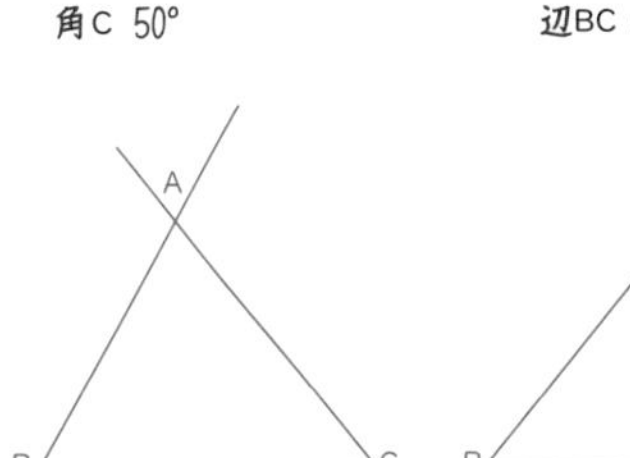

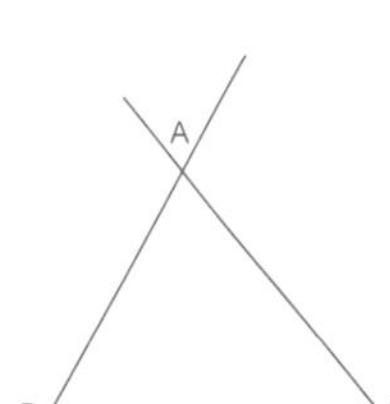

月　日 名前

図形の合同 ⑨

四角形のかき方

下の図は、どれも辺の長さが、4cm，3cm，2cm，3.5cm の四角形です。

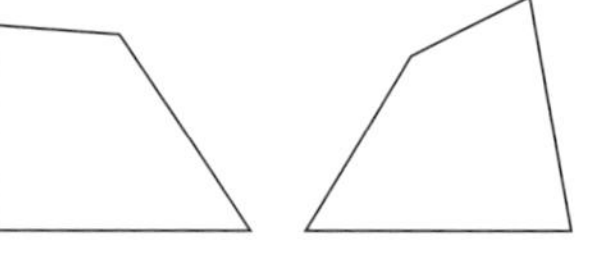

四角形をかく場合は、辺の長さがわかっただけでは、いろいろな四角形ができてしまいます。

その1　合同な四角形をかく場合、4つの辺の長さと、どこか1つの角の大きさを決めます。

次の四角形と合同な四角形を、右にかきましょう。

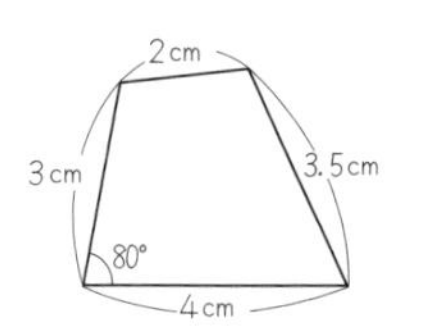

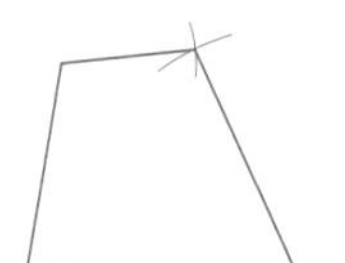

月　日 名前

図形の合同 ⑩

四角形のかき方

その2　合同な四角形をかく場合、4つの辺の長さと対角線の長さを決めます。

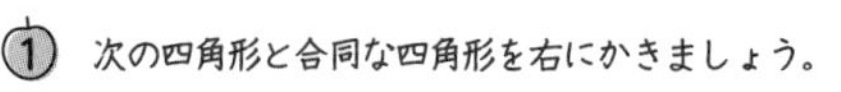

① 次の四角形と合同な四角形を右にかきましょう。

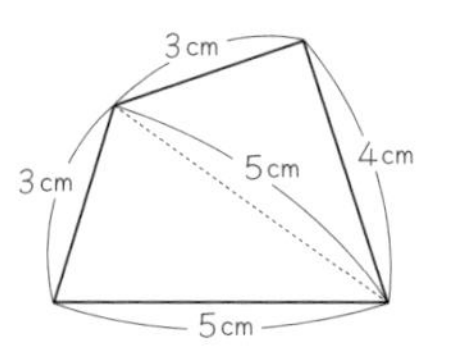

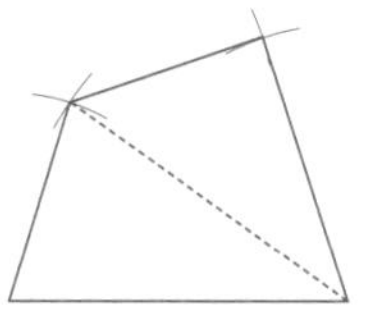

② 次の四角形と合同な四角形を右にかきましょう。
辺AB 3cm，辺BC 5cm，辺CD 4cm，辺DA 2cm，対角線AC 4cm

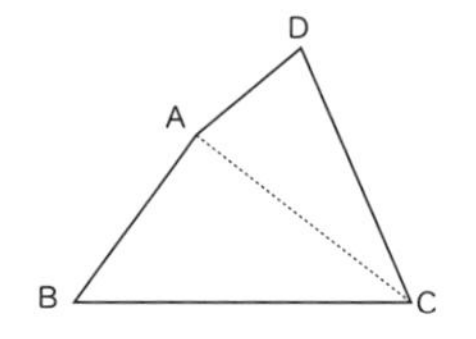

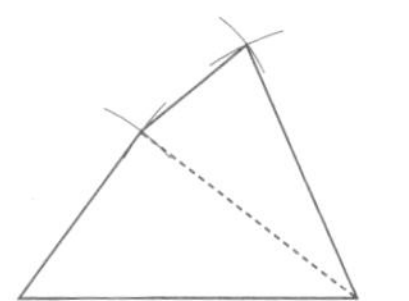

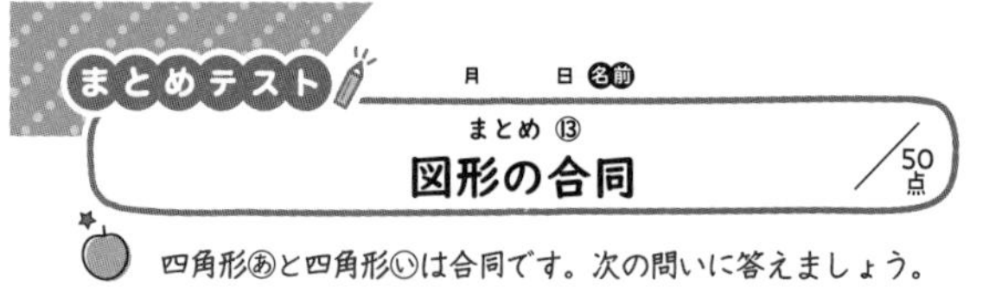

まとめテスト　月　日 名前

まとめ ⑬

図形の合同

50点

四角形あと四角形いは合同です。次の問いに答えましょう。(各10点／50点)

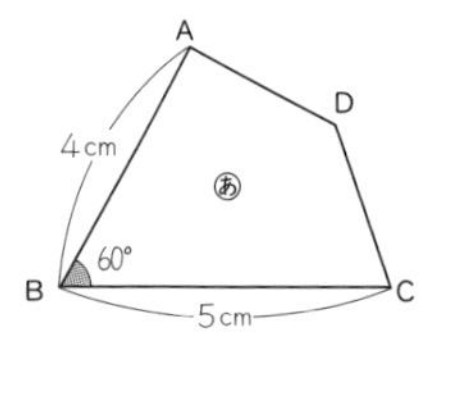

① ちょう点Aに対応（たいおう）するちょう点はどこですか。
ちょう点（ E ）

② ちょう点Bに対応するちょう点はどこですか。
ちょう点（ F ）

③ 辺EFの長さは何cmですか。
（ 4cm ）

④ 辺ADの長さは何cmですか。
（ 2.5cm ）

⑤ 角Cの大きさは何度ですか。
（ 70° ）

まとめテスト　月　日 名前

まとめ ⑭

図形の合同

50点

① 2本の対角線で分けると、合同な4つの三角形ができるのはどれですか。記号でかきましょう。(1つ10点／20点)

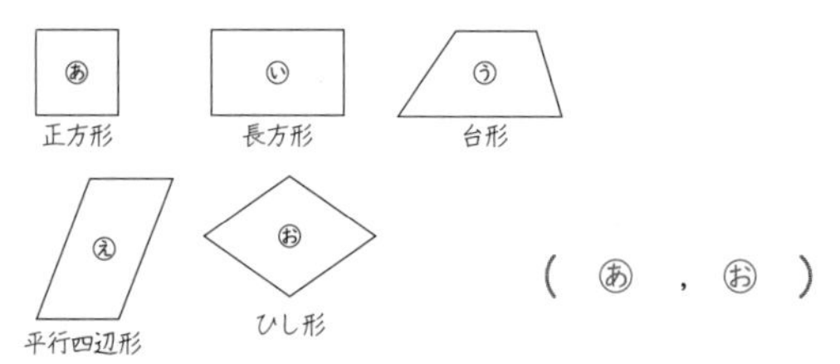

（ あ ， お ）

② 次の図形をかきましょう。(1つ10点／30点)

① 3つの辺の長さが 3cm、4cm、5cm の三角形。

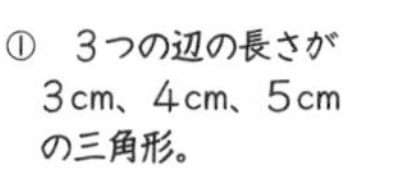

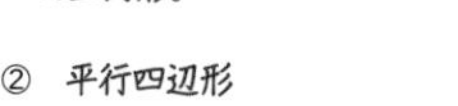

② 平行四辺形

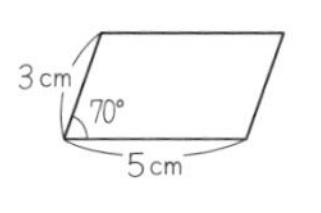

③ ひし形

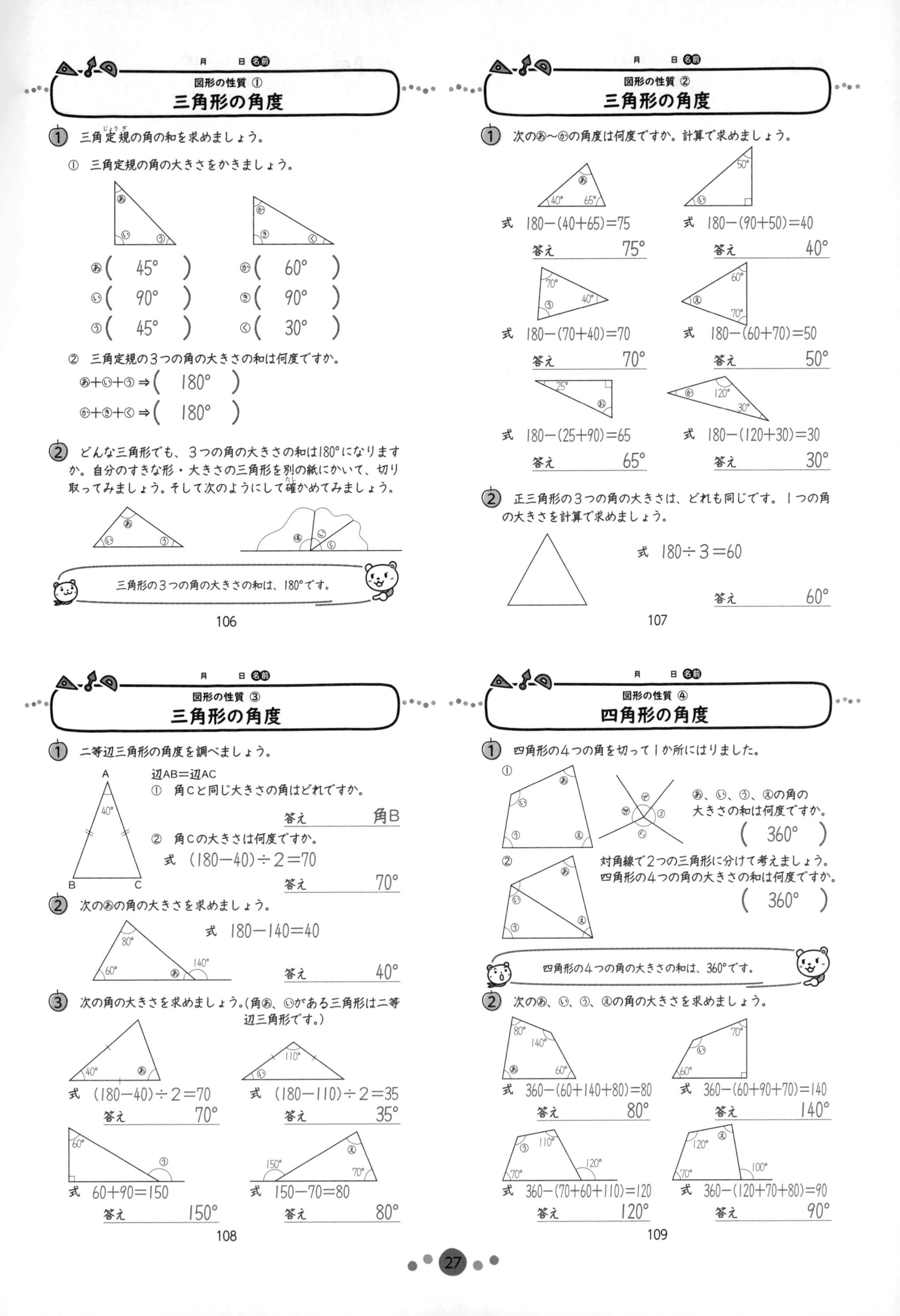

月　日 名前

図形の性質 ①

三角形の角度

1 三角定規の角の和を求めましょう。

① 三角定規の角の大きさをかきましょう。

あ（ 45° ）　か（ 60° ）
い（ 90° ）　き（ 90° ）
う（ 45° ）　く（ 30° ）

② 三角定規の3つの角の大きさの和は何度ですか。

あ＋い＋う ⇒（ 180° ）
か＋き＋く ⇒（ 180° ）

2 どんな三角形でも、3つの角の大きさの和は180°になりますか。自分のすきな形・大きさの三角形を別の紙にかいて、切り取ってみましょう。そして次のようにして確かめてみましょう。

三角形の3つの角の大きさの和は、180°です。

月　日 名前

図形の性質 ②

三角形の角度

1 次のあ～かの角度は何度ですか。計算で求めましょう。

式 180−(40+65)=75　答え 75°
式 180−(90+50)=40　答え 40°
式 180−(70+40)=70　答え 70°
式 180−(60+70)=50　答え 50°
式 180−(25+90)=65　答え 65°
式 180−(120+30)=30　答え 30°

2 正三角形の3つの角の大きさは、どれも同じです。1つの角の大きさを計算で求めましょう。

式 180÷3=60

答え 60°

月　日 名前

図形の性質 ③

三角形の角度

1 二等辺三角形の角度を調べましょう。

辺AB＝辺AC

① 角Cと同じ大きさの角はどれですか。

答え 角B

② 角Cの大きさは何度ですか。

式 (180−40)÷2=70

答え 70°

2 次のあの角の大きさを求めましょう。

式 180−140=40

答え 40°

3 次の角の大きさを求めましょう。（角あ、いがある三角形は二等辺三角形です。）

式 (180−40)÷2=70　答え 70°
式 (180−110)÷2=35　答え 35°
式 60+90=150　答え 150°
式 150−70=80　答え 80°

月　日 名前

図形の性質 ④

四角形の角度

1 四角形の4つの角を切って1か所にはりました。

① あ、い、う、えの角の大きさの和は何度ですか。

（ 360° ）

② 対角線で2つの三角形に分けて考えましょう。四角形の4つの角の大きさの和は何度ですか。

（ 360° ）

四角形の4つの角の大きさの和は、360°です。

2 次のあ、い、う、えの角の大きさを求めましょう。

式 360−(60+140+80)=80　答え 80°
式 360−(60+90+70)=140　答え 140°
式 360−(70+60+110)=120　答え 120°
式 360−(120+70+80)=90　答え 90°

月　日 名前

図形の性質 ⑤

多角形の角度

1 5本の直線で囲（かこ）まれた形を五角形といいます。五角形の角の和を考えましょう。

① 五角形に対角線を引いて三角形をつくりました。三角形はいくつできましたか。

答え　3つ

② 三角形の角の大きさの和は180°です。五角形の角の大きさの和は何度ですか。

式　$180 \times 3 = 540$

答え　540°

三角形や四角形、五角形のように、直線で囲まれた図形を**多角形**といいます。

2 六角形の角の和を考えましょう。

① 六角形に１つの点から対角線を引いて三角形をつくります。三角形はいくつできますか。

答え　4つ

② 六角形の角の大きさの和は何度ですか。

式　$180 \times 4 = 720$

答え　720°

月　日 名前

図形の性質 ⑥

多角形の角度

1 次の多角形について調べましょう。

① 七角形

１つの点から対角線を引くと三角形が［5］つ分なので

$180° \times$［5］＝［900°］

② 八角形

１つの点から対角線を引くと三角形が［6］つ分なので

$180° \times$［6］＝［1080°］

2 多角形の角の大きさの和を表にまとめましょう。

三角形　四角形　五角形　六角形　七角形　八角形

	三角形	四角形	五角形	六角形	七角形	八角形
三角形の数	1	2	3	4	5	6
角の大きさの和	180°	360°	540°	720°	900°	1080°

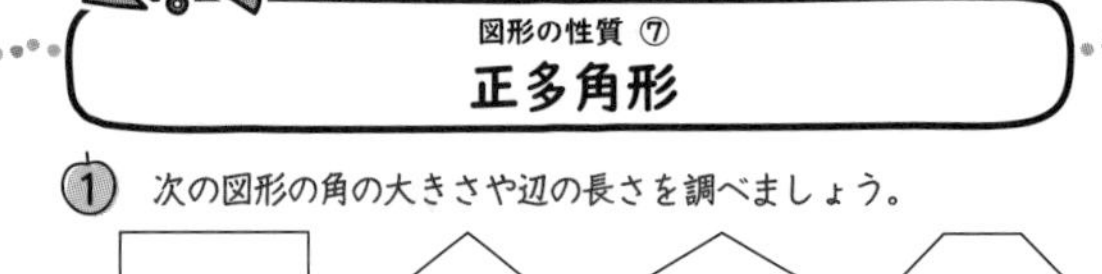

月　日 名前

図形の性質 ⑦

正多角形

1 次の図形の角の大きさや辺の長さを調べましょう。

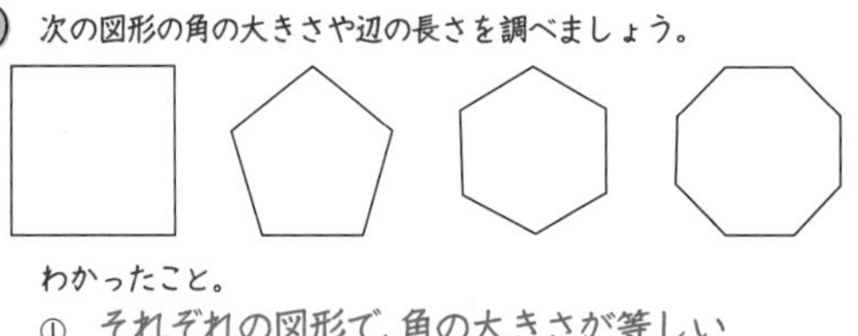

わかったこと。

① それぞれの図形で,角の大きさが等しい

② それぞれの図形で,辺の長さが等しい

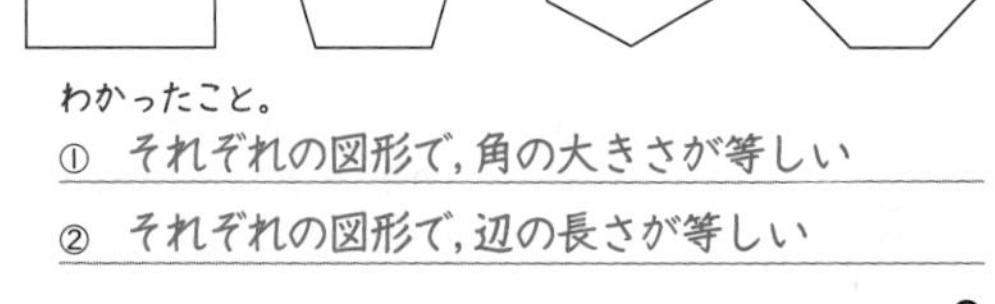

辺の長さが等しく、角の大きさもみんな等しい多角形をまとめて **正多角形** といいます。

2 どれも辺の長さが等しい多角形です。名前を(　　)にかきましょう。

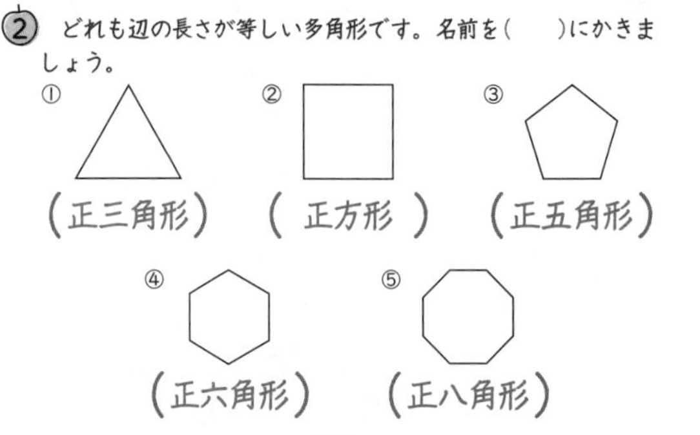

① (正三角形)　② (正方形)　③ (正五角形)

④ (正六角形)　⑤ (正八角形)

月　日 名前

図形の性質 ⑧

正多角形

1 円の中心を6等分して、線を結ぶと正六角形ができます。

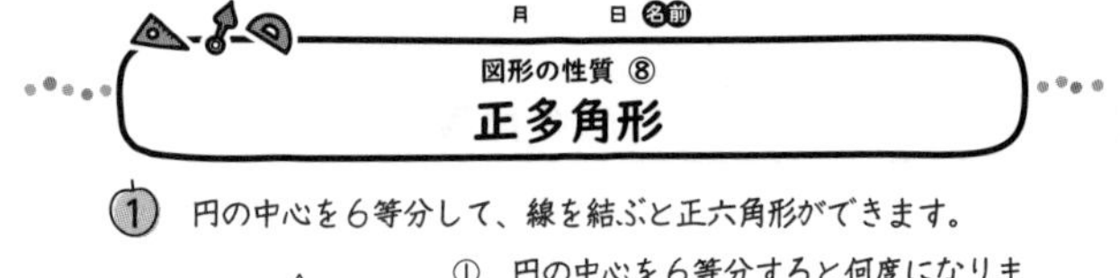

① 円の中心を6等分すると何度になりますか。

式　$360 \div 6 = 60$

答え　60°

② A～F，Aと順に結んで正六角形をかきましょう。

③ 正六角形の中にできる三角形はどんな三角形ですか。

答え　正三角形

2 正多角形は、円の中心の角を等分する線と、円が交わった点を直線で結ぶとかけます。

① 正多角形をかきましょう。

㋐ 正三角形　㋑ 正五角形　㋒ 正八角形

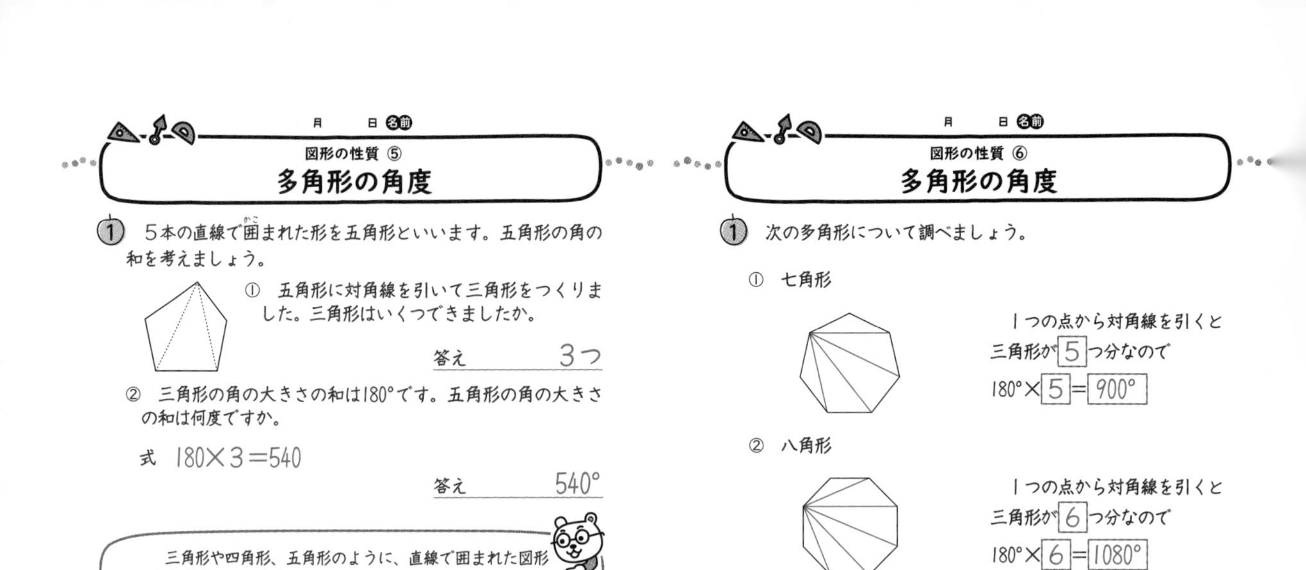

② ①でかいた正多角形の中にできる三角形の名前をかきましょう。

答え　二等辺三角形

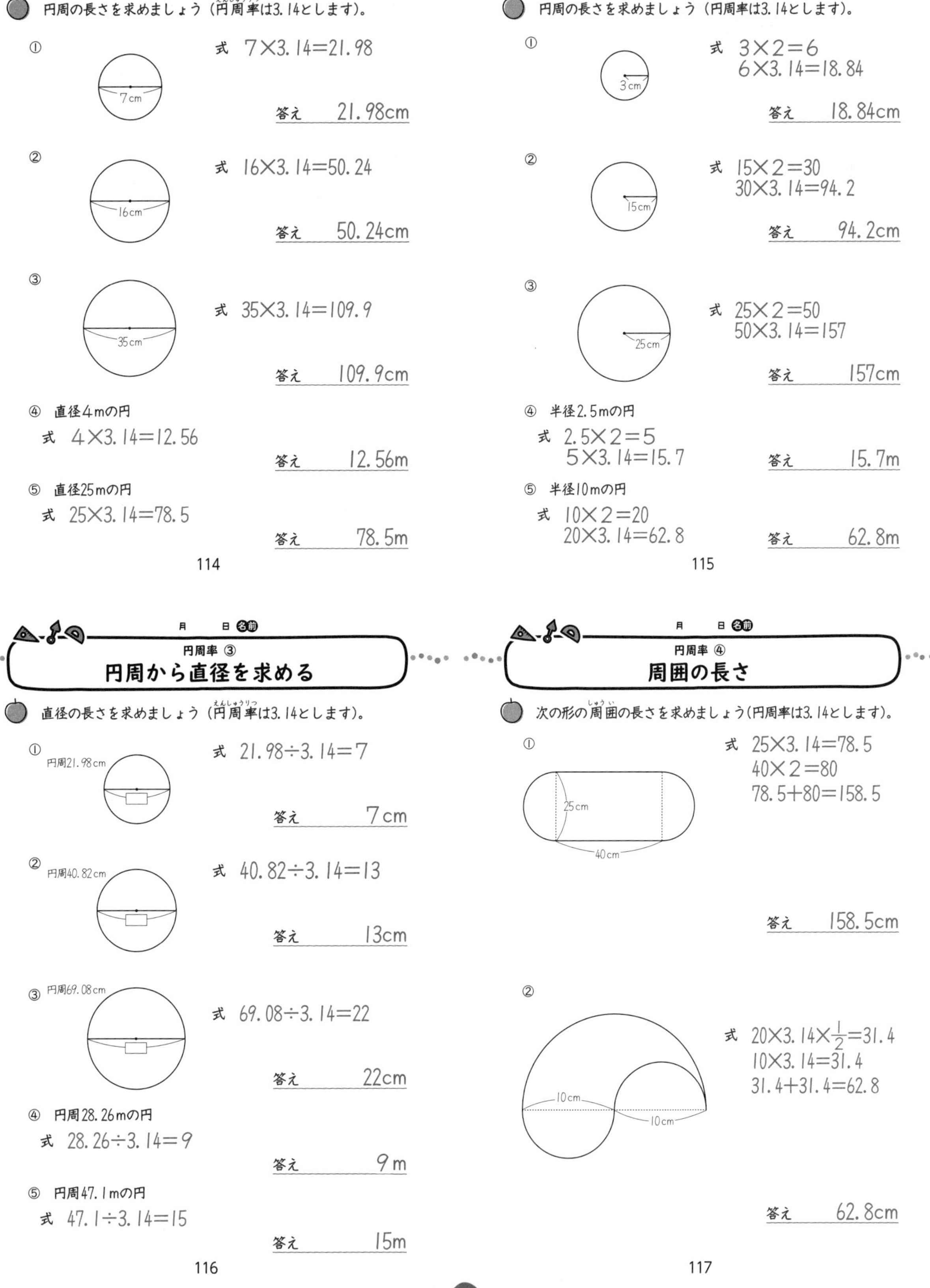

月　日 名前

円周率 ①

直径から円周を求める

円周の長さを求めましょう（円周率は3.14とします）。

①

式　7×3.14=21.98

答え　21.98cm

②

式　16×3.14=50.24

答え　50.24cm

③

式　35×3.14=109.9

答え　109.9cm

④　直径4mの円

式　4×3.14=12.56

答え　12.56m

⑤　直径25mの円

式　25×3.14=78.5

答え　78.5m

月　日 名前

円周率 ②

半径から円周を求める

円周の長さを求めましょう（円周率は3.14とします）。

①

式　3×2=6
6×3.14=18.84

答え　18.84cm

②

式　15×2=30
30×3.14=94.2

答え　94.2cm

③

式　25×2=50
50×3.14=157

答え　157cm

④　半径2.5mの円

式　2.5×2=5
5×3.14=15.7

答え　15.7m

⑤　半径10mの円

式　10×2=20
20×3.14=62.8

答え　62.8m

月　日 名前

円周率 ③

円周から直径を求める

直径の長さを求めましょう（円周率は3.14とします）。

①

式　21.98÷3.14=7

答え　7cm

②

式　40.82÷3.14=13

答え　13cm

③

式　69.08÷3.14=22

答え　22cm

④　円周28.26mの円

式　28.26÷3.14=9

答え　9m

⑤　円周47.1mの円

式　47.1÷3.14=15

答え　15m

月　日 名前

円周率 ④

周囲の長さ

次の形の周囲の長さを求めましょう（円周率は3.14とします）。

①

式　25×3.14=78.5
40×2=80
78.5+80=158.5

答え　158.5cm

②

式　$20×3.14×\frac{1}{2}=31.4$
10×3.14=31.4
31.4+31.4=62.8

答え　62.8cm

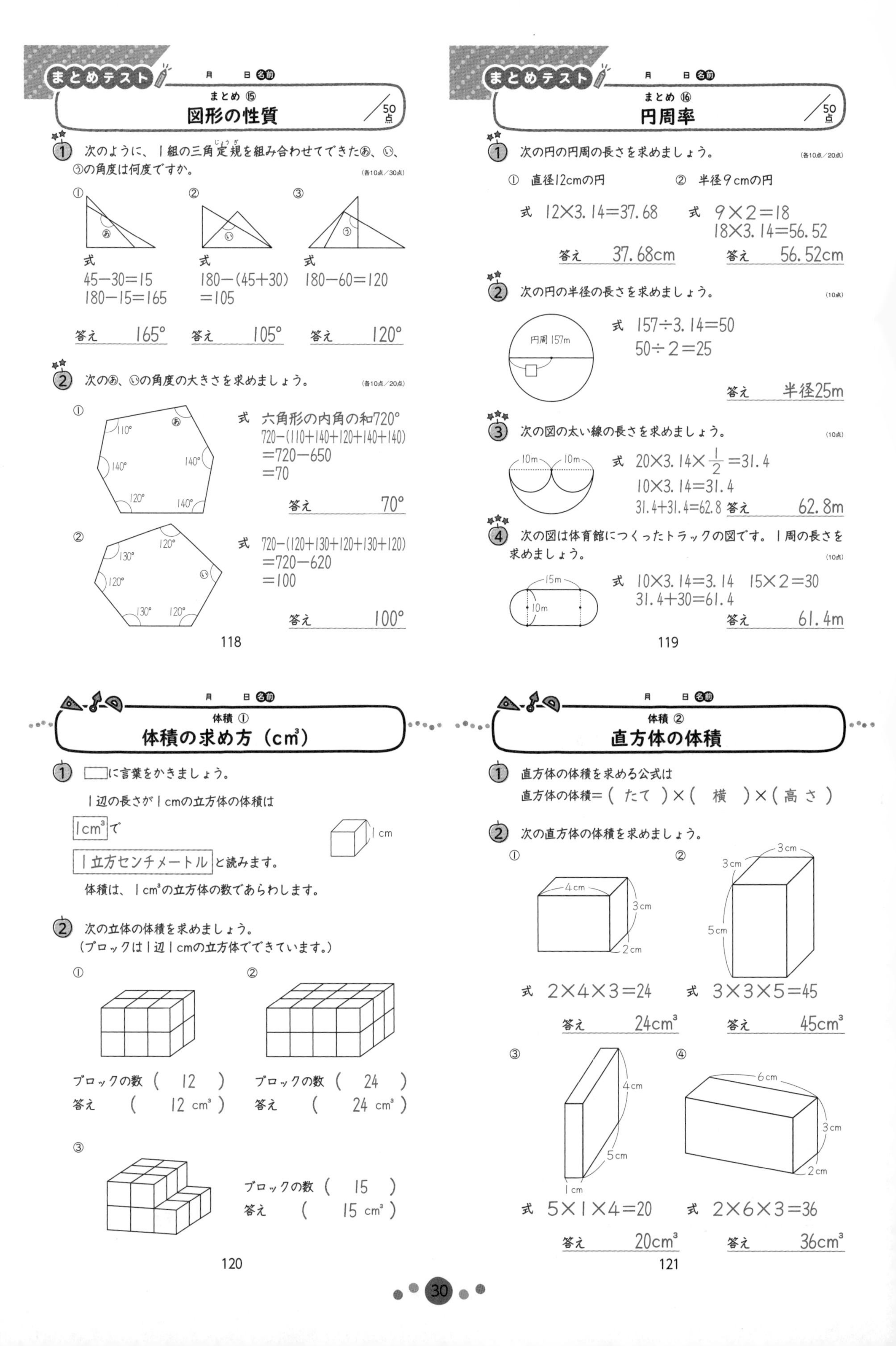

まとめテスト　月　日 名前

まとめ ⑮

図形の性質

50点

1 次のように、1組の三角定規を組み合わせてできたあ、い、うの角度は何度ですか。（各10点／30点）

① 式 45−30＝15　180−15＝165　答え 165°

② 式 180−(45＋30)＝105　答え 105°

③ 式 180−60＝120　答え 120°

2 次のあ、いの角度の大きさを求めましょう。（各10点／20点）

① 式 六角形の内角の和720°
720−(110＋140＋120＋140＋140)
＝720−650
＝70
答え 70°

② 式 720−(120＋130＋120＋130＋120)
＝720−620
＝100
答え 100°

まとめテスト　月　日 名前

まとめ ⑯

円周率

50点

1 次の円の円周の長さを求めましょう。（各10点／20点）

① 直径12cmの円　② 半径9cmの円

① 式 12×3.14＝37.68　答え 37.68cm

② 式 9×2＝18　18×3.14＝56.52　答え 56.52cm

2 次の円の半径の長さを求めましょう。（10点）

円周157m

式 157÷3.14＝50
50÷2＝25
答え 半径25m

3 次の図の太い線の長さを求めましょう。（10点）

10m　10m

式 $20 \times 3.14 \times \frac{1}{2} = 31.4$
10×3.14＝31.4
31.4＋31.4＝62.8
答え 62.8m

4 次の図は体育館につくったトラックの図です。1周の長さを求めましょう。（10点）

15m　10m

式 10×3.14＝3.14　15×2＝30
31.4＋30＝61.4
答え 61.4m

月　日 名前

体積 ①

体積の求め方（cm³）

1 □に言葉をかきましょう。

1辺の長さが1cmの立方体の体積は

［1cm³］で

［1立方センチメートル］と読みます。

体積は、1cm³の立方体の数であらわします。

2 次の立体の体積を求めましょう。
（ブロックは1辺1cmの立方体でできています。）

① ブロックの数（12）　答え（12 cm³）

② ブロックの数（24）　答え（24 cm³）

③ ブロックの数（15）　答え（15 cm³）

月　日 名前

体積 ②

直方体の体積

1 直方体の体積を求める公式は
直方体の体積＝（たて）×（横）×（高さ）

2 次の直方体の体積を求めましょう。

① 4cm　3cm　2cm
式 2×4×3＝24　答え 24cm³

② 3cm　3cm　5cm
式 3×3×5＝45　答え 45cm³

③ 4cm　5cm　1cm
式 5×1×4＝20　答え 20cm³

④ 6cm　3cm　2cm
式 2×6×3＝36　答え 36cm³

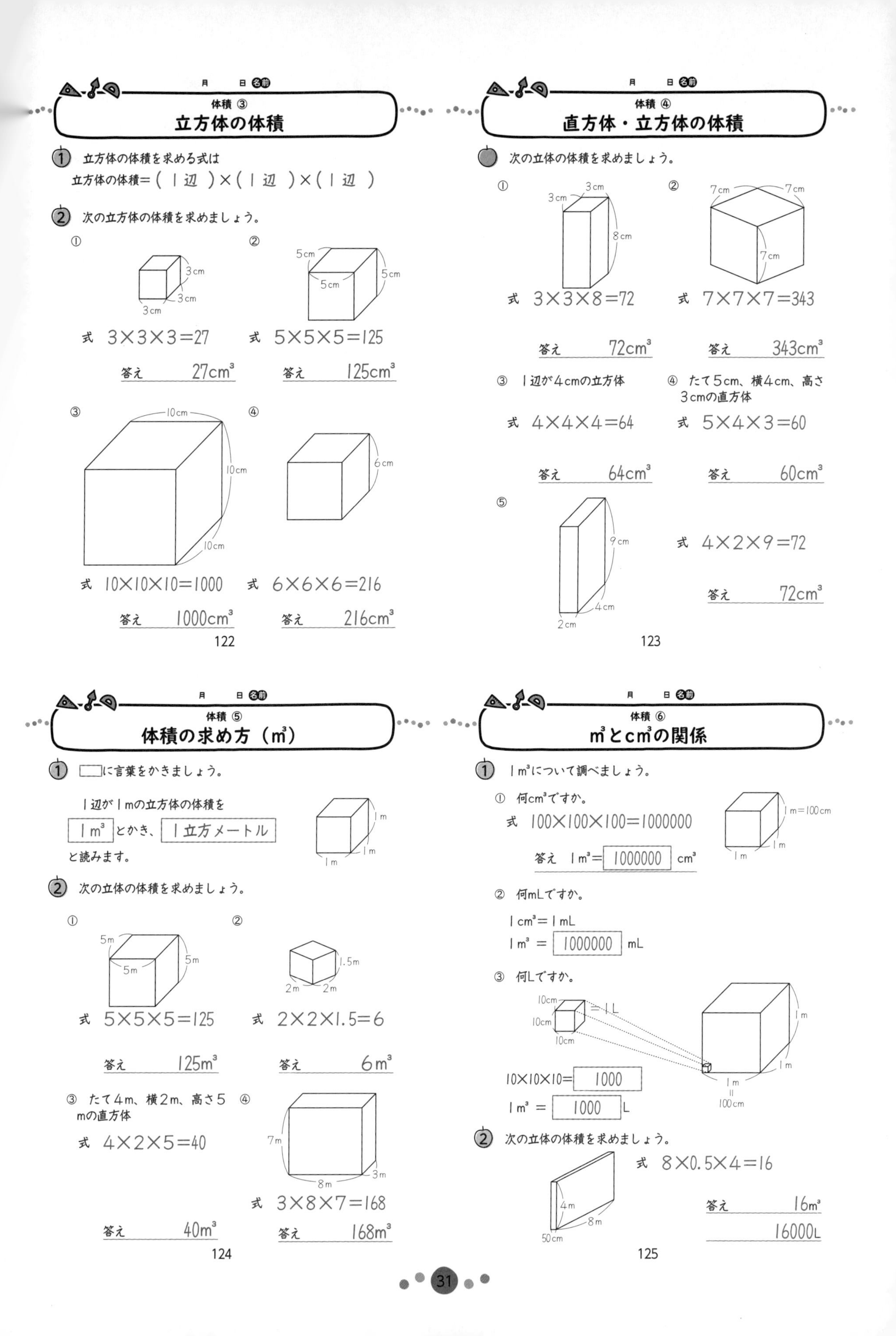

月　日 名前

体積 ③
立方体の体積

1 立方体の体積を求める式は
立方体の体積＝（ 1辺 ）×（ 1辺 ）×（ 1辺 ）

2 次の立方体の体積を求めましょう。

①

式 3×3×3＝27
答え 27cm³

②

式 5×5×5＝125
答え 125cm³

③

式 10×10×10＝1000
答え 1000cm³

④

式 6×6×6＝216
答え 216cm³

月　日 名前

体積 ④
直方体・立方体の体積

次の立体の体積を求めましょう。

①

式 3×3×8＝72
答え 72cm³

②

式 7×7×7＝343
答え 343cm³

③ 1辺が4cmの立方体
式 4×4×4＝64
答え 64cm³

④ たて5cm、横4cm、高さ3cmの直方体
式 5×4×3＝60
答え 60cm³

⑤

式 4×2×9＝72
答え 72cm³

月　日 名前

体積 ⑤
体積の求め方（m³）

1 □に言葉をかきましょう。

1辺が1mの立方体の体積を
［ 1m³ ］とかき、［ 1立方メートル ］
と読みます。

2 次の立体の体積を求めましょう。

①

式 5×5×5＝125
答え 125m³

②

式 2×2×1.5＝6
答え 6m³

③ たて4m、横2m、高さ5mの直方体
式 4×2×5＝40
答え 40m³

④

式 3×8×7＝168
答え 168m³

月　日 名前

体積 ⑥
m³とcm³の関係

1 1m³について調べましょう。

① 何cm³ですか。
式 100×100×100＝1000000
答え 1m³＝［ 1000000 ］cm³

② 何mLですか。
1cm³＝1mL
1m³ ＝［ 1000000 ］mL

③ 何Lですか。

10×10×10＝［ 1000 ］
1m³ ＝［ 1000 ］L

2 次の立体の体積を求めましょう。

式 8×0.5×4＝16
答え 16m³
16000L

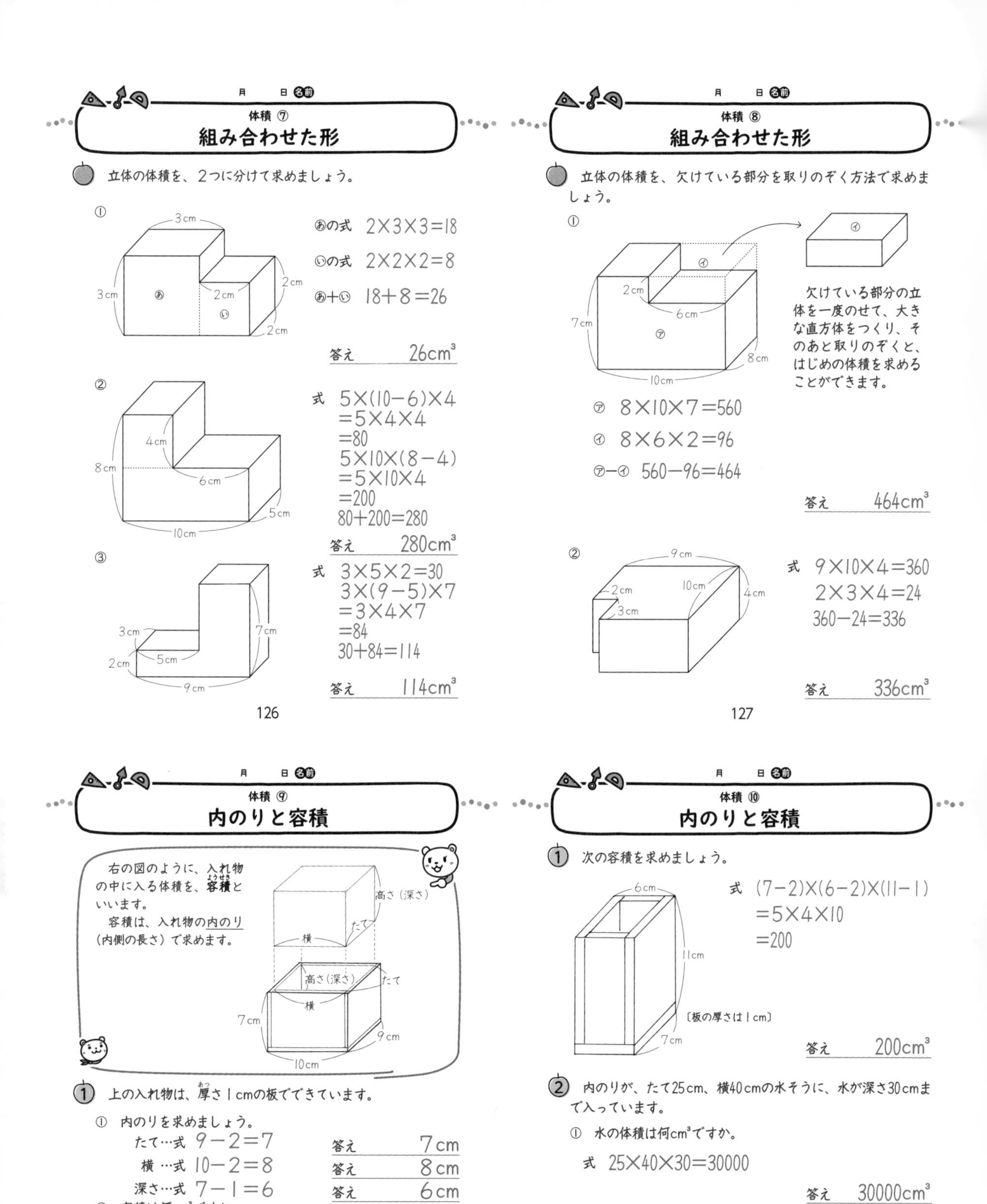

月　日 名前

体積 ⑦

組み合わせた形

立体の体積を、2つに分けて求めましょう。

①

あの式　2×3×3＝18

いの式　2×2×2＝8

あ＋い　18＋8＝26

答え　26cm³

②

式　5×(10−6)×4
＝5×4×4
＝80
5×10×(8−4)
＝5×10×4
＝200
80＋200＝280

答え　280cm³

③

式　3×5×2＝30
3×(9−5)×7
＝3×4×7
＝84
30＋84＝114

答え　114cm³

月　日 名前

体積 ⑧

組み合わせた形

立体の体積を、欠けている部分を取りのぞく方法で求めましょう。

①

欠けている部分の立体を一度のせて、大きな直方体をつくり、そのあと取りのぞくと、はじめの体積を求めることができます。

㋐　8×10×7＝560

㋑　8×6×2＝96

㋐−㋑　560−96＝464

答え　464cm³

②

式　9×10×4＝360
2×3×4＝24
360−24＝336

答え　336cm³

月　日 名前

体積 ⑨

内のりと容積

右の図のように、入れ物の中に入る体積を、容積（ようせき）といいます。
容積は、入れ物の内のり（内側の長さ）で求めます。

1　上の入れ物は、厚（あつ）さ1cmの板でできています。

①　内のりを求めましょう。

たて…式　9−2＝7　　答え　7cm

横　…式　10−2＝8　　答え　8cm

深さ…式　7−1＝6　　答え　6cm

②　容積は何cm³ですか。

式　7×8×6＝336　　答え　336cm³

2　次の入れ物の容積を求めましょう。

式　10×10×4＝400

（数字は内のりです。）　答え　400cm³

月　日 名前

体積 ⑩

内のりと容積

1　次の容積を求めましょう。

式　(7−2)×(6−2)×(11−1)
＝5×4×10
＝200

〔板の厚さは1cm〕

答え　200cm³

2　内のりが、たて25cm、横40cmの水そうに、水が深さ30cmまで入っています。

①　水の体積は何cm³ですか。

式　25×40×30＝30000

答え　30000cm³

②　その水は何Lですか。

30000÷1000＝30

答え　30L

③　あと2L水を入れると、何cm水面が上がりますか。

式　2L＝2000cm³
25×40＝1000
2000÷1000＝2

答え　2cm

まとめテスト　月　日 名前

まとめ ⑰

体積

/50点

1 次の直方体や立方体の体積を求めましょう。(各10点／20点)

① たて50cm、横80cm　高さ1.2mの直方体。

② 1辺が0.4mの立方体。

式 50×80×120=480000　式 40×40×40=64000

答え 480000cm³　答え 64000cm³

2 図は直方体や立方体の展開図です。組み立てたときの立体の体積を求めましょう。(各10点／20点)

①（4cm、5cm、3cm）②（8cm、8cm、8cm）

式 5×4×3=60　式 8×8×8=512

答え 60cm³　答え 512cm³

3 体積180cm³の直方体のたての長さは5cm、横の長さは9cmです。高さはいくらですか。(10点)

式 底面は5×9=45

180÷45=4

答え 4cm

まとめテスト　月　日 名前

まとめ ⑱

体積

/50点

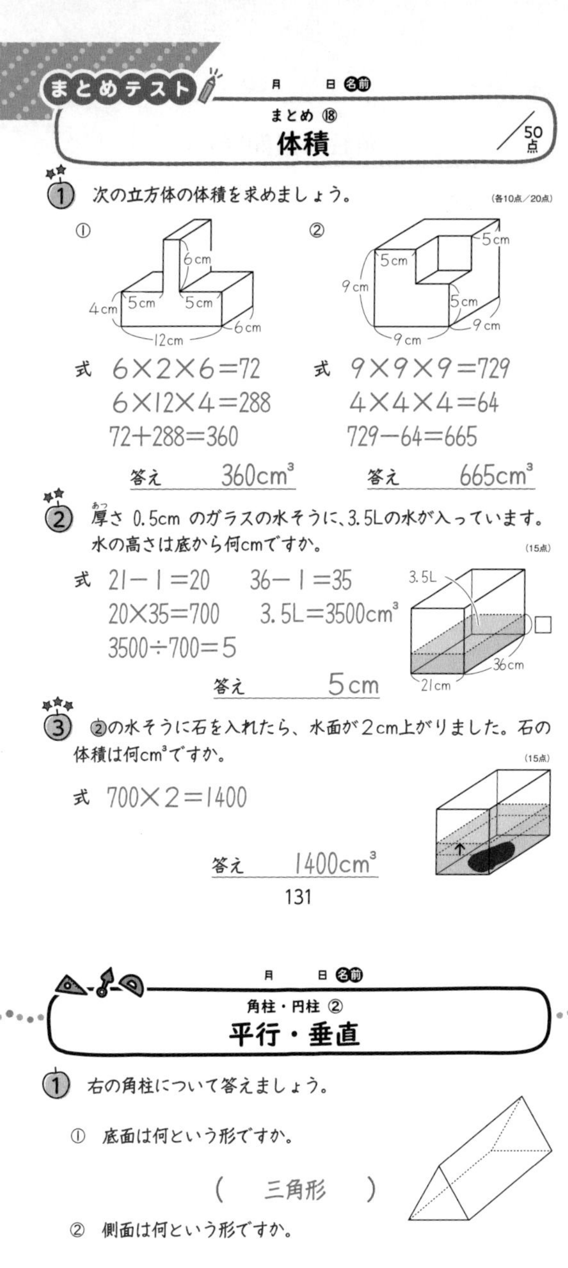

1 次の立方体の体積を求めましょう。(各10点／20点)

①

②

式 6×2×6=72

6×12×4=288

72+288=360

式 9×9×9=729

4×4×4=64

729−64=665

答え 360cm³　答え 665cm³

2 厚さ 0.5cm のガラスの水そうに、3.5Lの水が入っています。水の高さは底から何cmですか。(15点)

式 21−1=20　36−1=35

20×35=700　3.5L=3500cm³

3500÷700=5

答え 5cm

3 ②の水そうに石を入れたら、水面が2cm上がりました。石の体積は何cm³ですか。(15点)

式 700×2=1400

答え 1400cm³

月　日 名前

角柱・円柱 ①

角柱・円柱とは

角柱　三角柱　五角柱　円柱

底面　側面　底面　㋐　㋑　㋒

左のような立体を角柱、右のつつのような立体を円柱といいます。形が合同で平行な2つの面を **底面** といい、まわりの面を **側面** といいます。角柱の側面は、長方形など四角形ですが、円柱の側面は、曲面になっています。

表にあてはまる数や言葉をかきましょう。

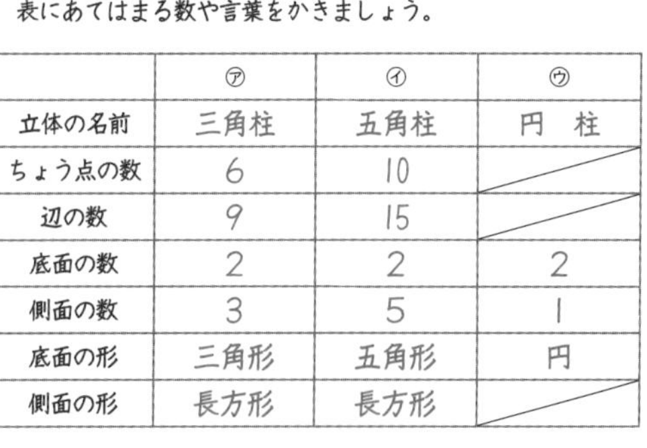

	㋐	㋑	㋒
立体の名前	三角柱	五角柱	円　柱
ちょう点の数	6	10	
辺の数	9	15	
底面の数	2	2	2
側面の数	3	5	1
底面の形	三角形	五角形	円
側面の形	長方形	長方形	

月　日 名前

角柱・円柱 ②

平行・垂直

1 右の角柱について答えましょう。

① 底面は何という形ですか。

（　三角形　）

② 側面は何という形ですか。

（　長方形　）

③ 底面に垂直な面はいくつありますか。

（　3つ　）

2 右の角柱について答えましょう。

① 底面アイウエは何という形ですか。

（　正方形　）

② 側面は何という形ですか。

（　長方形　）

③ 辺アカと平行な辺をすべてかきましょう。

（　辺イキ，辺ウク，辺エケ　）

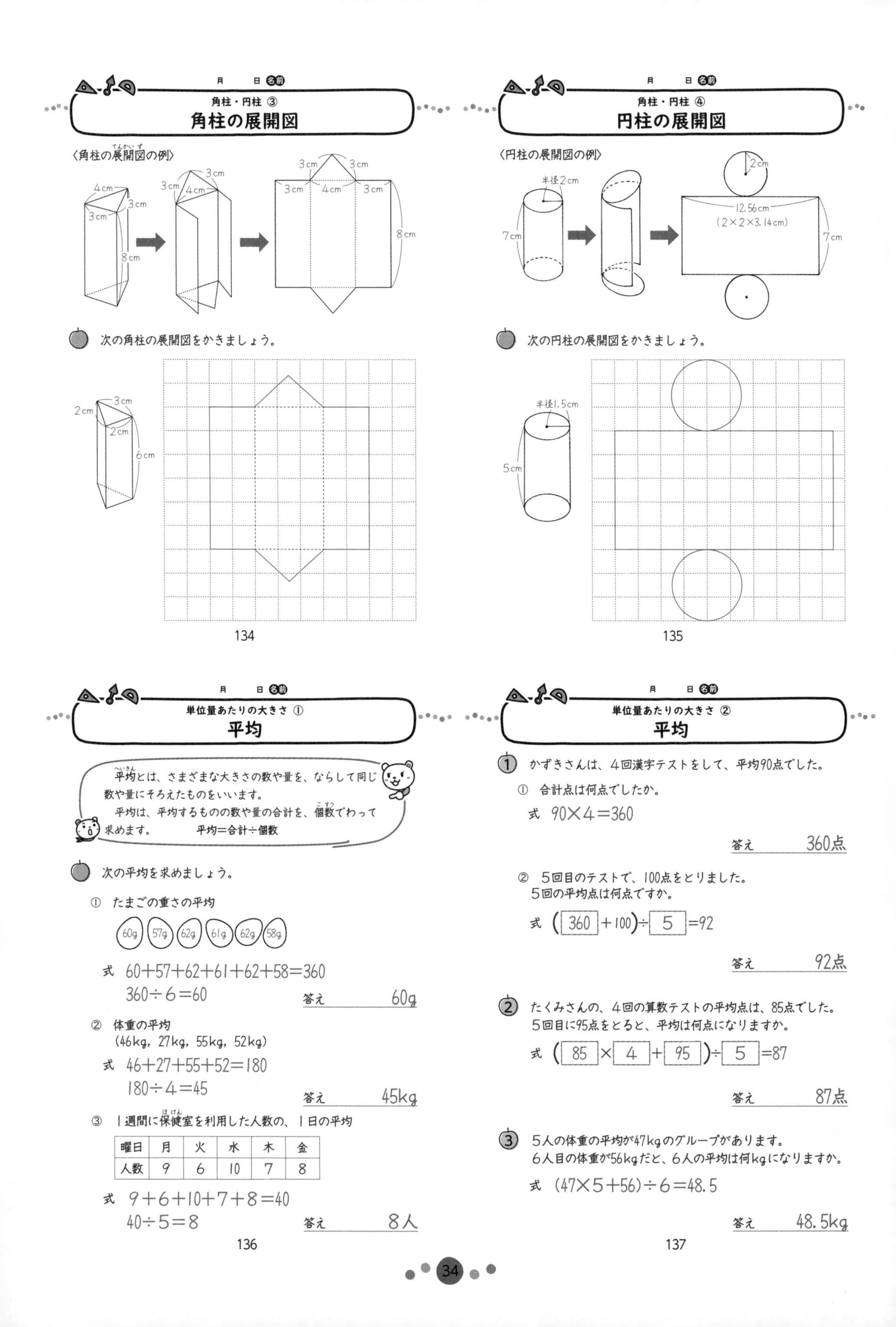

月　日 名前

角柱・円柱 ③

角柱の展開図

〈角柱の展開図の例〉

次の角柱の展開図をかきましょう。

月　日 名前

角柱・円柱 ④

円柱の展開図

〈円柱の展開図の例〉

次の円柱の展開図をかきましょう。

月　日 名前

単位量あたりの大きさ ①

平均

平均とは、さまざまな大きさの数や量を、ならして同じ数や量にそろえたものをいいます。
平均は、平均するものの数や量の合計を、個数でわって求めます。　平均＝合計÷個数

次の平均を求めましょう。

① たまごの重さの平均

式 60＋57＋62＋61＋62＋58＝360
360÷6＝60

答え 60g

② 体重の平均
(46kg, 27kg, 55kg, 52kg)

式 46＋27＋55＋52＝180
180÷4＝45

答え 45kg

③ 1週間に保健室を利用した人数の、1日の平均

曜日	月	火	水	木	金
人数	9	6	10	7	8

式 9＋6＋10＋7＋8＝40
40÷5＝8

答え 8人

月　日 名前

単位量あたりの大きさ ②

平均

1 かずきさんは、4回漢字テストをして、平均90点でした。

① 合計点は何点でしたか。

式 90×4＝360

答え 360点

② 5回目のテストで、100点をとりました。
5回の平均点は何点ですか。

式 (360＋100)÷5＝92

答え 92点

2 たくみさんの、4回の算数テストの平均点は、85点でした。
5回目に95点をとると、平均は何点になりますか。

式 (85×4＋95)÷5＝87

答え 87点

3 5人の体重の平均が47kgのグループがあります。
6人目の体重が56kgだと、6人の平均は何kgになりますか。

式 (47×5＋56)÷6＝48.5

答え 48.5kg

月　　日 名前

単位量あたりの大きさ ③

混みぐあい

3つのグループが大きさのちがう部屋に分かれて入りました。
どの部屋が混んでいるかを考えましょう。

部屋	たたみの数	部屋の人数
あ	8	12
い	8	9
う	10	12

① たたみの数が同じあといの部屋では、どちらが混んでいますか。

答え　あ

② 部屋の人数が同じあとうの部屋では、どちらが混んでいますか。

答え　あ

③ いとうの部屋では、どちらが混んでいるのか、たたみ1まいあたりの人数と、1人あたりのたたみのまい数の両方を求めて比べましょう。

たたみ1まいあたり
〔いの部屋〕 9（人数） ÷ 8（たたみの数） = 1.125
〔うの部屋〕 12 ÷ 10 = 1.2

1人あたり
〔いの部屋〕 8（たたみの数） ÷ 9（人数） = 0.88
〔うの部屋〕 10 ÷ 12 = 0.83

答え　うが混んでいる

④ あ、い、うの部屋を、混んでいる順にならべましょう。

（ あ ）→（ う ）→（ い ）

月　　日 名前

単位量あたりの大きさ ④

混みぐあい

3つの花だんに球根を植えました。どの花だんが混んでいるかを調べましょう。

あ 花だんの広さ 10m² 球根の数 40個
い 花だんの広さ 12m² 球根の数 60個
う 花だんの広さ 15m² 球根の数 80個

① 花だん1m²あたりの球根の数を調べて、あ、い、うの花だんを、混んでいる順にならべましょう。

あ 40 ÷ 10 =4

い 60 ÷ 12 =5

う 80 ÷ 15 =5.3

（ う ）→（ い ）→（ あ ）

② 球根1個あたりの花だんの広さを調べて、あ、い、うの花だんを、混んでいる順にならべましょう。

あ 10÷40=0.25

い 12÷60=0.2

う 15÷80=0.1875

（ う ）→（ い ）→（ あ ）

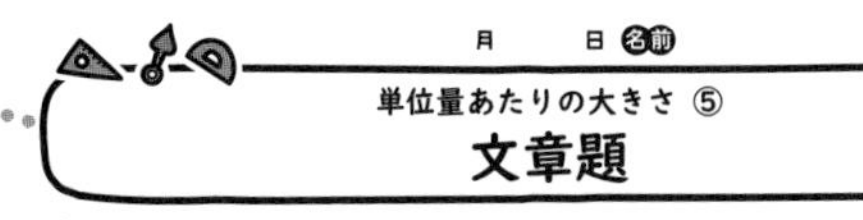

月　　日 名前

単位量あたりの大きさ ⑤

文章題

① 4mで900円のリボン1mのねだんはいくらですか。

式　900÷4=225

答え　225円

② 0.8mで160円のリボン1mのねだんはいくらですか。

式　160÷0.8=200

答え　200円

③ 2mで500円のリボンAと、3mが800円のリボンBがあります。1mあたりのねだんで比べると、どちらが高いですか。

式　A　500÷2=250
　　B　800÷3=266.6

答え　Bの方が高い

④ 0.6mで150円のリボンAと、0.9mが240円のリボンBがあります。1mあたりのねだんで比べると、どちらが安いですか。

式　A：150÷0.6=250
　　B：240÷0.9=266.6

答え　Aの方が安い

⑤ 2mで重さが50gのはり金Aと、7mで重さが182gのはり金Bがあります。1mあたりの重さは、どちらが重いですか。

式　A　50÷2=25
　　B　182÷7=26

答え　Bの方が重い

月　　日 名前

単位量あたりの大きさ ⑥

文章題

① 3m²の学習園に、216gの肥料をまきました。1m²あたり何gの肥料をまいたことになりますか。

式　216÷3=72

答え　72g

② 9m²の学習園から、63.9kgのイモがとれました。1m²あたり何kgのイモがとれたことになりますか。

式　63.9÷9=7.1

答え　7.1kg

③ 学習園1m²あたり90gの肥料をまきます。学習園全体にまくには、肥料は3.6kg必要です。学習園の広さを求めましょう。

式　3.6kg=3600g
　　3600÷90=40

答え　40m²

④ 学習園5m²から、60kgのイモがとれました。同じようにとれるとして、150kgのイモをとるためには何m²の学習園が必要ですか。

式　60÷5=12
　　150÷12=12.5

答え　12.5m²

月　日 名前

単位量あたりの大きさ ⑦

人口密度

人口密度は、1km² あたりの人口のことをいいます。

人口密度＝人口÷面積
（人）　（km²）

1 人口75000人、面積が20km² の都市があります。人口密度を求めましょう。

式 75000÷20＝3750

答え 3750人

2 面積が1230km² で人口360000人の都市の人口密度を求めましょう。（答えは四捨五入して整数で。）

式 360000÷1230＝292.6

答え 293人

3 次の人口密度を求めましょう。

	人口(人)	面積(km²)
A町	24100	51
B町	20800	39

① A町の人口密度を求め、結果を上から2けたのがい数で表しましょう。

式 24100÷51＝472.5

答え 470人

② B町の人口密度を求め、結果を上から2けたのがい数で表しましょう。

式 20800÷39＝533.3

答え 530人

月　日 名前

単位量あたりの大きさ ⑧

人口密度

1 表を見て、答えましょう。

① それぞれの人口密度を求め、上から2けたのがい数で表しましょう。

	人口（人）	面積（km²）
北町	1658	112
南町	11841	22
東町	8110	43
西町	4053	34

式
1658÷112＝14.8
11841÷22＝538.2
8110÷43＝188.6
4053÷34＝119.2

答え 北町 15人　南町 540人
東町 190人　西町 120人

② どの町が1番混みあっていますか。　答え 南町

2 各国の人口と面積を表した表を見て、人口密度を求め、最も混みあっている国を答えましょう。（小数第1位を四捨五入して、整数で表しましょう。）（総務省2017年）

	人口(万人)	面積(万km²)
中　国	140000	959.8
アメリカ	33000	962.9
ロシア	14700	1709.8
日　本	12700	37.8

式
140000÷959.8＝145.8　146人
33000÷962.9＝34.2　34人
14700÷1709.8＝8.5　9人
12700÷37.8＝335.9　336人

答え 中国146人, アメリカ34人, ロシア9人, 日本336人, 混んでいる国日本

月　日 名前

速さ ①

速さを求める

表は、AさんとBさんとCさんが、家から学校まで歩いたときの記録です。だれが速いかを比べましょう。

	時間（分）	道のり（m）
A	12	840
B	15	900
C	12	900

① AさんとCさんは、同じ時間（12分）歩きました。どちらが速く歩きましたか。

答え Cさん

② BさんとCさんは、同じ道のり（900m）を歩きました。どちらが速く歩きましたか。

答え Cさん

③ AさんとBさんを比べたいときは、かかった時間も歩いた道のりもちがうので1分間あたりに進んだ道のりで比べます。どちらが速いですか。

Aさん 式 840÷12＝70
Bさん 式 900÷15＝60

答え Aさん

④ 3人を、歩くのが速い順にならべましょう。

（ Cさん ）→（ Aさん ）→（ Bさん ）

月　日 名前

速さ ②

速さを求める

速さは、単位時間あたりの道のりで表します。

1 速さを求める式をかきましょう。

（ 速さ ）＝（ 道のり ）÷（ 時間 ）

2 速さを求めましょう。

① 6時間で450kmの道のりを走る自動車の時速。

式 450÷6＝75

答え 時速75km

② 4時間で210kmの道のりを走る自動車の時速。

式 210÷4＝52.5

答え 時速52.5km

③ 2.5時間で110kmの道のりを走る自動車の時速。

式 110÷2.5＝44

答え 時速44km

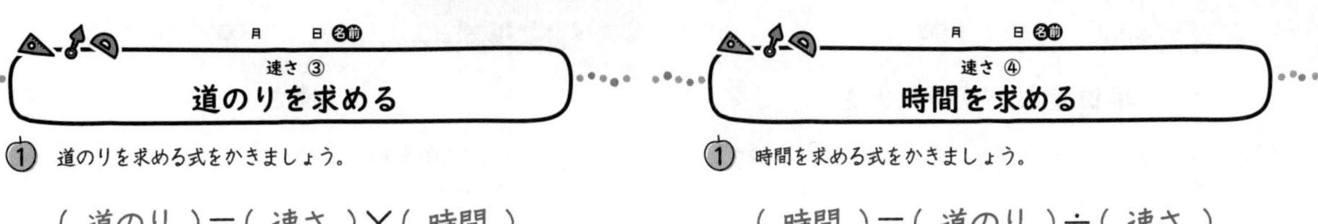

月　日 名前

速さ ③

道のりを求める

1 道のりを求める式をかきましょう。

（ 道のり ）＝（ 速さ ）×（ 時間 ）

2 道のりを求めましょう。

① 時速45kmで走る自動車が４時間に進む道のり。

式 45×4＝180

答え 180km

② 時速150kmで走る列車が５時間に進む道のり。

式 150×5＝750

答え 750km

③ 時速85kmで走る自動車が2.5時間に進む道のり。

式 85×2.5＝212.5

答え 212.5km

月　日 名前

速さ ④

時間を求める

1 時間を求める式をかきましょう。

（ 時間 ）＝（ 道のり ）÷（ 速さ ）

2 時間を求めましょう。

① 時速58kmのトラックが406kmの道のりを走る時間。

式 406÷58＝7

答え 7時間

② 480kmの高速道路を時速96kmの自動車が走るのにかかる時間。

式 480÷96＝5

答え 5時間

③ 時速60kmの自動車が270kmの道のりを走る時間。

式 270÷60＝4.5

答え 4.5時間

月　日 名前

速さ ⑤

いろいろな問題

1 表にあてはまる数をかきましょう。

	秒速	分速	時速
ジェット機	245m	14.7km	882km
新幹線（しんかんせん）	75m	4500m	270km
バス	10m	600m	36km

2 秒速3.5mで走る人が、20分間に進む道のりは何kmですか。

式 3.5×60＝210（分速）
210×20＝4200m

答え 4.2km

3 分速65mで歩く人が、7.8kmはなれたところまで行くのには、何時間かかりますか。

式 65×60＝3900（時速）
7.8÷3.9＝2

答え 2時間

4 時速1440kmのジェット機と、秒速340mで進む音とではどちらが速いですか。

式 1440÷60＝24（分速）
24000÷60＝400　秒速400m

答え ジェット機

月　日 名前

速さ ⑥

いろいろな問題

1 まさしさんは、自転車で36km進むのに５時間かかりました。この速さで40分間走ると、何km進みますか。

式 36÷5＝7.2km／時速
$7.2\times\frac{40}{60}=4.8$

答え 4.8km

2 時速45kmの自動車と時速55kmの自動車が、200kmはなれた道路を向かい合う方向に同時に出発しました。２台の車がすれちがうのは何時間後ですか。

式 45＋55＝100
200÷100＝2

答え 2時間後

3 トラックが、時速40kmで荷物を乗せて出発しました。しかし、積み残しに気づき、1.5時間後、時速70kmの乗用車で追いかけました。乗用車は、出発して何時間後にトラックに追いつきますか。

式 40×1.5＝60
70−40＝30
60÷30＝2

答え 2時間後

月　日 名前

まとめ ⑲

単位量あたりの大きさ

50点

① 60g、57g、62g、61g、62gの5つのたまごの平均の重さを求めましょう。 (式5点、答え5点／10点)

式 60＋57＋62＋61＋62＝302
302÷5＝60.4

答え 60.4g

② 2mで500円のAのロープと、3mで720円のBのロープがあります。1mあたりのねだんで比べると、どちらが高いですか。 (式5点、答え10点／15点)

式 A 500÷2＝250
B 720÷3＝240

答え Aの方が高い

③ 学習園20m²から18kgのイモがとれました。同じようにとれるとして、27kgのイモをとるためには何m²の学習園が必要ですか。 (式5点、答え5点／10点)

式 18÷20＝0.9
27÷0.9＝30

答え 30m²

④ 面積1900km²で人口が8810000人の大阪府の人口密度を求めましょう。(答えは四捨五入して整数で) (式5点、答え10点／15点)

式 8810000÷1900＝4636.8

答え 4637人

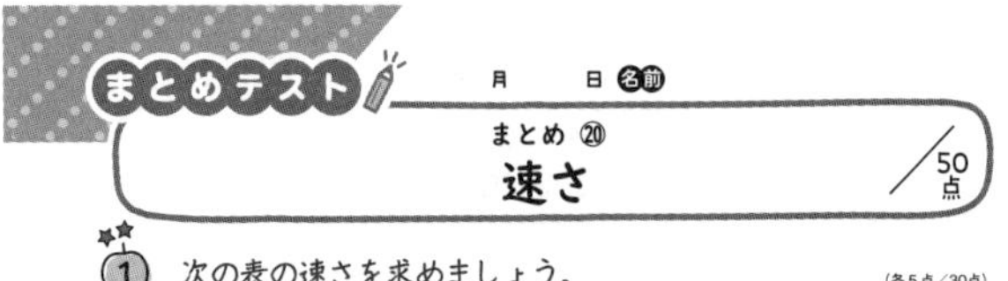

月　日 名前

まとめ ⑳

速さ

50点

① 次の表の速さを求めましょう。 (各5点／30点)

	秒速	分速	時速
バス	① 15m	② 900m	54km
新幹線	③ 75m	4.5km	④ 270km
飛行機	240m	⑤ 14.4km	⑥ 864km

② 時速55kmの自動車と分速250mの自転車が245kmはなれたところから向い合って走ります。

① 自転車は時速何kmですか。 (5点)

式 250×60＝15000

答え 時速15km

② 自動車と自転車は、1時間あたり何kmずつ近づきますか。 (5点)

式 55＋15＝70

答え 70km

③ 自動車と自転車が出会うのは、何時間何分後ですか。 (10点)

式 245÷70＝3.5

答え 3時間30分後

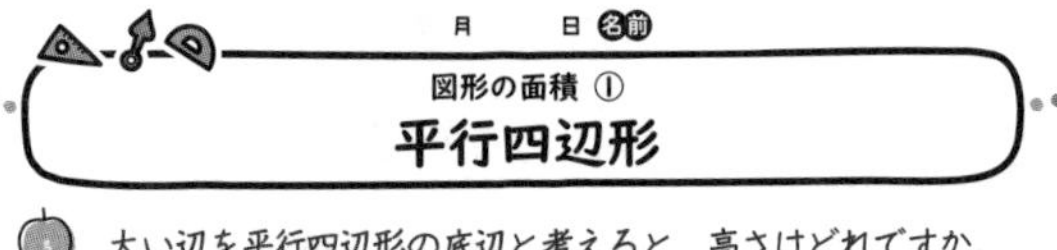

月　日 名前

図形の面積 ①

平行四辺形

太い辺を平行四辺形の底辺と考えると、高さはどれですか。

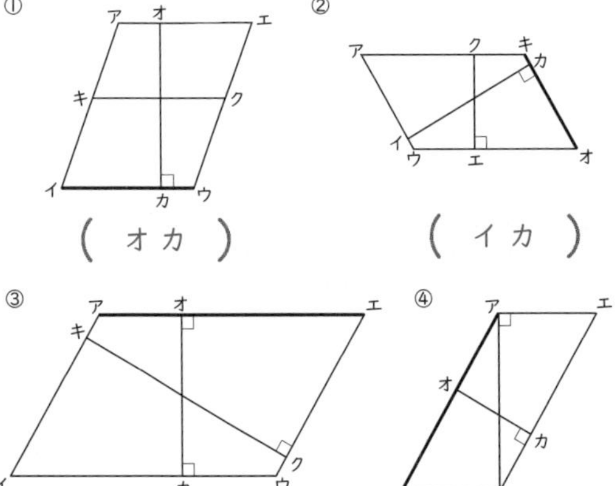

① (オカ)　② (イカ)

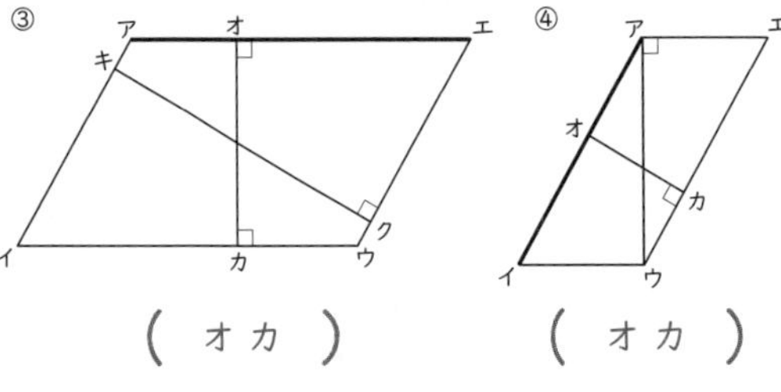

③ (オカ)　④ (オカ)

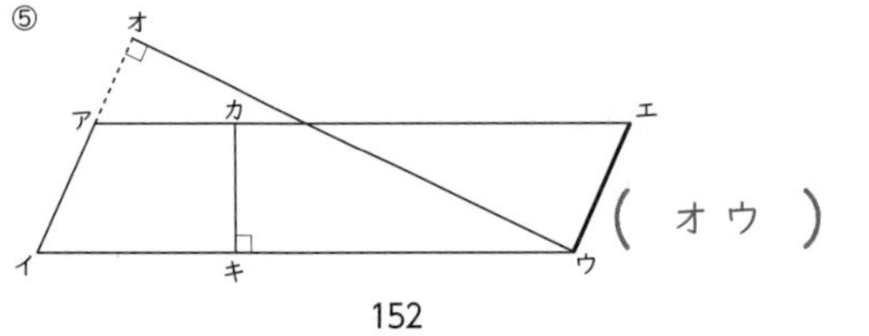

⑤ (オウ)

月　日 名前

図形の面積 ②

平行四辺形

平行四辺形の面積を求めましょう。

① (4cm、6cm)
式 6×4＝24
答え 24cm²

② (8cm、5cm)
式 5×8＝40
答え 40cm²

③ (7cm、4cm)
式 4×7＝28
答え 28cm²

④ 底辺が7cm、高さが9cmの平行四辺形
式 7×9＝63
答え 63cm²

⑤ 底辺が13cm、高さが24cmの平行四辺形
式 13×24＝312
答え 312cm²

月　日 名前

図形の面積 ③

平行四辺形

平行四辺形の高さを求めましょう。

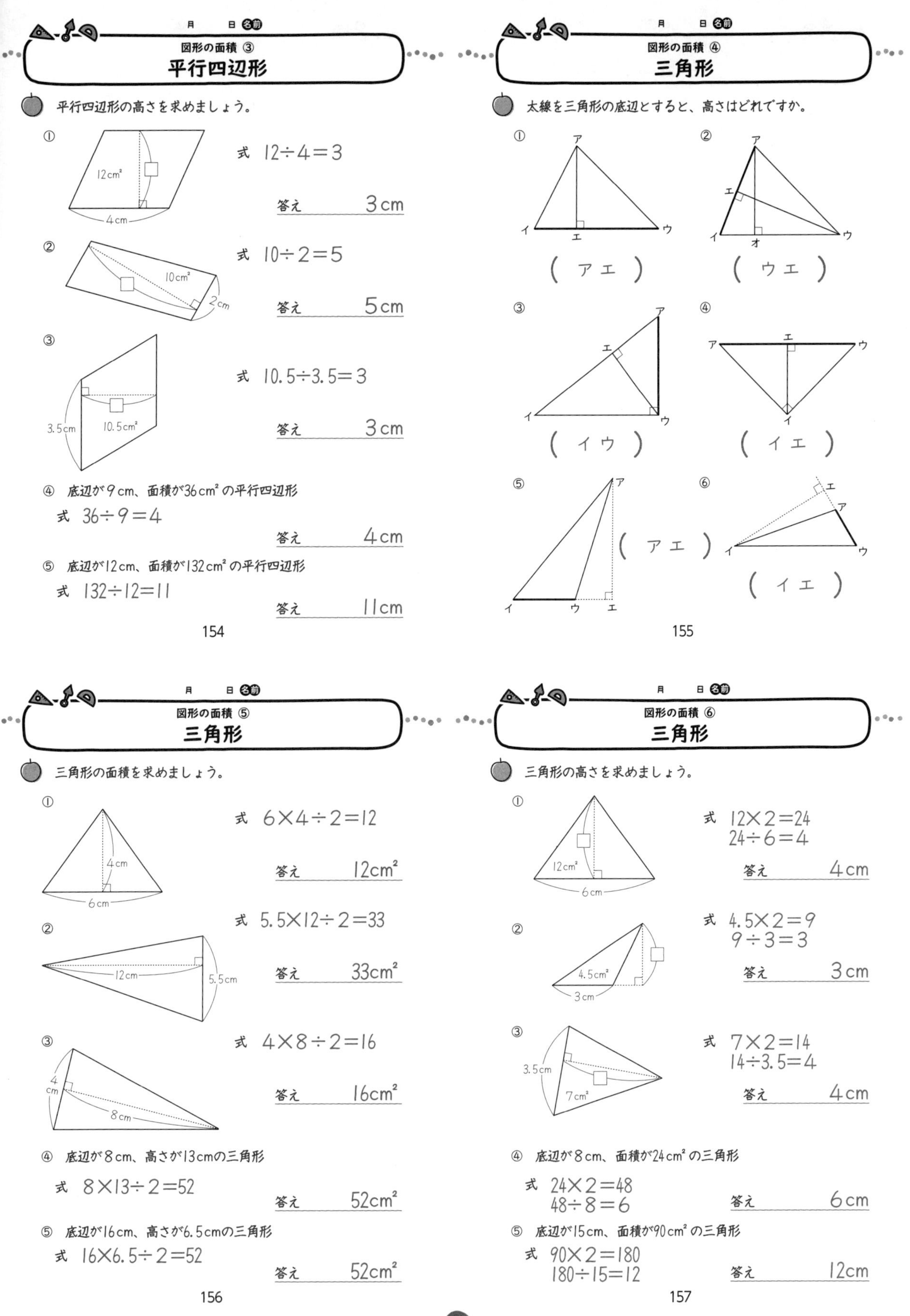

① 式 12÷4＝3
答え 3cm

② 式 10÷2＝5
答え 5cm

③ 式 10.5÷3.5＝3
答え 3cm

④ 底辺が9cm、面積が36cm²の平行四辺形
式 36÷9＝4
答え 4cm

⑤ 底辺が12cm、面積が132cm²の平行四辺形
式 132÷12＝11
答え 11cm

154

月　日 名前

図形の面積 ④

三角形

太線を三角形の底辺とすると、高さはどれですか。

① （ アエ ）
② （ ウエ ）
③ （ イウ ）
④ （ イエ ）
⑤ （ アエ ）
⑥ （ イエ ）

155

月　日 名前

図形の面積 ⑤

三角形

三角形の面積を求めましょう。

① 式 6×4÷2＝12
答え 12cm²

② 式 5.5×12÷2＝33
答え 33cm²

③ 式 4×8÷2＝16
答え 16cm²

④ 底辺が8cm、高さが13cmの三角形
式 8×13÷2＝52
答え 52cm²

⑤ 底辺が16cm、高さが6.5cmの三角形
式 16×6.5÷2＝52
答え 52cm²

156

月　日 名前

図形の面積 ⑥

三角形

三角形の高さを求めましょう。

① 式 12×2＝24
24÷6＝4
答え 4cm

② 式 4.5×2＝9
9÷3＝3
答え 3cm

③ 式 7×2＝14
14÷3.5＝4
答え 4cm

④ 底辺が8cm、面積が24cm²の三角形
式 24×2＝48
48÷8＝6
答え 6cm

⑤ 底辺が15cm、面積が90cm²の三角形
式 90×2＝180
180÷15＝12
答え 12cm

157

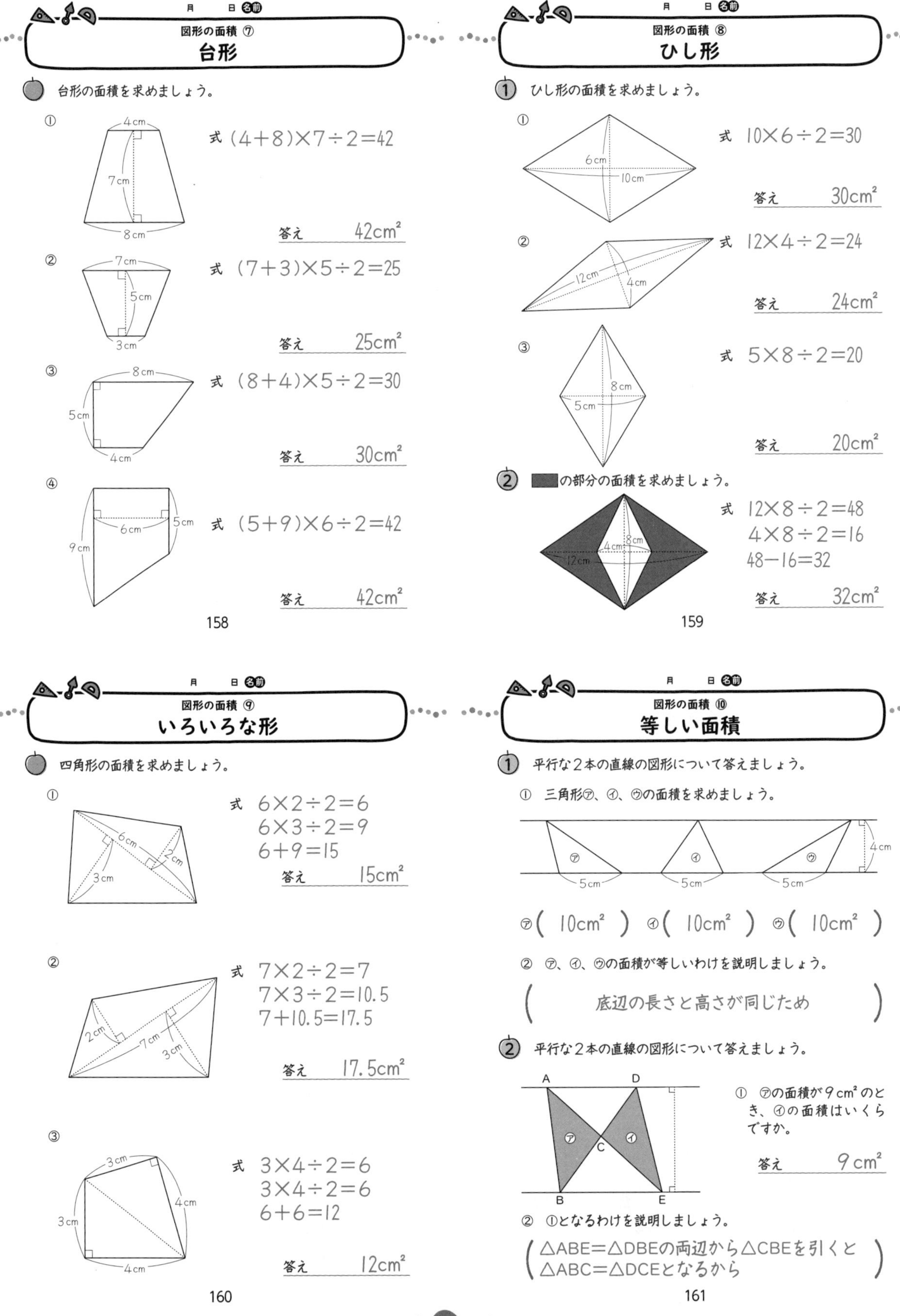

月　日 名前

図形の面積 ⑦

台形

台形の面積を求めましょう。

① 式 $(4+8)\times7\div2=42$

答え 42cm²

② 式 $(7+3)\times5\div2=25$

答え 25cm²

③ 式 $(8+4)\times5\div2=30$

答え 30cm²

④ 式 $(5+9)\times6\div2=42$

答え 42cm²

月　日 名前

図形の面積 ⑧

ひし形

1 ひし形の面積を求めましょう。

① 式 $10\times6\div2=30$

答え 30cm²

② 式 $12\times4\div2=24$

答え 24cm²

③ 式 $5\times8\div2=20$

答え 20cm²

2 ■の部分の面積を求めましょう。

式 $12\times8\div2=48$
$4\times8\div2=16$
$48-16=32$

答え 32cm²

月　日 名前

図形の面積 ⑨

いろいろな形

四角形の面積を求めましょう。

① 式 $6\times2\div2=6$
$6\times3\div2=9$
$6+9=15$

答え 15cm²

② 式 $7\times2\div2=7$
$7\times3\div2=10.5$
$7+10.5=17.5$

答え 17.5cm²

③ 式 $3\times4\div2=6$
$3\times4\div2=6$
$6+6=12$

答え 12cm²

月　日 名前

図形の面積 ⑩

等しい面積

1 平行な２本の直線の図形について答えましょう。

① 三角形㋐、㋑、㋒の面積を求めましょう。

㋐（ 10cm² ） ㋑（ 10cm² ） ㋒（ 10cm² ）

② ㋐、㋑、㋒の面積が等しいわけを説明しましょう。

（ 底辺の長さと高さが同じため ）

2 平行な２本の直線の図形について答えましょう。

① ㋐の面積が９cm²のとき、㋑の面積はいくらですか。

答え 9cm²

② ①となるわけを説明しましょう。

（ △ABE＝△DBEの両辺から△CBEを引くと △ABC＝△DCEとなるから ）

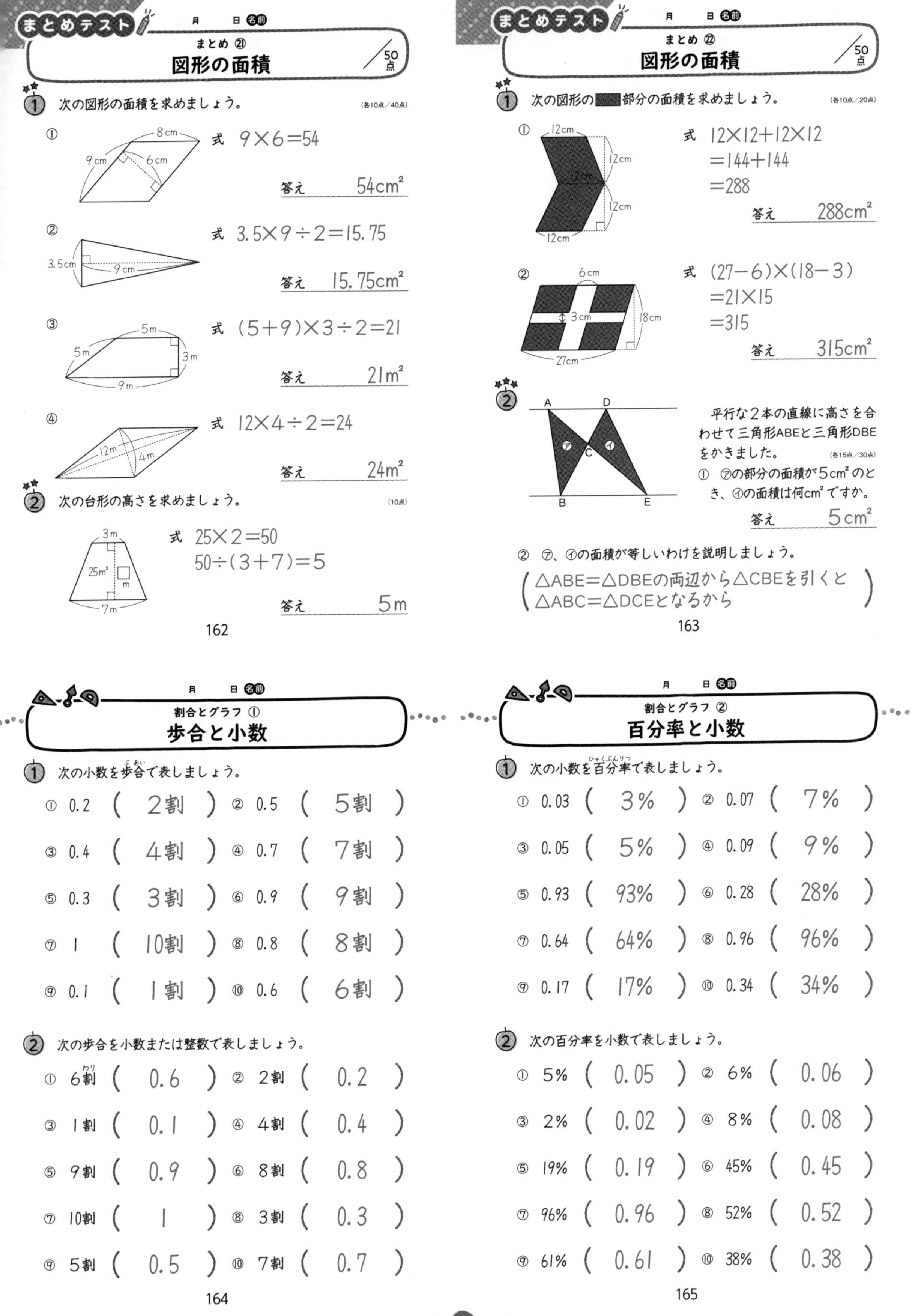
まとめテスト
月　日　名前
まとめ ㉑
図形の面積
50点
1 次の図形の面積を求めましょう。（各10点／40点）
① 8cm 9cm 6cm
式 9×6=54
答え 54cm²
② 3.5cm 9cm
式 3.5×9÷2=15.75
答え 15.75cm²
③ 5m 5m 3m 9m
式 (5+9)×3÷2=21
答え 21m²
④ 12m 4m
式 12×4÷2=24
答え 24m²
2 次の台形の高さを求めましょう。（10点）
3m 25m² m 7m
式 25×2=50
50÷(3+7)=5
答え 5m
162
まとめテスト
月　日　名前
まとめ ㉒
図形の面積
50点
1 次の図形の部分の面積を求めましょう。（各10点／20点）
① 12cm 12cm 12cm 12cm 12cm
式 12×12+12×12
=144+144
=288
答え 288cm²
② 6cm 3cm 18cm 27cm
式 (27−6)×(18−3)
=21×15
=315
答え 315cm²
2 平行な2本の直線に高さを合わせて三角形ABEと三角形DBEをかきました。（各15点／30点）
A D C B E ㋐ ㋑
① ㋐の部分の面積が5cm²のとき、㋑の面積は何cm²ですか。
答え 5cm²
② ㋐、㋑の面積が等しいわけを説明しましょう。
（△ABE=△DBEの両辺から△CBEを引くと△ABC=△DCEとなるから）
163
月　日　名前
割合とグラフ ①
歩合と小数
1 次の小数を歩合で表しましょう。
① 0.2（2割）② 0.5（5割）
③ 0.4（4割）④ 0.7（7割）
⑤ 0.3（3割）⑥ 0.9（9割）
⑦ 1（10割）⑧ 0.8（8割）
⑨ 0.1（1割）⑩ 0.6（6割）
2 次の歩合を小数または整数で表しましょう。
① 6割（0.6）② 2割（0.2）
③ 1割（0.1）④ 4割（0.4）
⑤ 9割（0.9）⑥ 8割（0.8）
⑦ 10割（1）⑧ 3割（0.3）
⑨ 5割（0.5）⑩ 7割（0.7）
164
月　日　名前
割合とグラフ ②
百分率と小数
1 次の小数を百分率で表しましょう。
① 0.03（3%）② 0.07（7%）
③ 0.05（5%）④ 0.09（9%）
⑤ 0.93（93%）⑥ 0.28（28%）
⑦ 0.64（64%）⑧ 0.96（96%）
⑨ 0.17（17%）⑩ 0.34（34%）
2 次の百分率を小数で表しましょう。
① 5%（0.05）② 6%（0.06）
③ 2%（0.02）④ 8%（0.08）
⑤ 19%（0.19）⑥ 45%（0.45）
⑦ 96%（0.96）⑧ 52%（0.52）
⑨ 61%（0.61）⑩ 38%（0.38）
165

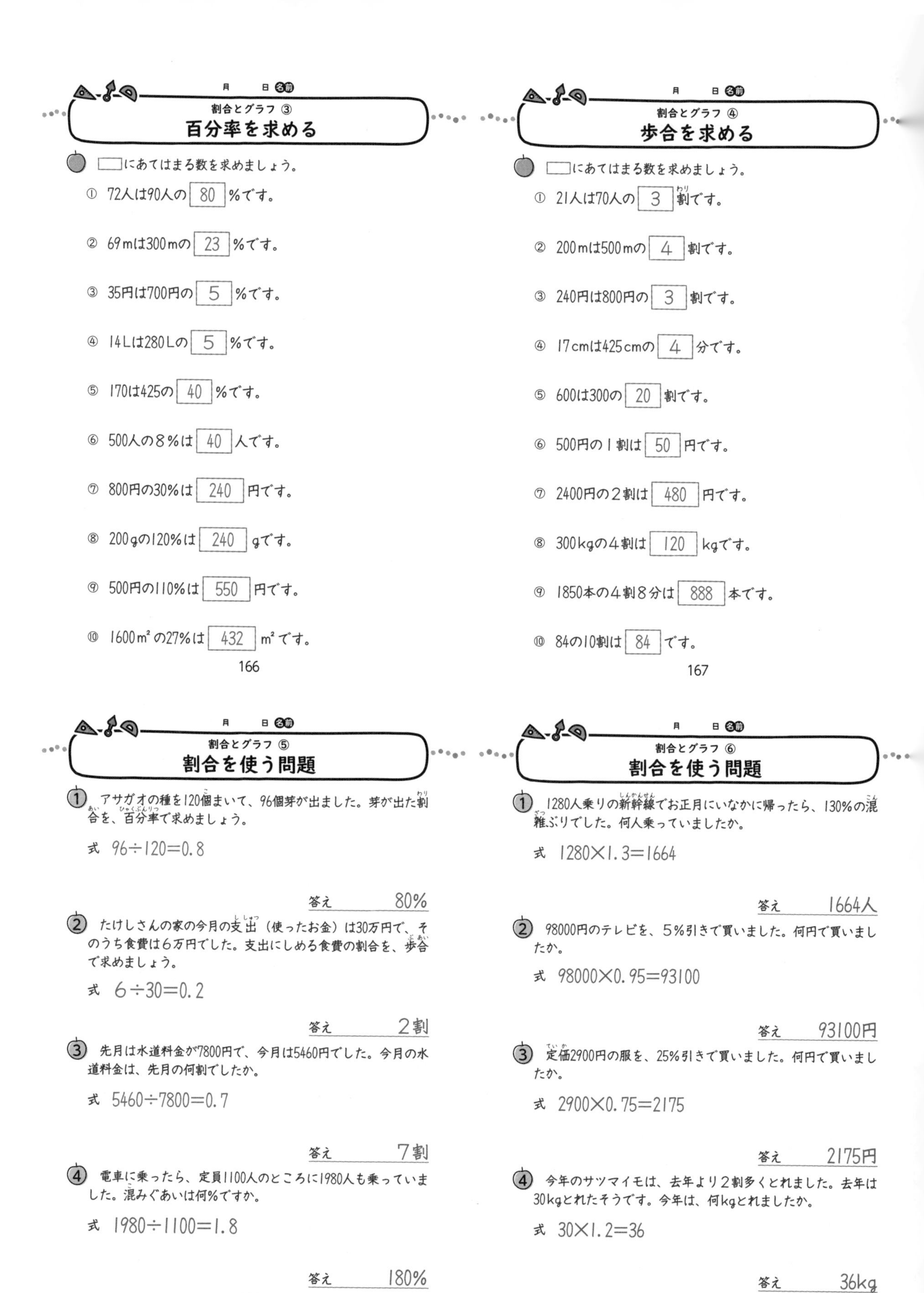

月　日 名前

割合とグラフ ③

百分率を求める

□にあてはまる数を求めましょう。

① 72人は90人の [80] %です。

② 69mは300mの [23] %です。

③ 35円は700円の [5] %です。

④ 14Lは280Lの [5] %です。

⑤ 170は425の [40] %です。

⑥ 500人の8%は [40] 人です。

⑦ 800円の30%は [240] 円です。

⑧ 200gの120%は [240] gです。

⑨ 500円の110%は [550] 円です。

⑩ 1600m²の27%は [432] m²です。

166

月　日 名前

割合とグラフ ④

歩合を求める

□にあてはまる数を求めましょう。

① 21人は70人の [3] 割です。

② 200mは500mの [4] 割です。

③ 240円は800円の [3] 割です。

④ 17cmは425cmの [4] 分です。

⑤ 600は300の [20] 割です。

⑥ 500円の1割は [50] 円です。

⑦ 2400円の2割は [480] 円です。

⑧ 300kgの4割は [120] kgです。

⑨ 1850本の4割8分は [888] 本です。

⑩ 84の10割は [84] です。

167

月　日 名前

割合とグラフ ⑤

割合を使う問題

1 アサガオの種を120個まいて、96個芽が出ました。芽が出た割合を、百分率で求めましょう。

式 96÷120=0.8

答え 80%

2 たけしさんの家の今月の支出（使ったお金）は30万円で、そのうち食費は6万円でした。支出にしめる食費の割合を、歩合で求めましょう。

式 6÷30=0.2

答え 2割

3 先月は水道料金が7800円で、今月は5460円でした。今月の水道料金は、先月の何割でしたか。

式 5460÷7800=0.7

答え 7割

4 電車に乗ったら、定員1100人のところに1980人も乗っていました。混みぐあいは何%ですか。

式 1980÷1100=1.8

答え 180%

168

月　日 名前

割合とグラフ ⑥

割合を使う問題

1 1280人乗りの新幹線でお正月にいなかに帰ったら、130%の混雑ぶりでした。何人乗っていましたか。

式 1280×1.3=1664

答え 1664人

2 98000円のテレビを、5%引きで買いました。何円で買いましたか。

式 98000×0.95=93100

答え 93100円

3 定価2900円の服を、25%引きで買いました。何円で買いましたか。

式 2900×0.75=2175

答え 2175円

4 今年のサツマイモは、去年より2割多くとれました。去年は30kgとれたそうです。今年は、何kgとれましたか。

式 30×1.2=36

答え 36kg

169

月　日 名前

割合とグラフ ⑦

割合を使う問題

① かぜで８人も休みました。これは、学級全体の20%にあたります。学級の人数は何人ですか。

式　8÷0.2=40

答え　40人

② かなさんは6000円貯金しています。これは、目標の25%です。いくら貯金しようとしていますか。

式　6000÷0.25=24000

答え　24000円

③ 150Lのごみがあります。これは１家族が１年間に出すごみの３%にあたるそうです。１家族で１年間にどのくらいのごみを出しますか。

式　150÷0.03=5000

答え　5000L

④ 定価の３割引きで買って、420円はらいました。定価はいくらですか。

式　420÷0.7=600

答え　600円

月　日 名前

割合とグラフ ⑧

割合を使う問題

① ゴロー選手は、打数が150のときの打率が３割８分でした。ヒットを何本打ちましたか。

式　150×0.38=57

答え　57本

② 海水には約３%の塩がふくまれています。塩180gをつくるには、約何gの海水がいりますか。

式　180÷0.03=6000

答え　6000g

③ 720円の絵の具をバーゲンで504円で買いました。何割引きでしたか。

式　504÷720=0.7

答え　3割引き

④ 定価500円のくつ下を、A店では80円引き、B店では12%引きで売りました。どちらが何円安いですか。

式　A　500−80=420円
　　B　1−0.12=0.88　　500×0.88=440円

答え　A店が20円安い

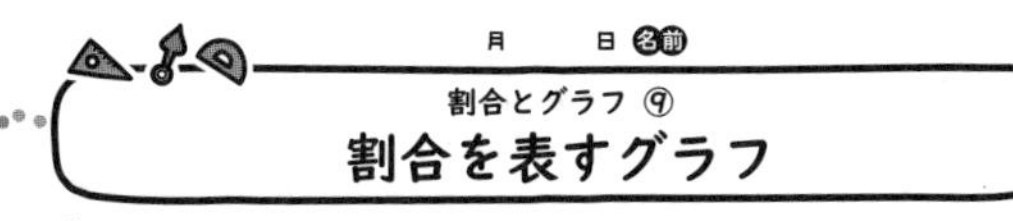

月　日 名前

割合とグラフ ⑨

割合を表すグラフ

① 次の円グラフは、まさとさんの学校の地区別人数の割合です。

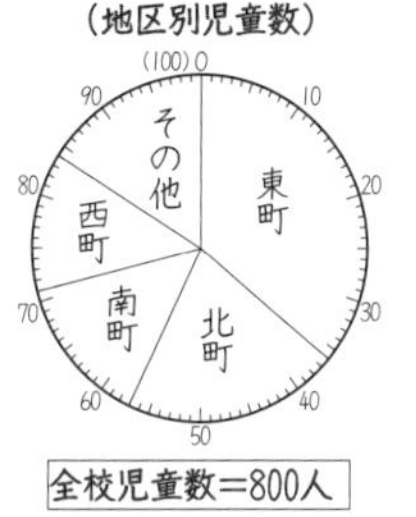

全校児童数=800人

① 東町は何%ですか。

答え　36%

② 北町は21%です。何人になりますか。

式　800×0.21=168

答え　168人

② 次の表はピーナッツの成分を表した表です。表に割合を百分率でかき入れましょう。また、円グラフをかきましょう。

ピーナッツの成分

成　分	重さ(g)	割合(%)	求める式
し　質	127.5	51	127.5÷250
たん白質	65	26	65÷250
炭水化物	45	18	45÷250
その他	12.5	5	12.5÷250

〔全体=250g〕

（計算）

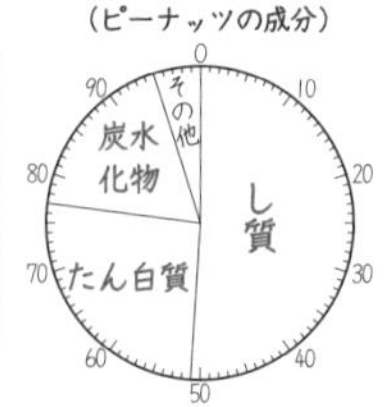

月　日 名前

割合とグラフ ⑩

割合を表すグラフ

① 表は、A町の家ちくの頭数を調べたものです。割合を多いものから円グラフに表しましょう。

A町の家ちくの頭数

種　類	頭数(頭)	割合(%)
肉　牛	156	13
にゅう牛	204	17
ぶ　た	600	50
その他	240	20

〔全体=1200頭〕

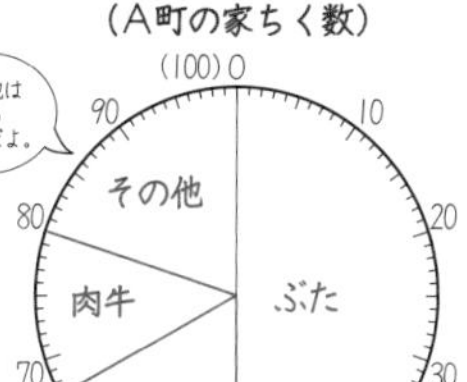

② 次の表はまさとさんの１日の時間の過ごし方を表したものです。

① 割合を百分率で求めましょう。（小数第３位を四捨五入します。）

まさとさんの１日

過ごし方	時間(時間)	割合(%)
すいみん	9	38
学　校	7	29
家庭学習	2	8
その他	6	25

〔１日=24時間〕

（計算）

② 円グラフに表しましょう。

〔まさとさんの１日〕

すいみん　学校　家庭学習　その他

月　日 名前

割合とグラフ ⑪

割合を表すグラフ

1 グラフは、なつおさんの家の１か月の生活費450000円の使い道について、その割合を表したものです。

〔なつおさんの家の１か月の生活費〕

食料費	住居費	教育費	水・光熱費	衣料費	その他

0　10　20　30　40　50　60　70　80　90　100%

① 食料費を求めましょう。

式　450000×0.25=112500

答え　112500円

② 住居費を求めましょう。

式　450000×0.15=67500

答え　67500円

2 表は、１月中に保健室に来た人を理由別にまとめたものです。表と帯グラフを仕上げましょう。

理　由	人数(人)	割合(%)
け　が	31	62
はらいた	7	14
発　熱	5	10
はき気	4	8
頭つう	3	6
合　計	50	100

〔１月中に保健室に来た理由〕

けが	はらいた	発熱	はき気	頭つう

0　10　20　30　40　50　60　70　80　90　100%

月　日 名前

割合とグラフ ⑫

割合を表すグラフ

● 表は、熱帯林が10年間に減った面積を表しています。

〔熱帯林の減少面積〕(1980年～1990年国連食りょう農業機関)

地　域	10年間に減った面積(単位：万km²)	減った合計に対する割合(%)
アフリカ	41	27
アジア・太平洋	39	25
ラテンアメリカ	74	48
合　計	154	100

減った合計でわるんだよ。

(計算)

① 各地域で10年間に減った面積の合計(154万km²)に対する割合を、百分率で求めて表にかきましょう。(小数第３位を四捨五入)

② ①で求めた割合を帯グラフに表しましょう。

多い順だよ。

〔熱帯林の減少面積〕(1980年～1990年)

ラテンアメリカ	アフリカ	アジア太平洋

0　10　20　30　40　50　60　70　80　90　100%

③ 世界の熱帯林の中で、どの地域の熱帯林が最も多く失われていますか。

(ラテンアメリカ)

まとめテスト　月　日 名前

まとめ ㉓

割合とグラフ

／50点

1 小数や整数で表した割合を、百分率で表しましょう。(各4点／16点)

① 0.08 (8%)　② 0.72 (72%)

③ 4.9 (490%)　④ 1.56 (156%)

2 百分率で表した割合を、小数で表しましょう。(各4点／16点)

① 6% (0.06)　② 13% (0.13)

③ 140% (1.4)　④ 275% (2.75)

3 インゲンマメの種を96個まいたら、72個芽が出ました。芽が出た割合は何%ですか。(式4点、答え5点／9点)

式　72÷96=0.75

答え　75%

4 450g入りのビスケットが、20%増量で売られていました。ビスケットは何g入りになっていますか。(式4点、答え5点／9点)

式　450×1.2=540

答え　540g

まとめテスト　月　日 名前

まとめ ㉔

割合とグラフ

／50点

● 右の表は、学校の図書室で、11月に貸し出した本の数と割合を、種類別に表したものです。
次の問題に答えましょう。

〔図書室で貸し出した本の数と割合(11月)〕

種類	数(さつ)	百分率(%)
物語	90	45
科学	40	20
伝記	30	15
図かん	16	8
その他	24	12
合計	200	100

① 右の表のあいているところに、あてはまる数をかきましょう。(各5点／25点)

② 科学は、全体の何分の１ですか。(5点)

答え　$\frac{1}{5}$

③ 本の種類での割合を、円グラフにかきましょう。(20点)

図書室で貸し出した本の数の割合(11月)

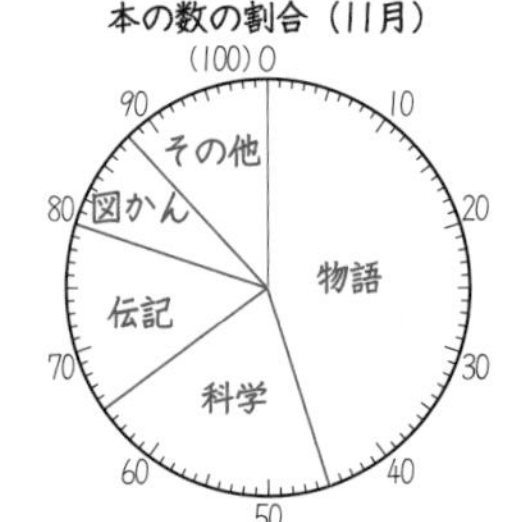

月　日 名前

かんたんな比例 ①

比例とは

1 次の表のあいているところに数をかきましょう。

① じゃ口から一定の水を出したときの、時間とたまった水の深さ

時　間（分）	0	1	2	3	4	5	
深　さ（cm）	0	4	8	12	16	20	

② 1個80円のチョコレートの、買った数と代金

チョコレートの数（個）	0	1	2	3	4	
代　金　（円）	0	80	160	240	320	

このように、ともなって変わる2つの量の、一方が2倍、3倍…となると、もう一方も2倍、3倍…となるとき、2つの量は 比例する といいます。

2 次のうち、比例しているものを選んで○をつけましょう。

① （　）12才の兄の年令と、9才の弟の年令
② （○）1ふくろ10個入りのあめの、ふくろの数とあめの数
③ （○）正三角形の1辺の長さと周りの長さ
④ （　）1日の昼の長さと夜の長さ
⑤ （○）1個50円の消しゴムを買ったときの個数と代金

月　日 名前

かんたんな比例 ②

比例とは

石けんを買ったときの個数と代金の関係を表にしました。

石けんの数（個）	1	2	3	4	5	
代　金（円）	60	120	180	240	300	

① 石けんの個数と代金は、どんな関係になっていますか。

答え　比例する

② 代金を個数でわったあたいは、いつもどんな数になっていますか。

答え　60（同じ数）

③ 石けんの個数を○、代金を△として、○と△の関係を式に表しましょう。

（　60×○＝△　）

④ この石けんを25個買ったときの代金を求めましょう。

式　$60\times25=1500$

答え　1500円

月　日 名前

考える力をつける ①

仮平均の考え方

算数のテストを5回したとします。100点満点で

78点、80点、76点、82点、84点

とします。

今までは、5回のテストの点を合計して、5でわって

$(78+80+76+82+84)\div5=400\div5$
$=80$

平均点80点と出しました。

ここでは、もっと計算を楽にすることを考えます。

5回のテストで最も低いのが3回目の76点です。

それぞれのテストの点が76点より何点高いか考えます。

78点、80点、76点、82点、84点
2点、4点、0点、6点、8点

$(2+4+0+6+8)\div5=20\div5$
$=4$

$76+4=80$（平均点）

76点

これは、左の図のように76点より上の部分の平均を求め、76点にたした結果だとわかります。

月　日 名前

考える力をつける ②

仮平均の考え方

1 6個のたまごがあります。仮平均を58gとして、たまご1個の重さの平均を求めましょう。

58g　68g　70g　63g　65g　60g
0g　10g　12g　5g　7g　2g

式　$(0+10+12+5+7+2)\div6=36\div6=6$
$58+6=64$

答え　64g

2 表は、漢字と計算テストの結果です。平均点を求めましょう。

漢字テスト	90	85	95	92	93
仮平均85	5	0	10	7	8

計算テスト	100	80	85	90	85
仮平均80	20	0	5	10	5

式　漢字　$(5+0+10+7+8)\div5=6$
$85+6=91$
計算　$(20+0+5+10+5)\div5=8$
$80+8=88$

答え　漢字91点、計算88点

月　日 名前

考える力をつける ③

正多角形をかく

１辺の長さ4cmの正方形をかくプログラムを考えます。
プログラムA：4cm直進し、線を引く
プログラムB：反時計回りに90°回転する
として、

A B（①）　A B（②）　A B（③）　A B（④）

を実行すれば、右図のようになります。

● 次のプログラムを考えます。
プログラムA：４cm直進し、線を引く
プログラムB：反時計回りに120°回転する
として、A B　A B　A B　を実行すると、どんな図形がかけますか。

月　日 名前

考える力をつける ④

正多角形をかく

① 次のプログラムを考えます。
プログラムA：３cm直進し、線を引く
プログラムB：反時計回りに60°回転する
として、A Bを6回実行して、できる図形をかきましょう。

② １辺が3cmの正五角形があります。
① 正五角形をかくプログラムをかきましょう。
プログラムA：［3］cm直進し、線を引く
プログラムB：反時計回りに［72］°回転する

② A Bを何回実行しますか。

答え　5回

月　日 名前

考える力をつける ⑤

倍数の見つけ方

２年生でかけ算九九を習いました。2，4，6，8…は2の倍数など九九のはんいでしたらすぐわかります。しかし、大きな数になるとどうでしょうか。大きい数について見分ける方法を考えます。

2の倍数…下(しも)１けたが２の倍数。（0，2，4，6，8）
4の倍数…下２けたが４の倍数。（00、04、08、12、…）
5の倍数…下１けたが５の倍数。（0，5）
3の倍数…各位の数字の和が３の倍数。
（例、123は１＋２＋３＝６、６は３の倍数）
9の倍数…各位の数字の和が９の倍数。
（例、783は７＋８＋３＝18、18は９の倍数）

① 次の数のうち２の倍数はどれですか。番号で答えましょう。
① 736　② 481　③ 592　④ 603

答え　①　③

② 次の数のうち４の倍数はどれですか。番号で答えましょう。
① 424　② 521　③ 742　④ 636

答え　①　④

月　日 名前

考える力をつける ⑥

倍数の見つけ方

① 次の数のうち５の倍数はどれですか。番号で答えましょう。
① 531　② 200　③ 375　④ 499

答え　②　③

② 次の数のうち３の倍数はどれですか。番号で答えましょう。
① 462　② 307　③ 611　④ 531

答え　①　④

③ 次の数のうち９の倍数はどれですか。番号で答えましょう。
① 558　② 207　③ 431　④ 362

答え　①　②

④ 次の数のうち６の倍数はどれですか。６の倍数は、２の倍数であり、３の倍数でもあります。番号で答えましょう。
① 7581　② 4722　③ 5143　④ 6244
⑤ 3171　⑥ 9834　⑦ 4510　⑧ 7344

答え　②　⑥　⑧

月　日 名前

考える力をつける ⑦

速さの問題

① 1分間に50m歩く人と、1分間に60m歩く人が2200mはなれたところから、同時に向かい合って歩きます。2人は何分後に出会いますか。

式 $50+60=110$
$2200\div110=20$

答え 20分後

② 池のまわりの道は、1周3kmあります。1分間に55m歩く人と、1分間に45m歩く人が同じ場所から右回りと左回りで歩くとき、何分後に出会いますか。

式 $55+45=100$
3km＝3000m
$3000\div100=30$

答え 30分後

③ 時速50kmで走る自動車と時速60kmで走るオートバイが同時に出発して、200kmはなれたゴールに向かいました。オートバイがゴールについたとき、自動車はゴール手前何kmのところを走っていますか。

式 $200\div60=\frac{200}{60}=\frac{10}{3}$ 時間

$50\times\frac{10}{3}=\frac{500}{3}=166\frac{2}{3}$

$200-166\frac{2}{3}=33\frac{1}{3}$

答え $33\frac{1}{3}$km

月　日 名前

考える力をつける ⑧

速さの問題

① 弟が分速60mでA町に向かって出発してから、15分後に、兄が分速240mの自転車で追いかけました。兄は出発後何分で弟に追いつきますか。

式 $60\times15=900$
$240-60=180$
$900\div180=5$

答え 5分後

② 時速72kmで走る列車が、660mの鉄橋をわたります。

① 列車の先頭車両が鉄橋をわたりはじめてから、わたり終るまでの時間を求めましょう。

式 時速72km＝分速1200m＝秒速20m
$660\div20=33$

答え 33秒

② この列車の長さは120mです。列車が鉄橋をわたりはじめてから、わたり終わるまでの時間を求めましょう。

式 $660+120=780$
$780\div20=39$

答え 39秒

月　日 名前

考える力をつける ⑨

数え方のくふう

1＋2＋3＋4＋5＋… などのように、1つずつ大きくなる数の和を考えます。

1＋2＋3＋4＋5 の和を考えます。

右のように黒い積木の数を求めます。赤い積木は、数を逆にならべます。

6個の積木が5つあるので合計30個、これは1＋2＋3＋4＋5の2つ分なので、30÷2＝15

これを式に表すと

（はじめの数＋終わりの数）×終わりの数÷2

$(1+5)\times5\div2=15$

● 1＋2＋3＋4＋5＋6＋7＋8を求めましょう。

式 $(1+8)\times8\div2=36$

答え 36

月　日 名前

考える力をつける ⑩

数え方のくふう

● 次の数を求めましょう。

① 1＋2＋3＋4＋5＋6＋7＋8＋9＋10 を求めましょう。

式 $(1+10)\times10\div2=55$

答え 55

② 1＋2＋3＋…＋15＋16＋17＋18＋19＋20 を求めましょう。

式 $(1+20)\times20\div2=210$

答え 210

③ ①、②を利用して、
11＋12＋13＋14＋15＋16＋17＋18＋19＋20 を求めましょう。

式 $11+12+\cdots\cdots+20$
$=210-55$
$=155$

答え 155

学力の基礎をきたえどの子も伸ばす研究会

HPアドレス　http://gakuryoku.info/

常任委員長　岸本ひとみ
事務局　〒675-0032 加古川市加古川町備後 178−1−2−102 岸本ひとみ方 ☎・Fax 0794−26−5133

① めざすもの

私たちは、すべての子どもたちが、日本国憲法と子どもの権利条約の精神に基づき、確かな学力の形成を通して豊かな人格の発達が保障され、民主平和の日本の主権者として成長することを願っています。しかし、発達の基盤ともいうべき学力の基礎を鍛えられないまま落ちこぼれている子どもたちが普遍化し、「荒れ」の情況があちこちで出てきています。

私たちは、「見える学力、見えない学力」を共に養うこと、すなわち、基礎の学習をやり遂げさせることと、読書やいろいろな体験を積むことを通して、子どもたちが「自信と誇りとやる気」を持てるようになると考えています。

私たちは、人格の発達が歪められている情況の中で、それを克服し、子どもたちが豊かに成長するような実践に挑戦します。

そのために、つぎのような研究と活動を進めていきます。

① 「読み・書き・計算」を基軸とした学力の基礎をきたえる実践の創造と普及。
② 豊かで確かな学力づくりと子どもを励ます指導と評価の探究。
③ 特別な力量や経験がなくても、その気になれば「いつでも・どこでも・だれでも」ができる実践の普及。
④ 子どもの発達を軸とした父母・国民・他の民間教育団体との協力、共同。

私たちの実践が、大多数の教職員や父母・国民の方々に支持され、大きな教育運動になるよう地道な努力を継続していきます。

② 会　　員

- 本会の「めざすもの」を認め、会費を納入する人は、会員になることができる。
- 会費は、年 4000 円とし、7月末までに納入すること。①または②

①郵便振替　口座番号　00920−9−319769
名　　称　学力の基礎をきたえどの子も伸ばす研究会

②ゆうちょ銀行
店番099　店名〇九九店（ゼロキュウキュウ）　当座0319769

- 特典　研究会をする場合、講師派遣の補助を受けることができる。
  大会参加費の割引を受けることができる。
  学力研ニュース、研究会などの案内を無料で送付してもらうことができる。
  自分の実践を学力研ニュースなどに発表することができる。
  研究の部会を作り、会場費などの補助を受けることができる。
  地域サークルを作り、会場費の補助を受けることができる。

③ 活　　動

全国家庭塾連絡会と協力して以下の活動を行う。

- 全 国 大 会　全国の研究、実践の交流、深化をはかる場とし、年１回開催する。通常、夏に行う。
- 地域別集会　地域の研究、実践の交流、深化をはかる場とし、年１回開催する。
- 合宿研究会　研究、実践をさらに深化するために行う。
- 地域サークル　日常の研究、実践の交流、深化の場であり、本会の基本活動である。可能な限り月１回の月例会を行う。
- 全国キャラバン　地域の要請に基づいて講師派遣をする。

全 国 家 庭 塾 連 絡 会

① めざすもの

私たちは、日本国憲法と子どもの権利条約の精神に基づき、すべての子どもたちが確かな学力と豊かな人格を身につけて、わが国の主権者として成長することを願っています。しかし、わが子も含めて、能力があるにもかかわらず、必要な学力が身につかないままになっている子どもたちがたくさんいることに心を痛めています。

私たちは学力研が追究している教育活動に学びながら、「全国家庭塾連絡会」を結成しました。

この会は、わが子に家庭学習の習慣化を促すことを主な活動内容とする家庭塾運動の交流と普及を目的としています。

私たちの試みが、多くの父母や教職員、市民の方々に支持され、地域に根ざした大きな運動になるよう学力研と連携しながら努力を継続していきます。

② 会　　員

本会の「めざすもの」を認め、会費を納入する人は会員になれる。
会費は年額 1500 円とし（団体加入は年額 3000 円）、7月末までに納入する。
会員は会報や連絡交流会の案内、学力研集会の情報などをもらえる。

事務局　〒564-0041　大阪府吹田市泉町 4 −29−13　影浦邦子方　☎・Fax 06−6380−0420
郵便振替　口座番号　00900−1−109969　名称　全国家庭塾連絡会

上級算数習熟プリント　小学5年生

2023年３月10日　第１刷　発行

著　者　川岸(かわぎし)　雅詩(まさし)

発行者　面屋　洋

企　画　フォーラム・A

発行所　清風堂書店

〒530-0057　大阪市北区曽根崎２-11-16

TEL 06-6316-1460／FAX 06-6365-5607

振替　00920-6-119910

制作編集担当　蒔田　司郎

表紙デザイン　ウエナカデザイン事務所